Big Data Processing and Probability Statistics

빅데이터 처리와
확률 통계

임종태 지음

한티미디어

| 저자 약력 |

임종태

1985 전남대 계산통계학과
1987 한국과학기술원 전산학 석사
1992 한국과학기술원 전산학 박사
1992–1993 인공지능연구센터 연구원
1993. 8–현재 공주대학교 컴퓨터공학부 교수

빅데이터 처리와 확률통계

발행일 2019년 2월 1일 초판 1쇄
2020년 3월 2일 2쇄
2021년 2월 26일 3쇄
2022년 2월 28일 4쇄
지은이 임종태
펴낸이 김준호
펴낸곳 한티미디어 | 서울시 마포구 동교로 23길 67 3층
등 록 제15-571호 2006년 5월 15일
전 화 02)332-7993~4 | **팩 스** 02)332-7995
ISBN 978-89-6421-366-7 (93410)
가 격 18,000원
마케팅 노호근 박재인 최상욱 김원국 김택성
편 집 김은수 유채원
관 리 김지영 문지희

이 책에 대한 의견이나 잘못된 내용에 대한 수정 정보는 한티미디어 홈페이지나 이메일로 알려주십시오.
독자님의 의견을 충분히 반영하도록 늘 노력하겠습니다.
홈페이지 www.hanteemedia.co.kr | **이메일** hantee@hanteemedia.co.kr

PREFACE

확률과 통계는 이공계 학생들의 필수 교양과목은 물론 컴퓨터 공학부의 전공 지식을 습득하기 위한 필수적인 과목이다. 또한 제4차 산업혁명시대에서 확률과 통계는 빅 데이터 처리를 위한 이론적인 바탕이 되고 있다. 학부에서 이십여 년 동안 확률과 통계학 강의를 하면서 컴퓨터 공학을 전공하는 학생들에게 적절한 수준의 확률 통계 개념을 교육하고자 매년 자주 교재를 바꾸어가면서 수업하였다. 하지만 많은 교재들이 컴퓨터공학 전공하는 학생들에게 그 양이 방대하고 학부는 물론이고 대학원 과정에서도 도움이 되지 않는 이론들이 많이 포함되어 있어서, 확률 및 통계 과목이 학부 학생들이 어려워하는 과목 중의 한 과목이기도 하는 것을 알았다. 이에 본 저서에서는 컴퓨터 공학부 학부와 대학원 과정에서 도움이 되는 내용들을 심도 있게 다룰 것이며 빅 데이터 처리를 위한 도구인 R 언어를 포함하여 실제 통계이론들을 R 언어에서 어떻게 구현되고 있는지를 포함하고 있다.

이 책에서는 이공계 및 컴퓨터 공학 학부생들이 전공 전문 지식을 습득하기 위해 필요한 확률과 통계의 기본 이론을 습득하도록 한다. 확률의 기본 개념과 확률에 관한 정규 분초 이론과 주요 법칙을 설명하고 빅 데이터 분석을 위한 표본 조사 방법과 데이터 분석에 대한 최신 기법을 다룬다. 표본으로부터 모집단을 추정하는 방법과 주장하고자 하는 가설을 검증하는 방법들을 설명한다. 또한 비교하고자하는 두 집단을 비교하고 적합도를 검증하는 방법을 설명한다. 제 4 차 산업혁명시대의 핵심인 빅 데이터 처리를 위하여 최신 컴퓨터 언어인 R 언어의 사용법을 익히고 R 언어를 이용하여 빅 데이터를 처리하여 결과를 시각화하는 방법들을 설명한다.

이 책이 나오기까지 원고 작성에 많은 시간을 할애해준 공주대학교 박사과정 최미경씨와 원고의 편집을 담당한 한티미디어 편집팀의 김은수 씨에게 감사를 드립니다. 그리고 책의 출간에 도움을 준 한티미디어 사장님과 박재인 부장님에게 감사의 말씀을 드립니다.

2019

저자

CONTENTS

CHAPTER 3   정규분포

CHAPTER 4   기술통계학

CHAPTER 5   표본 분포

CHAPTER 6   추 정

CHAPTER 7   가설검정

CHAPTER 8   두 자료의 적합도 검정

CHAPTER 9   빅 데이터 처리와 R 언어

부록

CHAPTER **1**

확 률

1.1 표본공간과 사건

통계학은 어느 집단이나 그 집단의 특성을 추론하는 학문이다. 집단의 특성을 추론하기 위해서는 그 집단으로부터 사실 값들을 얻어 와서 그 값들을 근거로 통계학적 방법으로 분석하는 과정이 필요하다. 어떤 통계적 목적 아래서 관찰이나 측정을 얻어내는 일련의 과정을 **통계 실험(statistical experiment)**이라고 한다. 만약에 이 통계 실험을 한 번 시행하여 얻어진 값들로 추론하게 되면 시행하는 시점의 여러 가지 상황들이 그 집단의 특성을 좌우하게 된다. 따라서 통계 실험을 여러 번 반복 수행하여야 이러한 문제점을 해소할 수 있다. **통계 실험을 반복하는 것을 시행(trial)**이라고 한다.

■ 표본공간(sample space)

어떤 통계적 목적을 가지고 실험을 실시할 때, 기록되거나 관찰될 수 있는 모든 결과들의 집합을 의미하며, 집합 S로 나타낸다.

■ 원소(element) 또는 표본점(sample point)

통계 실험에서 나타날 수 있는 개개의 실험 결과들을 표본공간의 원소 또는 표본점이라 한다.

■ 사건(event)

특정한 표본점들로 구성된 표본 공간의 부분집합을 사건이라 한다.

예제 1.1

하나의 주사위를 던지는 시행에서 주사위의 눈이 나오는 사건에 대한 표본공간을 구하라.

풀이

주사위의 1의 눈이 나오는 것을 1, 2의 눈이 나오는 것을 2, …, 6의 눈이 나오는 것을 6으로 나타낼 때 표본 공간은 1, 2, 3, 4, 5, 6을 원소로 하는 집합이다.

$$S = \{1,\ 2,\ 3,\ 4,\ 5,\ 6\}$$

1.1.1 표본공간의 종류

■ 이산표본공간(discrete sample space)

통계 실험에서 관찰될 수 있는 모든 표본 공간이 유한집합이거나 셈을 할 수 있는 무한 집합인 경우를 이산 표본공간이라 한다. **예제 1-1**에서와 같이 주사위를 한 번 던져서 나오는 값을 관찰하는 시험에서 주사위의 눈은 $S = \{1,\ 2,\ 3,\ 4,\ 5,\ 6\}$ 중의 하나일 것이다. 또는 한 개의 주사위를 던져서 1의 눈이 나올 때까지 주사위를 던진 횟수를 관찰하는 시험에서는 던진 횟수인 $S = \{1,\ 2,\ 3,\ 4,\ \cdots\}$의 표본 공간이 이산 표본 공간이다.

■ 연속표본공간(continuous sample space)

통계 실험에서 관찰될 수 있는 표본 공간이 이산 표본점이 아닌 유한구간 또는 무한구간 인 경우인 것을 연속 표본 공간이라 한다. 예를 들면 편의점에 방문하는 고객의 방문 시간을 관측하는 실험에서 어느 한 특정한 시간 13시 30분 11초에 방문하는 고객은 없을 경우가 많다. 그러나 13시 30분에서 13시 40분 사이에 방문하는 고객의 수는 5명일 수 있다. 즉 정확하게 어느 한 시점으로 관측할 수는 없지만 시간의 구간을 정해서 그 구간 별로 고객의 수를 세는 실험은 가능하다. 이와 같이 이산 표본점이 아닌 구간으로 측정 되어지는 표본을 연속표본공간이라 한다.

1.1.2 사건의 연산

사건이 표본점들의 집합이기 때문에 집합 연산이 사건에도 적용될 수 있다. 사건의 연산에는 사건의 합집합, 차집합, 교집합, 그리고 어떤 사건의 여집합이 있다. 사건의 연산은 아니지만 임의의 두 사건이 특수한 관계인 배반 사건이 있다.

(1) 사건의 합집합(union)

임의의 두 사건 A, B 중 적어도 한 사건이 일어나는 경우의 모임을 사건 A와 사건 B의 합집합이라 하며, 다음과 같이 나타낸다.

$$A \cup B = \{w \mid w \in A \text{ 또는 } w \in B\}$$

(2) 사건의 차집합(difference)

임의의 두 사건 A, B가 있을 때에 사건 A 안에 포함되지만 사건 B 안에는 포함되지 않는 사건들의 모임을 사건 A와 B의 차집합이라 하며, 다음과 같이 나타낸다.

$$A - B = \{w \mid w \in A \text{ 그리고 } w \notin B\}$$

(3) 사건의 곱집합(multiplication event) 또는 교집합

임의의 두 사건 A, B가 동시에 일어나는 경우의 모임을 사건 A와 B의 곱집합이라 하며, 다음과 같이 나타낸다.

$$A \cap B = \{w \mid w \in A \text{ 이고 } w \in B\}$$

(4) 사건의 여집합 (complement event)

임의의 사건 A가 일어나지 않는 경우의 모임을 사건 A의 여집합이라 하며, 다음과 같이 나타낸다.

$$A^c = \{w \mid w \in A \text{이고 } w \in B\}$$

두 사건의 차집합과 어떤 사건의 여집합의 개념을 아래와 같은 벤다이어그램을 이용하면 쉽게 이해할 수 있다. 일부 수학자들은 두 사건의 차집합을 차 사건이라 하고, 어떤 사건의 여집합을 여사건이라고도 한다.

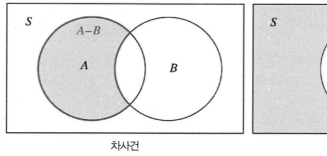
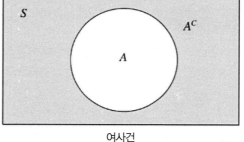

차사건　　　　　　　　　　　　　　　　여사건

(5) 배반 사건(exclusive event)

두 개의 사건 중에서 어느 한 사건이 일어나면 다른 사건이 결코 일어나지 않은 경우로서, 다음과 같이 공통인 원소를 갖지 않는 두 사건 A와 B를 **서로 배반**(mutually exclusive events)이라 한다. 배반인 두 사건은 사건의 곱집합이 공집합이다. 즉 $A \cap B = \varnothing$일 때, 두 사건 A와 B가 동시에 일어나는 경우가 없다는 것을 의미한다.

사건의 연산에 대하여 다음과 같은 성질이 있다.

① $A \cap (B - A) = \varnothing$

② $(A - B) \cap B = \varnothing$

③ $A \cap A^c = \varnothing$

또한 사건의 집합 사이에는 아래와 같은 연산 법칙이 성립한다.

■ 사건의 연산 법칙

① 교환법칙: $A \cup B = B \cup A, A \cap B = B \cap A$

② 결합법칙: $A \cup (B \cup C) = (A \cup B) \cup C, A \cap (B \cap C) = (A \cap B) \cap C$

③ 배분법칙: $A \cap (B \cup C) = (A \cap B) \cup (A \cap C), A \cup (B \cap C) = (A \cup B) \cap (A \cup C)$

④ 드 모르간(De Morgan)의 법칙: $(A \cup B)^c = A^c \cap B^c, (A \cap B)^c = A^c \cup B^c$

예제 1.2

1개의 주사위를 던지는 시행에서 짝수의 눈이 나오는 사건의 집합을 A, 홀수의 눈이 나오는 사건의 집합을 B, 3 이상의 수가 나오는 사건의 집합을 C라 하자.

(a) 표본 공간 Ω를 정의하라.

(b) 집합 $A \cup B$와 집합 $B \cap C$를 구하라.

(c) A^c을 구하라.

(d) A와 B가 서로 배반사건인지 아닌지를 판별하라.

(e) $A \cap (B \cup C) = (A \cap B) \cup (A \cap C)$가 성립함을 보여라.

(f) $(A \cap B)^c = A^c \cup B^c$이 성립함을 보여라.

풀이

(a) 표본공간 Ω은 $\Omega = \{1, 2, 3, 4, 5, 6\}$

(b) 각 사건에 대한 집합을 구하면

　　$A = \{2, 4, 6\}$이고 $B = \{1, 3, 5\}$, $C = \{3, 4, 5, 6\}$이다.

　　따라서 $A \cup B = \{1, 2, 3, 4, 5, 6\}$, $B \cap C = \{3, 5\}$이다.

(c) $A=\{2,\ 4,\ 6\}$이고, $\Omega=\{1,\ 2,\ 3,\ 4,\ 5,\ 6\}$이므로 $A^C=\{1,\ 3,\ 5\}$이다.

(d) 사건 A와 B가 서로 배반사건인지를 판별하려면 사건 A와 B의 곱집합이 공집합인지를 판단하면 된다. 위 (b)에서 구한 집합 A와 B의 곱집합은 $A \cap B = \varnothing$임을 알 수 있다. 따라서 사건 A와 B는 서로 배반사건이다.

(e) $B \cup C = \{1,\ 3,\ 4,\ 5,\ 6\}$이므로 $A \cap (B \cup C) = \{4,\ 6\}$이다. $A \cap B = \varnothing$이고 $A \cap C = \{4,\ 6\}$이므로 $(A \cap B) \cup (A \cap C) = \{4,\ 6\}$이다. 따라서 $A \cap (B \cup C) = (A \cap B) \cup (A \cap C)$가 성립한다.

(f) $A \cap B = \varnothing$이므로 $(A \cap B)^c$는 전체 표본 공간이다. 즉, $(A \cap B)^c = \{1,\ 2,\ 3,\ 4,\ 5,\ 6\}$이다. $A^c = \{1,\ 3,\ 5\}$이고 $B^c = \{2,\ 4,\ 6\}$이므로 이들의 합 집합인 $A^c \cup B^c$은 $\{1,\ 2,\ 3,\ 4,\ 5,\ 6\}$이다. 따라서 $(A \cap B)^c = A^c \cup B^c$이 성립함을 알 수 있다.

1.2   확률

1.2.1 확률의 의미

먼저 확률의 의미에 대해서 알아본다. 확률이란 관측 대상이 되는 모든 사건을 포함하고 있는 표본공간의 원소에 대하여 어떤 관측하고자 하는 사건 안에 들어있는 원소의 상대적인 비율을 의미한다. 이를 수식으로 표현하면 다음과 같다.

$$P(A) = \frac{n(A)}{n(S)},\ n(A) : A \text{ 안에 들어있는 원소의 개수}$$

> ### 예제 1.3
>
> 1개의 주사위를 2회 던져서 나오는 눈을 관찰하는 시행을 한다. 2개의 주사위가 모두 짝수의 눈이 나오는 사건의 집합을 A, 2개의 주사위가 모두 홀수의 눈이 나오는 사건의 집합을 B, 2개의 주사위 중에서 한 개는 짝수 한 개는 홀수가 나오는 사건의 집합을 C라 하자. 2개의 주사위의 눈의 합이 10 이상이 되는 사건의 집합을 D라고 하자.
>
> (a) 확률 $P(A)$, $P(B)$, $P(C)$, $P(D)$를 구하라.
>
> (b) 확률 $P(A \cup B)$와 확률 $P(A \cap D)$를 구하라.
>
> (c) 확률 $P(B \cap D)$를 구하라.

풀이

(a) 주사위의 눈을 정수로 표현하여 2회 나온 주사위의 눈을 쌍으로 표현하면, 전체 표본공간 Ω은
$\Omega =\{(1,1),\ (1,2),\ (1,3),\ (1,4),\ (1,5),\ (1,6),\ (2,1),\ \cdots\ (6,4),\ (6,5),\ (6,6)\}$ $n(\Omega)=36$이다.

사건 A의 집합은 $\{(2,2),\ (2,4),\ (2,6),\ (4,2),\ (4,4),\ (4,6),\ (6,2),\ (6,4),\ (6,6)\}$이므로 $n(A)=9$이다. 따라서 $P(A)=9/36=1/4$이다.

사건 B의 집합은 $\{(1,1),\ (1,3),\ (1,5),\ (3,1),\ (3,3),\ (3,5),\ (5,1),\ (5,3),\ (5,5)\}$이므로 $n(B)=9$이다. 따라서 $P(B)=9/36=1/4$이다.

사건 C의 집합은 $\{(1,2),\ (1,4),\ (1,6),\ (2,1),\ (2,3),\ (2,5),\ (3,2),\ (3,4),\ (3,6),\ (4,1),\ (4,3),$ $(4,5),\ (5,2),\ (5,4),\ (5,6),\ (6,1),\ (6,3),\ (6,5)\}$이므로 $n(C)=18$이다. 따라서 $P(C)=$ $18/36=1/2$이다.

사건 D의 집합은 $\{(4,6),\ (5,5),\ (5,6),\ (6,4),\ (6,5),\ (6,6)\}$이므로 $n(D)=6$이다. 따라서 $P(D)=6/36=1/6$이다.

(b) 사건의 A와 B의 합집합은 $\{(2,2),\ (2,4),\ (2,6),\ (4,2),\ (4,4),\ (4,6),\ (6,2),\ (6,4),\ (6,6),\ (1,1),$ $(1,3),\ (1,5),\ (3,1),\ (3,3),\ (3,5),\ (5,1),\ (5,3),\ (5,5)\}$이므로 $n(A \cup B)=18$이다.

따라서 $P(A \cup B)=18/36=1/2$이다.

사건 A와 D의 교집합은 $\{(4,6),\ (6,4),\ (6,6)\}$이므로 $n(A \cap D)=3$이므로, $P(A \cap D)=3/36=1/12$이다.

(c) 사건 B와 D의 교집합은 $\{(5,5)\}$이므로 확률 $P(B \cap D)=1/36$이다.

1.2.2 확률의 성질

수학적인 관점에서 확률은 사건의 집합들과 실수 사이에 존재하는 하나의 함수이다. 어떤 사건들의 표본 공간 S에서 사건의 집합 A와 B 사이에 아래의 공리를 만족하는 실수로의 대응 함수를 확률 함수 $P(A)$를 의미한다고 할 수 있다.

[공리 1] $P(S) = 1$

[공리 2] 사건의 집합 $A < S$이면 $P(A) \geq 0$

[공리 3] 사건의 집합 A와 B가 서로 배반이면 $P(A \cup B) = P(A) + P(B)$

위의 공리에 대하여 좀 더 설명한다.

임의의 사건 A의 집합을 A라 할 때 사건 A의 여사건의 집합은 A^c라고 표기한다. 집합의 개념에서 집합 A와 A의 여집합과의 합 집합은 $A \cup A^c = S$, 즉 전체 표본 공간 집합이 된다. 또 $A \cap A^c = \varnothing$ 이므로 [공리 1]과 [공리 3]에 의해 다음이 성립함을 알 수 있다.

$$P(S) = P(A \cup A^c) = P(A) + P(A^c) = 1$$

위 식을 다시 정리하면 사건 A의 여집합 A^c의 확률은 다음과 같다.

$$P(A^c) = 1 - P(A)$$

위 [공리 3]을 벤다이어그램으로 나타내면 아래와 같다. 임의의 두 사건 A와 B가 배반사건이면 집합 A와 집합 B의 공통부분이 없다는 것을 의미한다. 따라서 벤다이어그램으로 두 사건의 집합 A와 B의 합 집합은 각 집합의 합과 같음을 알 수 있다.

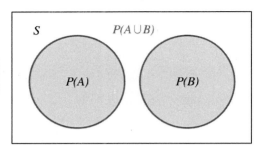

$$P(A \cup B) = P(A) + P(B)$$

만일 사건 A와 B가 배반사건이 아니라면 이를 벤다이어그램으로 표기하면 아래 그림과 같다.

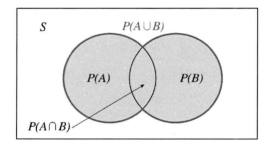

따라서 그림을 수식으로 표기하면 아래와 같은 항등식이 성립한다. 아래의 항등식에서 $P(A - B)$는 사건 A와 B의 차집합을 의미한다.

① $P(A \cup B) = P(A) + P(B) - P(A \cap B)$

② $P(A \cup B) = P(A - B) + P(B - A) + P(A \cap B)$

예제 1.4

서로 다른 주사위 두 개를 던질 때, 두 눈의 수가 서로 다르게 나오는 경우에 대한 확률을 여집합 개념을 이용하여 구하라.

풀이

서로 다른 주사위 두 개를 던지는 시행에서 모든 가능한 사건의 표본공간을 S라 하면 $n(S)=36$이다. 이때, 두 눈의 수가 같은 사건의 집합을 A라 하면

$A=\{(1,1),\ (2,2),\ (3,3),\ (4,4),\ (5,5),\ (6,6)\}$이므로 $n(A)=6$이다.

주사위 두 개의 나온 눈이 같을 확률은

$P(A)=\dfrac{n(A)}{n(S)}=\dfrac{6}{36}=\dfrac{1}{6}$ 이다.

또한 두 눈의 수가 서로 다르게 나오는 경우는 두 눈의 수가 같은 경우에 대한 여사건이다. 따라서 구하고자 하는 확률인 $P(A)$의 여사건

$P(A^{c})=1-P(A)=1-\dfrac{1}{6}=\dfrac{5}{6}$ 이다.

예제 1.5

어떤 카드는 1에서 45까지의 숫자가 적혀있다. 이 카드에서 다음의 사건이 나올 확률을 구하라.

(a) 임의로 하나의 카드를 뽑을 때에 숫자 '45' 카드가 나올 사건 A의 확률

(b) 임의로 2개의 카드를 뽑을 때 두 카드에 적힌 숫자의 차이가 10이 될 사건 B의 확률은?

(c) 두 사람이 카드를 한 장씩 뽑아서 나온 숫자가 큰 사람이 이기는 게임을 한다.
먼저 한 사람이 하나의 숫자를 뽑아서 가지고 있고, 다음에 다른 사람이 숫자를 뽑아서 동시에 펼쳐 보일 때 나중에 뽑은 사람이 이길 확률은?

풀이

(a) 카드가 전체 45장이니까 그 중에서 '45'가 적힌 카드가 뽑힐 확률은 총 45장 중에서 '45' 카드 한 장이 뽑힐 확률이기에

$P(A)=\dfrac{n(A)}{n(S)}=\dfrac{1}{45}$ 이다.

(b) 임의로 2개의 카드의 숫자의 차이가 10이 되는 카드의 쌍 집합은
$B=\{(1,\ 11),\ (2,\ 12),\ (3,\ 13),\ \cdots,\ (35,\ 45),\ (11,\ 1),\ (12,\ 2),\ \cdots\ (45,\ 35)\}$이지만
두 카드의 순서는 의미가 없으므로

$n(B)=35$가지이다. $n(S)={}_{45}C_{2}=990$이다. 따라서

$$P(B) = \frac{n(B)}{n(S)} = \frac{35}{990} = \frac{7}{198} \text{이다.}$$

(c) 두 사람이 카드를 한 장씩 뽑을 때 나온 경우의 총수는 처음 사람이 하나의 카드를 뽑는 경우가 45이고 두 번째 사람이 뽑는 경우가 44 경우이다.

따라서 전체의 경우의 수는 45*44=1,980이다.

두 번째 사람이 첫 번째 사람보다 높은 숫자를 뽑아야 하기에

첫 번째 사람이 1을 뽑으면 두 번째 사람은 2, 3, 4, ⋯, 45 중에서 하나를 뽑으면 된다. 따라서 44개다. 마찬가지로 첫 번째 사람이 2를 뽑으면 두 번째 사람은 3, 4, 5, ⋯, 45 43개다. 또 첫 번째 사람이 44를 뽑으면 두 번째 사람이 45를 뽑을 경우 1가지이다. 따라서 두 번째 사람이 이기는 경우의 총합은

44 + 43 + 42 + ⋯, 3 + 2 + 1=44*45/2=990이다.

따라서 $P(C) = \frac{n(C)}{n(S)} = \frac{990}{1980} = \frac{1}{2}$ 이다.

1.3 조건부 확률

1.3.1 조건부 확률의 정의

조건부 확률(conditional probability)이란 0보다 큰 확률을 가지고 어떤 사건 A가 이미 발생했다는 조건 아래서, 사건 B가 나타날 확률을 의미하고 $P(B|A)$로 나타낸다.

조건부 확률 $P(B|A)$는 사건 A와 B가 동시에 일어날 확률 $P(A \cap B)$를 사건 A가 일어날 확률로 나눈 값을 말한다. 조건부 확률 $P(A|B)$는 사건 A와 B가 동시에 일어날 확률 $P(A \cap B)$를 사건 B가 일어날 확률로 나눈 값을 말한다. 즉 아래의 식으로 표현할 수 있다. 이해를 돕기 위해서 아래에 벤다이어그램을 참고하기 바란다.

$$P(B|A) = \frac{P(A \cap B)}{P(A)}, \ P(A) > 0$$

$$P(A|B) = \frac{P(B \cap A)}{P(B)}, \ P(B) > 0$$

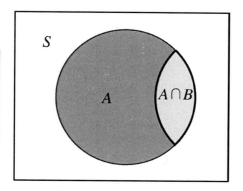

예제 1.6

K 대학교는 신입생 120명을 학부단위로 모집하고 1년간 교양 과목과 학부 공통 과목들을 수업한 후에 2개의 전공으로 나눈다고 한다. 학부에는 A 전공과 B 전공 두 개가 있다. 전공 희망 여부를 조사한 결과 아래의 표와 같은 결과를 얻었다. 전공 희망하는 학생 한 명을 임의로 선택하였는데 그 학생이 남학생이면서 전공 B를 희망하였을 확률을 구하시오. 여기서 남자일 사건을 M, 여자일 사건을 F, 전공 A를 희망한 사건을 A, 전공 B를 희망한 사건을 B라고 하자.

	남자(M)	여자(F)	합계
전공 A	30	34	64
전공 B	28	28	56
합계	58	62	120

(a) $P(A)$, $P(B)$를 구하라.

(b) $P(A|M)$, $P(M|A)$를 구하라.

풀이

(a) 전공 A를 희망할 확률 $P(A)$는 전체 120명 중에서 남자 30명과 여자 34명이 전공 A를 희망하였으므로 $P(A) = (30+34)/120 = 64/120 = 8/15$이다.

전공 B를 희망할 확률 $P(B)$는 전체 120명 중에서 남자 28명과 여자 28명이 전공 B를 희망하였으므로 $P(B) = (28+28)/120 = 56/120 = 7/15$이다

(b) $P(A \cap M) = P(M \cap A)$은 전체 120명 중에서 전공 A를 희망하는 남학생은 30명이므로 $P(A \cap M) = P(M \cap A) = 30/120 = 1/4$이다.

따라서 $P(A|M) = P(A \cap M)/P(M)$이므로

$P(M) = 58/120 = 29/60$

$P(A|M) = (1/4)/(29/60) = 15/29$

또 $P(M|A) = P(A \cap M)/P(A)$이므로

$P(M|A) = (1/4)/(8/15) = 15/32$

1.3.2 확률의 곱셈 원리

조건부 확률의 정의로부터 나온 수식을 다시 정리하면 다음과 같은 곱셈이 있는 수식을 얻는다.

$$P(A \cap B) = P(A)P(B|A), \ P(A) > 0$$
$$P(B \cap A) = P(B)P(A|B), \ P(B) > 0$$

위의 두 사건의 교집합에 대한 확률을 세 가지 이상의 사건의 집합으로 일반화할 수 있다.

① $P(A \cap B \cap C) = P(A)P(B|A)P(C|A \cap B), P(A \cap B) > 0$

② $P(A \cap B \cap C \cap D) = P(A)P(B|A)P(C|A \cap B)P(D|A \cap B \cap C),$
$\qquad\qquad P(A \cap B \cap C) > 0$

③ $P\left(\bigcap_{i=1}^{n} A_i\right) = P(A_1)P(A_2|A_1)P(A_3|A_1 \cap A_2) \cdots P\left(A_n \middle| \bigcap_{i=1}^{n-1} A_i\right), \ P\left(\bigcap_{i=1}^{n-1} A_i\right) > 0$

예제 1.7

3개의 검은색 공과 5개의 흰색 공이 들어 있는 주머니에서 차례대로 2개의 바둑돌을 꺼내는 시행을 실시한다.

(a) 처음에 검은색 공이 선택되고 이 공을 다시 주머니에 넣고서 두 번째에는 흰색 공이 꺼내질 확률을 구하시오.

(b) 처음에 검은색 공이 선택되고 이 공은 다시 주머니에 넣지 않고서 두 번째에는 흰색 공이 꺼내질 확률을 구하시오.

풀이

A : 처음에 검은색 공을 꺼내는 사건

B: 두 번째 흰색 공을 꺼내는 사건이라 할 때,

(a) 처음 꺼낸 공을 다시 집어넣고 두 번째 공을 꺼내는 시행은 복원추출이라 한다.

복원추출인 경우 확률은 $P(A \cap B) = P(A)P(B|A) = \dfrac{3}{8} \times \dfrac{5}{8} = \dfrac{15}{64}$ 이다.

(b) 처음 꺼낸 공을 다시 집어넣지 않고 두 번째 공을 꺼내는 시행은 비복원추출로서,

비복원추출인 경우 확률은 $P(A \cap B) = P(A)P(B|A) = \dfrac{3}{8} \times \dfrac{5}{7} = \dfrac{15}{56}$ 이다.

예제 1.8

3개의 붉은 공과 5개의 검은 공이 들어 있는 주머니에서 무작위로 차례로 3개의 공을 꺼낼 때, 다음 물음에 답하라. (단, 꺼낸 공은 다시 주머니에 넣지 않는다.)

(a) 처음 두 공이 모두 검은색일 확률

(b) 세 공 모두가 검은색일 확률

풀이

(a) 비복원추출이므로 첫 번째에 검은 공을 뽑을 확률이 $\dfrac{5}{8}$ 이고, 첫 번째에 검은 공을 뽑았을 때 두 번째에 검은 공을 뽑을 확률이 $\dfrac{4}{7}$ 이다. 따라서 처음 두 공이 모두 검은색일 확률은 $\dfrac{5}{8} \times \dfrac{4}{7} = \dfrac{5}{14}$ 이다.

(b) 비복원추출이므로 첫 번째에 검은 공을 뽑을 확률이 $\dfrac{5}{8}$ 이고, 첫 번째에 검은 공을 뽑았을 때 두 번째에 검은 공을 뽑을 확률이 $\dfrac{4}{7}$, 첫 번째와 두 번째에 검은 공을 뽑았을 때 세 번째에 검은 공을 뽑을 확률은 $\dfrac{3}{6}$ 이다. 따라서 세 공 모두 검은 공일 확률은 $\dfrac{5}{8} \times \dfrac{4}{7} \times \dfrac{3}{6} = \dfrac{5}{28}$ 이다.

1.4 종속사건과 독립사건

두 사건 A와 B에 대하여 어느 한 사건이 일어나는 데 다른 사건이 아무런 영향을 미치지 않는다면, 이 두 사건 A와 B는 서로 독립이라 하고 다음과 같은 수식을 만족한다.

$$P(A) = P(A|B) \ \ 또는 \ \ P(B) = P(B|A)$$

또한 $P(A) > 0$, $P(B) > 0$인 두 사건 A, B가 독립이면 아래의 수식도 만족한다.

$$P(A \cap B) = P(A)P(B)$$

$$P(A \cap B^c) = P(A)P(B^c)$$
$$P(A^c \cap B) = P(A^c)P(B)$$
$$P(A^c \cap B^c) = P(A^c)P(B^c)$$

두 사건 A와 B를 의미 독립이 아닌 두 사건을 종속사건이라 한다.

앞 절에서 정의한 배반사건과 독립사건과 유사한 점이 있으나 그 의미는 서로 다르다. 따라서 배반과 독립사건, 종속사건에 대하여 다음과 같은 결론을 얻을 수 있다.

- 두 사건 A, B가 서로 배반이면, A와 B는 서로 종속이다.
- 두 사건 A, B가 서로 독립이면, A와 B는 결코 서로 배반이 아니다.
- 두 사건 A, B가 서로 종속이면, A와 B는 서로 배반일 수도 있고 아닐 수도 있다.

예제 1.9

표본공간 $S=\{1, 2, 3, 4, 5, 6, 7, 8, 9\}$와 사건 $A=\{2, 5, 7, 8\}$, $B=\{4, 8, 9\}$에 대하여 확률 개념을 사용하여 다음을 구하라.

(a) 사건 A와 B는 서로 배반사건인가?

(b) 사건 A와 B는 서로 독립사건인가?

풀이

(a) 배반 사건은 두 사건의 공통 집합이 공집합일 때를 의미한다.

여기서 $A \cap B = \{8\}$이므로 배반사건이 아니다.

(b) 두 사건이 서로 독립 사건이면 수식 $P(A \cap B) = P(A) * P(B)$을 만족해야 한다.

$$P(A) = \frac{n(A)}{n(S)} = \frac{4}{9}, \ P(B) = \frac{n(B)}{n(S)} = \frac{3}{9} = \frac{1}{3} \text{이고}$$

$$P(A \cap B) = \frac{n(A \cap B)}{n(S)} = \frac{1}{9} \text{이다.}$$

또한 $P(A) * P(B) = 4/9 * 1/3 = 4/27$이다.

따라서 $P(A \cap B) \neq P(A)P(B)$이므로 독립사건이 아닌 종속사건이다.

1.5   베이즈 정리

어떤 집단에서 발생하는 사건을 관찰하기 위하여 아래 그림과 같은 시행을 갖는 벤다 이어그램에 대하여 생각해 보자. 그림에서 S는 표본 공간 전체를 말하고 이 표본 공간이 A_1, A_2, A_3 세 개의 부분 공간으로 나누어져 있다. 이 세 공간을 표본 공간의 분할이라 고 한다. 이때에 각 분할은 0 이상의 확률들을 갖는다. 즉, $P(A_i) > 0$, $i = 1,2,3$. 이 집단을 세 개의 분할과는 다른 관점에서 관찰하는 임의의 사건 B가 있다. 이 사건 B의 일부는 분할 A_1에서 발생할 수 있고, 또 일부는 분할 A_2에서, 그리고 또 일부는 분할 A_3에서 발생할 수 있음을 알 수 있다.

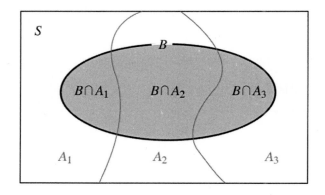

이 벤다이어그램이 나타내는 의미를 수식으로 표형하게 되면 다음과 같다.

$A_1 \cap B$, $A_2 \cap B$, $A_3 \cap B$: 사건 B의 분할로 생각할 수 있다.

따라서

$P(B) = P(A_1 \cap B) + P(A_2 \cap B) + P(A_3 \cap B)$이다.

앞 절에서 설명한 조건부 확률의 수식

$$P(A \cap B) = P(A)P(B|A), P(A) > 0$$
$$P(B \cap A) = P(B)P(A|B), P(B) > 0$$

을 위 식에 대입하게 되면

$$P(B) = P(A_1 \cap B) + P(A_2 \cap B) + P(A_3 \cap B)$$
$$= P(A_1)P(B|A_1) + P(A_2)P(B|A_2) + P(A_3)P(B|A_3)$$

를 얻을 수 있다.

위 수식을 일반화시켜 보자.

일반적으로 $A_1, A_2, \dots, A_n$: 표본공간 S의 분할이고,

$$P(A_i) > 0, \ i = 1, 2, \dots, n$$

사건 B는 표본 공간 내의 또 다른 사건이라고 할 때에

$P(B) = \displaystyle\sum_{i=1}^{n} P(A_i)P(B|A_i)$와 같이 일반화할 수 있다.

위와 같은 전제 조건하에서 사건 B가 발생했을 때 사건 A_i가 발생할 확률, 즉 조건부 확률 $P(A_i|B)$을 구해보자.

조건부 확률 정의에 의해서

$P(A_i|B) = \dfrac{P(A_i \cap B)}{P(B)}$ 이다. 여기서 $P(B)$는

$P(B) = \displaystyle\sum_{i=1}^{n} P(A_i)P(B|A_i)$이고,

또한

$$P(A \cap B) = P(A) * P(B|A) \text{이므로, } P(A_i \cap B) = P(A_i) * P(B|A_i) \text{이다.}$$

따라서

$$P(A_i|B) = \frac{P(A_i \cap B)}{P(B)} = \frac{P(A_i)P(B|A_i)}{\displaystyle\sum_{j=1}^{n} P(A_j)P(B|A_j)}$$

와 같이 일반화할 수 있다.

위의 일반화된 수식과 같이 사건 B가 발생했을 때 사건 A_i가 발생할 확률, 즉 조건부 확률 $P(A_i|B)$을 구하는 공식을 베이즈 정리(Bayes Theorem)라고 한다.

예제 1.10

한국의 H 자동차회사는 세 지역에 있는 공장 A, B, C로부터 자동차를 제조하여 판매한다. 해외로 수출하는 자동차는 공장 A에서 50%, B 공장에서 30%, 그리고 C 공장에서 20% 비율로 제조한다고 한다. 또한 각 공장에서 수출한 자동차의 불량품이 제조될 가능성은 A 공장에서 5%, B 공장에서 3%, C 공장에서 3%라고 알려져 있다.

(a) 해외로 수출하는 자동차 한 대를 임의로 선택하였을 때 이 제품이 불량품일 확률은?

(b) 해외로 수출하는 자동차 한 대를 임의로 선택했는데 그 자동차가 불량품이었는데, 공장 C에서 제조한 자동차일 확률은?

풀이

(a) 임의로 선정한 자동차가 각 공장에서 제조할 확률을 $P(A)$, $P(B)$, $P(C)$라고 하자.

$P(A)=0.5$, $P(B)=0.3$, $P(C)=0.2$이다.

또한 임의로 선정한 자동차가 불량품일 사건을 X라고 할 때,

확률 $P(X)$ =공장 A에서 제조한 제품으로 불량품일 확률

       + 공장 B에서 제조한 제품으로 불량품일 확률

       + 공장 C에서 제조한 제품으로 불량품일 확률이다.

공장 A에서 제조한 제품으로 불량품일 확률 $P(X \cap A)$는
조건부 확률 정의에 의해서

$$P(X \cap A) = P(A) * P(X|A) \text{이다.}$$

또한 문제에서 $P(X|A)$=0.05, $P(X|B)$=0.03, $P(X|C)$=0.03이다.

따라서

$$P(X \cap A) = P(A) * P(X|A) = 0.5 * 0.05 = 0.025 \text{이다.}$$

같은 방법으로 공장 B에서 제조한 제품으로 불량품일 확률 $P(X \cap B)$는

$$P(X \cap B) = P(B) * P(X|B) = 0.3 * 0.03 = 0.009$$

같은 방법으로 공장 C에서 제조한 제품으로 불량품일 확률 $P(X \cap C)$는

$$P(X \cap C) = P(C) * P(X|C) = 0.2 * 0.03 = 0.006$$

따라서 확률 $P(X)$는

$$\begin{aligned} P(X) &= P(X \cap A) + P(X \cap B) + P(X \cap C) \\ &= P(A)P(X|A) + P(B)P(X|B) + P(C)P(X|C) \\ &= 0.025 + 0.009 + 0.006 = 0.04 \end{aligned}$$

(b) 해외로 수출하는 자동차 한 대를 임의로 선택했는데 그 자동차가 불량품이었는데, 공장 C에서 제조한 자동차일 확률 $P(C|X)$은
베이즈 정리에 의하여

$$\begin{aligned} P(C|X) &= \frac{P(C \cap X)}{P(X)} = \frac{P(C) \cdot P(X|C)}{P(X)} \\ &= \frac{0.2 \cdot 0.03}{0.04} = \frac{0.006}{0.04} = \frac{3}{20} \end{aligned}$$

연습문제

1. 한 개의 동전을 한 번 던지는 실험에 대하여 다음을 구하라.

    (a) 앞면과 뒷면이 나올 가능성이 동일하다고 할 때, 앞면과 뒷면이 나올 확률을 각
       각 구하라.

    (b) 앞면이 나올 가능성이 뒷면이 나올 가능성의 두 배인 일그러진 동전이라 가정할
       때, 앞면과 뒷면이 나올 확률을 구하라.

2. 다음 그림과 같이 4개의 상자에 각각 흰 공과 검은 공이 들어 있다. 다음과 같은 방
    식으로 상자들 중에서 하나를 선택하여 임의로 공을 꺼낼 때, 꺼낸 공이 흰 공일 확
    률을 구하라.

    (a) 각각의 상자를 선택할 기회가 동등한 경우

    (b) 동전을 세 번 던져서 앞면이 3번 나오면 상자 A, 앞면이 2번 나오면 상자 B,
       앞면이 1번 나오면 상자 C를 선택하고, 앞면이 나오지 않으면 상자 D를 선택한
       경우

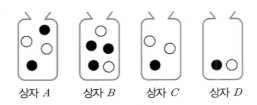

상자 A　　상자 B　　상자 C　　상자 D

3. Email 스팸이 인터넷시대에 가장 큰 골치중의 하나이다. 스팸을 자동으로 분류해주는 알고리즘(AISPAM)을 개발하여 이메일 문서 10,000개를 분석하여 아래 표와 같은 결과를 얻었다. 일반적으로 이메일 문서 중에서 10%가 스팸이라고 알려져 있다.

	진짜 스팸 문서	정당한 문서	합계
알고리즘이 스팸분류	980	660	1,640
알고리즘이 정상으로 분류	20	8,340	8,360
합계	1,000	9,000	10,000

임의의 하나의 문서를 선택하여 AISPAM 알고리즘으로 분류하였더니 정상문서라고 하였다. 그런데 실제는 스팸일 확률은 얼마인가?

4. 국내 10대 대그룹 경영진의 이력과 학력에 대하여 조사한 결과가 아래 표와 같다.

	문과	이공계	합계
학사학위	172	28	200
석사학위	55	56	111
박사학위	7	1	8
합계	234	85	319

(a) 임의로 한명의 경영인을 선택했을 때 그가 이공계 출신일 확률은?

(b) 임의로 한명의 이공계 출신 경영인을 선택하였는데, 그가 석사학위를 받았을 확률은?

(c) 경영진이 문과생이 된다는 사건과 학사학위자가 된다는 사건이 서로 독립인가?

5. 보험회사는 새로운 교통상해보험을 설계하기 위하여 최근 10년 동안에 일어난 사망에 이르게 한 교통사고들을 그 원인과 요일별로 조사하여 아래와 같은 표를 얻었다.

	음주운전	졸음운전	과속
월요일	18	88	124
화요일	16	92	108
수요일	92	122	89
목요일	72	108	125
금요일	115	118	106
토요일	126	128	67
일요일	146	132	78
합계	585	788	697

(a) 임의로 한명의 사망자를 선택하였더니 그가 음주운전을 하였을 확률은?

(b) 임의로 선택한 한명의 사망자가 음주 운전을 하였을 때, 또 그가 토요일에 사망하였을 확률은?

CHAPTER **2**

확률분포

2.1   확률변수

아래 그림과 같이 표본공간 S의 각 원소를 실수 값으로 바꾸는 함수 X를 확률변수라고 한다.

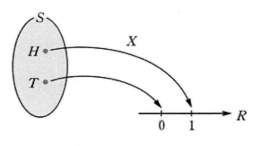

그림 2-1 확률변수

그림 2-1에서 표본 공간 S 내의 원소 H는 실수 영역의 1로, 원소 T는 실수 영역의 0으로 사상된다. 함수에서 사상되기 전의 원소를 정의역이라 하고, 사상된 후의 원소들을 치역 또는 변역이라고 한다. 원소가 사상되는 치역이 0, 1, 2, 3, …과 같은 이산 값을 갖는 사상을 이산 확률변수라고 하고, 치역이 이산 값이 아닌 구간 또는 영역으로 사상되는 경우를 연속 확률변수라고 한다.

따라서 이산 확률변수를 아래와 같이 표기할 수 있다.

$$X(S) = \{0,\ 1,\ 2,\ 3,\ \cdots\}$$

또한 연속 확률변수는 이산점이 아닌 구간이기에 아래와 같이 표기할 수 있다.

$$X(S) = \{x \in R,\ 0 \leq x \leq 1\}$$

예제 2.1

동전 1개를 3번 던지는 실험에서 앞면이 나온 횟수를 확률변수로 표기하라.

풀이

동전의 앞면을 H라 하고, 뒷면을 T라고 하자. 동전 1개를 3번 던지는 실험에서 앞면이 나오는 표본 공간은 HHT, HHT, HTH, THH, HTT, THT, TTH, TTT 등이 있다. 여기서 H의 개수에 따라 치역을 정의하면, 정의역은 {0, 1, 2, 3}이 된다.

앞면이 나온 횟수를 확률변수 X는

표본 공간의 원소의 집합 {TTT}를 $X = 0$,
집합 {HTT, THT, TTH}를 $X = 1$,
집합 {THH, HTH, HHT}를 $X = 2$,
집합 {HHH}를 $X = 3$으로 사상된다.

2.2   이산 확률분포

이산 확률변수가 가능한 값이 무언인지를 결정하고 나면 다음에는 이 값들이 언제 어떠한 값을 가질지 예측할 수 있어야 한다. 즉, 확률변수의 값은 우연에 의해서 결정되기 때문에 불확실성 속에서 확률이라는 개념으로 예측할 수밖에 없다. 따라서 확률론의 관점에서 확률변수들을 다룰 필요가 있다. 확률론에서 두 가지 함수, 확률 질량함수와 누적분포함수를 이해하여야 한다.

(1) 확률질량함수

이산확률변수 X에 대하여 X가 임의의 실수 x를 취할 확률에 대응하는 함수를 이산확률변수 X의 확률질량함수라 하고, $f(x) = P(X = x)$라고 표시한다.

확률변수 X의 확률질량함수 $f(x)$는 다음과 같은 특징을 가지고 있다.

---

(1) 모든 실수 x에 대하여 $0 \le f(x) \le 1$

(2) $\sum_{x \in R} f(x) = 1$이다.

함수 $f(x)$는 실수 전체에서 정의되고, 치역은 0과 1 사이의 값을 갖는다. 또한 0이 아닌 모든 정의역 x에 대하여 $f(x)$의 모든 값을 더하면 1이 된다.

예제 2.2

[예제 2.1]에서와 같이 동전 1개를 3번 던지는 실험에서 앞면이 나온 횟수를 확률변수 X라 하자. 이 때 확률변수 X가 취할 수 있는 값, 즉 이산 점을 모두 구하고, X가 각 이산 점 x를 취할 확률을 구하고, 이를 확률질량함수로 표현하시오.

풀이

확률변수 X는 0, 1, 2, 3의 값을 가지게 된다. 모든 표본 공간은
{HHT, HHT, HTH, THH, HTT, THT, TTH, TTT}이다.
$X = 0$일 때, 즉 HHT인 경우의 확률 $f(0) = 1/8$이다.
마찬가지로 $X = 1$일 때 $f(1) = 3/8$, $f(2) = 3/8$, $f(3) = 1/8$
확률질량함수 $f(x)$는 다음과 같이 나타낸다.

$$f(x) = \begin{cases} 1/8, & x = 0,3 \\ 3/8, & x = 1,2 \end{cases}$$

예제 2.3

확률변수 X가 취할 수 있는 값이 1, 2, 3이고, $P(X=1)=0.1$, $P(X=2)=0.6$일 때, $P(X=3)$을 구하라.

풀이

확률질량변수의 특징 중에서 모든 변수에 대한 확률들의 합이 1이라고 했으므로,

$$P(X=1)+P(X=2)+P(X=3)=1$$

따라서 $P(X=3)=1-0.1-0.6=0.3$이다.

(2) 누적분포함수

확률변수 X의 누적분포함수는 임의의 실수 X에 대하여 확률변수 X가 x보다 작거나 같은 값을 취하게 되는 경우의 확률을 말하며, 아래와 같이 표기한다.

$$F(x)=P(X \leq x)$$

누적분포함수 $f(x)$는 다음과 같은 성질을 갖는다.

(1) 모든 실수 x에 대하여 $0 \leq F(x) \leq 1$이다.
(2) $f(x)$는 증가함수이다.
(3) $F(\infty)=1$, $F(-\infty)=0$이다.
(4) X가 이산 확률변수인 경우, $P(X=x)=F(x)-F(x-1)$이 성립한다.

예제 2.4

이산 확률변수 X의 누적 분포함수가 다음과 같을 때, $P(1 \leq x < 3)$값을 구하라.

$$F(x) = P(X \leq x) = \begin{cases} 0 & (x < 0) \\ 0.04 & (0 \leq x < 1) \\ 0.34 & (1 \leq x < 2) \\ 0.64 & (2 \leq x < 3) \\ 1 & (3 \leq x) \end{cases}$$

풀이

X가 이산 확률변수이므로 $P(1 \leq x < 3) = P(X = 1) + P(X = 2)$이다.

또한 $P(X = 1) = F(1) - F(0) = 0.34 - 0.04 = 0.3$이고,
    $P(X = 2) = F(2) - F(1) = 0.64 - 0.34 = 0.3$이다.

따라서

$$P(1 \leq x < 3) = P(X = 1) + P(X = 2) = 0.6$$

2.3   연속 확률분포

연속 확률변수 X에 대하여 $a \leq X \leq b$일 확률이 아래와 같이 표시될 때, 확률변수 X는 연속 확률분포를 따른다고 한다. 이 연속함수 $f(x)$를 확률 변수 X의 확률 밀도함수라 한다.

$$P(a \leq X \leq b) = \int_a^b f(x)dx$$

연속 확률변수 X의 확률밀도함수 $f(x)$는 다음과 같은 성질을 갖는다.

---

(1) 모든 실수 x에 대하여 $f(x) \geq 0$이다.

(2) $\displaystyle\int_{-\infty}^{\infty} f(x)dx = 1$이다.

(3) $\displaystyle P(a \leq X \leq b) = \int_{a}^{b} f(x)dx$이다.

확률 밀도함수 $f(x)$는 모든 실수 x에 대하여 0 이상의 값을 가지며, 모든 실수 범위에 대하여 확률 밀도함수 값의 합은 1이다. 또한 확률변수 X가 a와 b 사이에 있을 확률 $P(a \leq X \leq b)$는 $x = a$와 $x = b$, 그리고 연속함수 $f(x)$의 그래프와 x축으로 둘러싸인 면적과 같다. 따라서 연속 확률변수 X에 대하여 다음이 성립함을 알 수 있다.

- $\displaystyle P(X = x) = \int_{x}^{x} f(x)dx = 0$

- $P(a \leq x \leq b) = P(a \leq x < b) = P(a < x \leq b) = P(a < x < b)$

확률 밀도함수 $f(x)$는 어떤 실수 한 점에 대한 값은 0이고, 모든 실수 x에 대하여 0 이상의 값을 가진다. 따라서 $x = a$와 $x = b$ 사이의 확률 밀도함수의 값은 각 지점의 값을 부등호에 관계없이 동일함을 알 수 있다.

이산 누적분포함수와 같이 연속 누적분포함수도 동일하게 정의한다. 확률변수 X의 누적 분포함수 F는 확률 밀도함수가 $f(x)$이고 연속인 함수인 경우에 다음과 같이 정의한다.

$$F(x) = P(X \leq x) = \int_{-\infty}^{x} f(t)dt$$

즉, 누적 분포함수는 확률 밀도함수의 적분 값을 의미한다.

> **예제 2.5**
>
> 전기자동차의 배터리의 충전 시간은 배터리가 제조된 이후 어느 시점까지는 충전이 잘 되다가
> 그 시점이후로는 완전 충전이 되지 않는다고 하자. 배터리를 제조한 이후 폐기까지 완전히 충
> 전하기 까지 걸리는 시간들을 조사하였다. 충전 시간을 확률변수로 하여 확률 밀도함수가 아
> 래와 같음을 알았다(단위는 시간이다).
>
> $$f(x) = \begin{cases} 0 & x < 0.5 \\ cx & 0.5 \leq x \leq 2 \\ 0 & x > 2 \end{cases}$$
>
> (a) 상수 C를 구하라.
>
> (b) 확률변수 X의 (누적)분포 함수를 구하라.
>
> (c) 배터리 충전시간이 1.5시간 이상일 확률을 구하라.

풀이

(a) 함수 $f(x)$가 확률밀도함수가 되기 위해서는 $\int_{-\infty}^{\infty} f(x)dx = 1$을 만족하여야 한다. 주어진

식에서 $\int_{-\infty}^{\infty} f(x)dx = \int_{0.5}^{2} f(x)dx = 1$

$$\int_{0.5}^{2} cx\ dx = [\frac{1}{2} c\, x^2]_{0.5}^{2} = \frac{1}{2} c\, (2^2 - 0.5^2) = \frac{15}{8}c = 1$$

따라서 $C = 8/15$

(b) $F(x) = P(X \leq x) = \int_{0}^{x} f(t)dt = \frac{8}{15}\ \frac{1}{2}\ t^2\ ]_{0}^{x}$

$$= \frac{4}{15}\ x^2$$

따라서 누적 분포함수 $f(x)$는 다음과 같이 나타낼 수 있다.

$$F(x) = \begin{cases} 0 & x < 0.5 \\ \frac{4}{15}x^2 & 0.5 \leq x \leq 2 \\ 1 & x > 2 \end{cases}$$

(c) $P(x \geq 1.5) = 1 - P(x \leq 1.5)$
$$= 1 - F(1.5) = 1 - \frac{4}{15}(1.5)^2$$
$$= 0.6$$

2.4 확률변수의 기댓값과 분산

2.4.1 확률변수의 기댓값

모집단의 특성을 분석하기 위해서 모집단 데이터의 중심과 산포도를 나타내는 척도를 사용한다. 모집단의 중심을 나타내는 척도로 모집단 자료의 평균을 사용하는데 이를 확률변수 X의 기댓값이라고 한다. 확률변수 X의 기댓값 $E(X)$는 다음과 같이 정의한다. 여기서 함수 $f(x)$는 확률 밀도함수를 의미한다.

- X가 이산 확률변수일 때: $E(X) = \sum_{i=1}^{n} x_i f(x_i)$
- X가 연속 확률변수일 때: $E(X) = \int_{-\infty}^{\infty} x f(x) dx$

X와 Y를 확률변수라 하고, k_1, k_2, k을 임의의 실수라 할 때, 기댓값은 다음과 같은 성질을 갖는다.

---

(1) $E(k) = k$
(2) $E(kX) = kE(X)$
(3) $E(X+k) = E(X) + k$
(4) $E(k_1 X + k_2 Y) = k_1 E(X) + k_2 E(Y)$

2.4.2 확률변수의 분산

표본 자료가 표본의 중심에서 어떻게 분포되어 있는 지를 나타내는 정도가 데이터의 산포도라고 한다. 이 산포도를 나타내는 척도로서 확률변수 X의 분산을 다음과 같이 정의한다. 확률변수 X의 분산은 각 확률변수와 평균과의 차이를 제곱하여 각 확률변수가 발생할 확률을 곱한 평균을 의미한다. 여기서 확률변수의 평균을 $\mu = E(X)$라고 표기한다.

$$Var(X) = E[(X-\mu)^2]f(x_i) = \begin{cases} \displaystyle\sum_{i=1}^{n}(x_i-\mu)^2 f(x_i) & (X: \text{이산확률변수}) \\ \displaystyle\int_{-\infty}^{\infty}(x-\mu)^2 f(x)dx & (X: \text{연속확률변수}) \end{cases}$$

■ 분산의 성질

확률변수 X의 분산은 임의의 실수 k에 대하여 다음과 같은 성질을 갖는다.

(1) $Var(k) = 0$
(2) $Var(X \pm k) = Var(X)$
(3) $Var(kX) = k^2 Var(X)$

■ 표준편차

표준편차는 확률변수 X의 분산에 대한 양의 제곱근을 말하며, 아래와 같이 표기한다.

$$\sigma = SD(X) = \sqrt{E[(X-\mu)^2]}$$

어느 집단의 특성을 파악하는데 평균의 값이 크기가 다양해서 집단의 특성을 이해하는데 있어서 어려울 수 있다. 특히 두 모집단을 비교한다든지 할 때에는 평균이 달라서 평균값만을 비교하여 판단을 내리는 것은 의미가 없을 뿐만아니라 이해하기도 쉽지 않다. 따라서 확률변수 X를 표준화하여 사용하면 편리하다.

확률변수 X를 아래와 같이 표준화할 수 있다.

$$Z = \frac{X - \mu}{\sigma} \Rightarrow E(Z) = 0, \; Var(Z) = 1$$

확률변수 X를 표준화한 변수 Z는 항상 평균이 0이고 분산이 1인 분포를 따른다.

확률변수 X의 분포에 대한 비대칭 정도를 나타내는 척도로서 왜도를 아래와 같이 정의하여 쓴다.

$$s = \frac{E[(X - \mu)^3]}{\sigma^3} \Rightarrow \begin{cases} s > 0 : \text{양의 비대칭} \\ s = 0 : \text{대칭} \\ s < 0 : \text{음의 비대칭} \end{cases}$$

예제 2.6

어느 휴대폰 가게에서 하루에 팔리는 휴대폰 수량을 몇 달 동안 관찰하였다. 이 결과 하루에 판매되는 휴대폰 수량의 확률변수에 대한 확률이 아래 표와 같았다. 하루 판매량의 평균과 분산을 구하라.

X	0	1	2	3	합계
$P(X=x)$	0.4	0.3	0.2	0.1	1

풀이

평균 즉 기댓값은

$$E(x) = 0*0.4 + 1*0.3 + 2*0.2 + 3*0.1 = 1$$

즉, 확률적으로 하루 1대 평균으로 팔린다고 할 수 있다.

분산 $Var(x) = $ 함수 $f(x)$가

$$
\begin{aligned}
Var(X) &= E[(X-\mu)^2]f(x_i) \\
&= (0-1)^2 \times 0.4 + (1-1)^2 \times 0.3 + (2-1)^2 \times 0.2 + (3-1)^2 \times 0.1 \\
&= 1 \times 0.4 + 0 \times 0.3 + 1 \times 0.2 + 4 \times 0.1 = 1.0
\end{aligned}
$$

예제 2.7

연속확률변수 X의 확률밀도함수가 다음과 같다.

$$f(x) = \begin{cases} 3x^2 & 0 \leq x \leq 1 \\ 0 & \text{기 타} \end{cases}$$

확률변수 X의 평균과 분산을 구하라.

풀이

확률변수 X의 평균은

$$
\begin{aligned}
E(X) &= \int_{-\infty}^{\infty} xf(x)dx = \int_0^1 x(3x^2)dx = \int_0^1 3x^3 dx \\
&= 3/4 = 0.75
\end{aligned}
$$

분산 $Var(X)$를 구하기 위해서 먼저 $E(x^2)$를 먼저 구하자.

$$
\begin{aligned}
E(X^2) &= \int_{-\infty}^{\infty} x^2 f(x)dx = \int_0^1 x^2(3x^2)dx = \int_0^1 3x^4 dx \\
&= 3/5 = 0.6
\end{aligned}
$$

$$Var(X) = E(X^2) - \mu^2 = 0.6 - (0.75)^2 = 0.0375$$

2.5	여러 가지 확률 분포

2.5.1 이산균등분포

확률변수 X가 취하는 값의 확률이 모두 같은 확률분포를 이산 균등분포라고 한다. 아래 그림은 주사위 한 번 던져서 나오는 눈의 수에 대한 확률을 표로 나타낸 것이다. 표에서 알 수 있듯이 각 눈이 나올 확률은 모두 1/6로 같다.

표 2-1 주사위를 한 번 던져 나오는 눈의 수에 대한 확률분포표

x	1	2	3	4	5	6	합계
$P(X=x)$	$\dfrac{1}{6}$	$\dfrac{1}{6}$	$\dfrac{1}{6}$	$\dfrac{1}{6}$	$\dfrac{1}{6}$	$\dfrac{1}{6}$	1

주사위를 던져서 나오는 눈을 관측하는 시행은 이산 확률분포이며 모두 확률이 1/6로 같기 때문에 이를 막대그래프로 나타내면 아래와 같다.

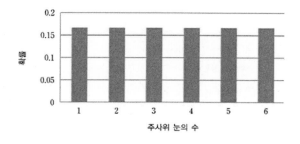

(1) 이산균등분표의 평균과 분산

이산 균등분포에서 확률변수 X가 취하는 값이 1, 2, $\cdots$, n인 확률 질량함수는 다음과 같다.

$$f(x) = \frac{1}{n} \ (x = 1, 2, \cdots, n)$$

따라서 확률변수 X가 이산균등분포를 따를 때 X의 평균과 분산은 각각 다음과 같다

* 평균: $E(X) = \sum_{x=1}^{n} x f(x) = \sum_{x=1}^{n} \frac{x}{n} = \frac{1}{n} \times \frac{n(n+1)}{2} = \frac{n+1}{2}$

* 분산: $Var(X) = \sum_{x=1}^{n} x^2 f(x) - E(X)^2 = \sum_{x=1}^{n} \frac{x^2}{n} - \left(\frac{n+1}{2}\right)^2$

$$= \frac{1}{n} \times \frac{n(n+1)(2n+1)}{6} - \left(\frac{n+1}{2}\right)^2 = \frac{n^2-1}{12}$$

예제 2.8

주사위를 던져서 나오는 눈의 수를 확률변수로 하는 분포의 평균과 분산을 구하라.

풀이

주사위를 던져서 나오는 눈의 수를 확률변수 X라 하면 확률변수 X는 1, 2, 3, 4, 5, 6의 값을 가지며 확률은 모두 1/6이다.

평균은 $E(X) = \sum_{x=1}^{n} x f(x) = \frac{1}{6} \times (1+2+3+4+5+6) = 3.5$

분산은 $Var(X) = \frac{6^2-1}{12} = 2.917$

2.5.2 베르누이 시행과 베르누이 분포

어떤 시행을 독립적으로 반복할 때, 발생할 수 있는 결과가 오직 두 개뿐인 경우로 발생하는 결과가 서로 독립일 때 이 시행을 베르누이 시행이라고 한다. 예를 들면 동전한 개를 던져서 앞면이 또는 뒷면이 나오는 시행, 제조 공장에서 생산된 제품을 하난 선택하여 그 제품이 합격품이거나 불량품일 시행과 같은 것을 말한다. 따라서 이 베르

누이 시행은 아래와 같은 특성을 가진다.

(1) 각 시행의 결과는 반드시 '성공(s)' 또는 '실패(f)' 중 하나로 나타난다.
(2) 각 시행에서 성공할 확률 $P(s) = p$이고, 실패할 확률 $P(f) = q$이다(단, $p + q = 1$).
(3) 각 시행은 독립이다.

확률변수 X에 대한 확률 질량함수가 다음과 같을 때, 이와 같은 확률 질량함수를 가지는 확률변수 X의 확률분포를 베르누이 분포라 하고, $B(1, p)$로 나타낸다.

$$f(x) = p^x (1-p)^{1-x} \quad (x = 0, 1)$$

이 베르누이 분포를 그래프로 나타내면 아래 그림과 같이, $x = 0$일 때는 $1-p$이고, $x = 1$일 때는 p이다.

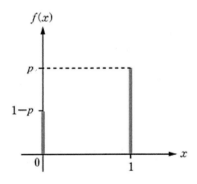

(1) 베르누이 분포의 평균과 분산

관찰할 모집단의 확률변수 X가 베르누이 분포 $B(1, p)$를 따르면, 확률변수 X의 평균과 분산은 아래와 같다.

* 평균: $E(X) = 1 \times p + 0 \times q = p$

* 분산: $Var(X) = E(X^2) - E(X)^2 = 1^2 \times p + 0^2 \times q - p^2 = p - p^2 = p(1-p)$

예제 2.9

동전 2개를 동시에 던져서 두 동전 모두 앞면이 나오면 확률변수 X를 1로, 그 외의 경우에는 확률변수 X를 0이라 할 때, 이 시행은 베르누이 시행이다. 확률변수 X의 평균과 분산을 구하시오.

풀이

동전의 앞면을 H라 하고 뒷면을 T라고 하자. 동전 2개를 던져서 앞면과 뒷면이 나오는 표본 공간은 $S = \{HH,\ HT,\ TH,\ TT\}$이다.

두 개의 동전이 모두 앞면(HH)이 나오는 확률변수가 1인 경우는 1/4 확률을 갖는다. 또 올 확률은 확률변수가 0일 확률은 3/4이다.

따라서 이 동전 던지는 시행은 베르누이 시행으로 $B(1, 1/4)$ 베르누이 분포를 한다.

평균과 분산은 다음과 같이 구할 수 있다.

* 평균: $E(X) = 1 \times \dfrac{1}{4} + 0 \times \dfrac{3}{4} = \dfrac{1}{4}$

* 분산: $Var(X) = E(X^2) - E(X)^2 = 1^2 \times \dfrac{1}{4} + 0^2 \times \dfrac{3}{4} - (\dfrac{1}{4})^2 = \dfrac{3}{16}$

2.5.3 이항분포

베르누이 시행을 반복해서 하는 시행에서, 즉 성공 확률이 p인 베르누이 시행을 n번 반복할 때 성공하게 되는 횟수를 확률변수 X라 할 때, 확률변수 X의 확률분포를 이항분포라 하고, $B(n, p)$로 나타낸다.

이항분포의 확률 질량함수는 다음과 수식과 같다.

$$f(x) = {}_nC_x\, p^x\, (1-p)^{n-x} \quad (x = 0, 1, \cdots, n)$$

여기서 ${}_nC_x$를 이항 계수라고 하며, 이 이항계수는 이항식 $(a+b)^n$을 전개에서 나오는 $a^{n-x}b^x$의 계수이다.

통계학의 대표적인 관심사는 확률변수가 어떤 특정 값을 가질 확률을 구하는 것이다. 이 확률은 확률 밀도함수나 누적 밀도함수로부터 구할 수 있다. 현실 세계의 많은 분야에서 활용할 수 있는 분포가 이항분포이다. 관찰할 대상의 확률변수 X가 이항분포 $B(n, p)$를 따르면, 확률변수 X의 누적 분포함수 $F(t)$는 다음과 같은 식으로 표기된다.

$$F(t) = P(X \le t) = \sum_{x=0}^{t} {}_nC_x\, p^x\, (1-p)^{n-x}$$

이 누적 분포함수 $F(t)$는 n, p, t의 값에 따라 함수 값을 계산할 수 있다. 이 누적 분포함수 값을 계산하는 것이 상당한 시간이 소요되기에 미리 **부록 A.1**과 같은 표를 만들어져 있다. 따라서 분포함수 값은 n, p, t 값만 알면 **부록 A.1**에 의해서 간단히 알 수 있다.

(1) 이항분포의 평균과 분산

확률변수 X가 이항분포 $B(n, p)$를 따르면, 확률변수 X의 평균과 분산은 각각 다음과 같다.

* 평균: $E(X) = np$
* 분산: $Var(X) = np(1-p)$

> ### 예제 2.10
>
> 장난감에 들어가는 배터리의 수명을 조사 하였더니, 배터리의 수명이 10시간을 초과할 확률이 0.135라는 사실을 알았다. 이 배터리 3개를 서로 다른 장남감에 사용하였을 때에
>
> (a) 단지 한 개만 10시간을 초과하여 사용할 확률은?
> (b) 적어도 한 개의 배터리가 10시간을 초과하여 사용할 확률은?

풀이

확률 변수 X를 3개의 배터리 중에서 배터리의 수명이 10시간을 초과하여 사용할 배터리의 개수라고 하자. 확률변수 X는 $n=3$, $p=0.135$인 이항분포에 따른다.

(a) 한개만 10시간을 초과하여 사용할 확률은

$$P(X=1) = f(1) = {}_3C_1 (0.135)^1 (0.865)^2 = 0.303$$

(b) 적어도 한 개의 배터리가 10시간을 초과하여 사용할 확률은

$$P(X \geq 1) = 1 - P(X=0) = 1 - {}_3C_0 (0.135)^0 (0.865)^3 = 0.647$$

2.5.4 푸아송 분포

많이 응용되는 이산형 확률변수 중의 하나로 프랑스 수학자 시몽 데니스 포아송(Simeon Denis Poisson, 1781−1840)의 이름에서 유래한 포아송 확률변수가 있다. 포아송 확률변수로 모형화 할 수 있는 예제들은 다음과 같다.

- 주어진 시간 내에 은행의 창구를 방문하는 고객의 수
- 적은 양의 액체 당 박테리아 수
- 주어진 날 동안 고장 난 기계의 수
- 하루 동안에 교통사고로 부상이나 사망한 사람의 수

위와 같이 주어진 연속 구간에서 발생되는 사건들이 주어진 연속 구간에서 다음의 조건을 만족하면, 그 사건은 모수 $m > 0$을 갖는 근사 푸아송 과정을 따른다.

(1) 사건이 임의로 발생하고, 서로 독립적으로 발생한다.
(2) 구간의 길이가 h인 충분히 작은 길이의 구간에서 정확히 하나의 사건이 발생할 확률은 거의 $m*h$이다.
(3) 충분히 작은 길이의 구간에서 사건이 두 번 이상 발생할 확률은 거의 0이다.

주어진 시간이나 공간에서 발생하는 사건의 수인, 포아송 확률변수의 평균을 m이라 하자. 이 사건이 k번 발생할 확률은 아래의 수식과 같으며, 이를 모수 m을 갖는 포아송분포라 하고, $P(m)$으로 표시한다.

$$P(X = k) = f(k) = \frac{e^{-m}m^k}{k!} \quad (k = 0, 1, 2, \cdots)$$

포아송 확률변수의 평균과 분산은 각각 다음과 같다.

확률변수 X가 포아송분포 $P(m)$을 따르면, 확률변수 X의 평균과 분산은 각각 다음과 같다.

* 평균: $E(X) = m$
* 분산: $Var(X) = m$

앞 절의 이항 분포함수를 좀 더 생각해 보자. 성공 확률이 p인 베르누이 시행을 n번 반복할 때 성공하게 되는 횟수가 변수인 확률변수가 이항분포 $B(n, p)$에 따른다고 했다. 여기서 시행 횟수 n이 상당히 크고 확률 p가 아주 작은 경우에는 이항분포는 $np = m$인 모수를 갖는 포아송 확률분포에 근사하게 된다.

즉,

$f(x) = {_nC_x} p^x (1-p)^{n-x} \quad (x = 0, 1, \cdots, n)$인 확률변수가

n이 아주 크고 p가 아주 작을 때에는 $(m = np)$

$$f(x) = \frac{e^{-m} m^x}{x!} \quad (x = 0, 1, 2, \cdots)$$

와 같은 확률 변수에 따른다는 것이다.

예제 2.11

어느 생산 공장에서는 일주일에 평균 3건의 산업 재해가 발생한다고 한다.

(a) 어느 특정한 한 주간 동안 아무런 산업 재해가 발생하지 않을 확률은?

(b) 어느 특정한 한 주간 동안 2건의 산업 재해가 발생할 확률은?

(c) 어느 특정한 한 주간 동안 많아야 4건의 산업 재해가 발생할 확률은?

(d) 어느 특정한 하루에 2건의 산업 재해가 발생할 확률은?

풀이

일주일에 산업 재해가 발생할 평균 건수를 λ라고 하자. 그러면 확률변수는 $\lambda = 3$인 포아송 분포를 한다.

(a) P(임의의 한 주간 사고가 0건)$= P(0)$

$$P(0) = \frac{e^{-3} 3^0}{0!} = e^{-3} = 0.05$$

(b) P(임의의 한 주간 2건의 사고)$= P(2)$

$$P(2) = \frac{e^{-3} 3^2}{2!} = 0.224$$

(c) P(임의의 한 주간 많아야 4건의 사고) $= P(0) + P(1) + P(2) + P(3) + P(4)$

$$= \frac{e^{-3} 3^0}{0!} + \frac{e^{-3} 3^1}{1!} + \frac{e^{-3} 3^2}{2!} + \frac{e^{-3} 3^3}{3!} + \frac{e^{-3} 3^4}{4!} = 0.815$$

(d) 임의의 하루에 발생할 사고의 수는 3/7이다. 따라서 $\lambda = 3/7 = 0.4286$인 포아송 분포를 한다.

　　$P($임의의 하루에 2건의 사고$) = P(2)$

$$P(2) = \frac{e^{-0.4286}(0.4286)^2}{2!} = 0.0598$$

연습문제

1. 동전 2개를 던지는 실험에서 앞면이 나오는 횟수를 확률변수 X라 하자.

   (a) 확률변수 X의 분포함수를 구하라.

   (b) 확률변수 X의 분포함수를 그래프로 표현하시오.

2. 평균 불량률이 10%인 공장에서 생산된 제품 중 10개의 제품을 추출할 때, 그 안에 포함된 불량품의 개수를 X라 하자.

   (a) 불량품이 2개 나올 확률을 구하라.

   (b) 누적 이항분포표를 이용하여 불량품이 최소한 3개일 확률을 구하라.

   (c) 확률변수 X의 기댓값과 분산을 각각 구하라.

3. 어떤 사람이 태어난 달을 확률변수 X라 할 때, 확률변수 X의 평균과 분산을 구하시오.

4. 주사위를 던져서 1의 눈이 나오면 성공하는 통계실험이 있다. 이 통계 실험을 무한히 반복한다고 할 때, 확률변수 X를 실험이 성공할 때까지의 시행 횟수라 하자.

   (a) 확률변수 X가 취할 수 있는 값, 즉 모든 이산점을 구하라.

   (b) 확률변수 X의 확률 질량함수를 구하고, 확률 질량함수의 성질이 만족됨을 보여라.

5. 자유투 성공률이 80%인 프로 농구 선수가 자유투를 10번 던진다고 하자. 이 농구 선수가 10번 던져서 성공한 자유투의 수를 확률변수 X라고 하자.

(a) 확률변수 X가 취할 수 있는 값, 즉 모든 이산점을 구하라.

(b) 확률변수 X의 확률 질량함수를 구하고, 확률 질량함수의 성질 (1), (2)가 만족됨을 보여라.

6. 어떤 부품이 고장 나기까지 걸리는 시간을 확률변수 X라 하자. 확률분포 X의 분포함수가 다음과 같을 때, 확률 $P(3 < X < 5)$를 구하려고 한다.

$$F(x) = \begin{cases} 0 & (x \leq 0) \\ 1 - e^{-x} & (x > 0) \end{cases}$$

(a) 확률변수 X의 분포함수를 이용하여 $P(3 < X < 5)$를 구하라.

(b) 확률변수 X의 확률밀도함수를 이용하여 $P(3 < X < 5)$를 구하라.

7. 어느 주택공사에서는 매주 다음과 같이 상금이 걸려 있는 복권을 발행하고 있다. 복권은 매주 1,000매가 발행된다.

구분	매수(매)	상금(만 원)
1등	1	1,000
2등	5	100
3등	20	10
4등	100	5
등 외	874	0

(a) 복권 한 장을 임의로 사서 받는 상금을 X라 할 때, 확률변수 X의 기댓값을 구하라.

(b) 확률변수 X의 분산을 구하라.

(c) 확률변수 X의 표준편차를 구하라.

8. 용접 기계의 수명은 정확하게 예측하기 어렵지만, 다음과 같은 확률밀도함수를 갖는다고 한다. 용접 기계 한 대의 수명(시간)을 X라 할 때, 확률변수 X의 기댓값과 분산을 구하라. (단, λ는 양수이다.)

$$f(x) = \begin{cases} \lambda e^{-\lambda x} & (x \geq 0) \\ 0 & (x < 0) \end{cases}$$

9. 주사위를 한 번 던지는 시행에서 1이 나오면 확률변수 X는 1의 값을 갖고, 그 밖의 숫자가 나오면 X는 0의 값을 갖는다.

    (a) 확률변수 X의 확률 질량함수를 구하라.

    (b) 확률변수 X의 기댓값과 분산을 각각 구하라.

10. 어떤 공장에서 생산되는 제품은 5%의 비율로 불량품이 발생한다고 한다. 이 공장에서 생산되는 제품에서 10개를 무작위로 추출했을 때, 추출한 제품에 있는 불량품의 개수를 X라고 하자. 이러한 확률변수 X의 확률 질량함수를 구하고, $P(2 \leq X \leq 4)$를 구하라.

11. 어느 휴대폰 배터리 생산 공장에서는 1000개의 제품당 많아야 10개의 결함이 있는 제품까지 허용하는 품질관리를 하고 있다. 이 공장에서 생산한 제품들 중에서 100개의 제품을 임의로 추출하여 결함여부를 검사하였다. 결함이 있는 제품의 수를 X라 하자.

    (a) 결함이 있는 제품이 1개 이하로 나올 확률을 구하라.

    (b) 누적 푸아송 분포표를 이용하여 결함이 있는 제품이 최소 4개일 확률을 구하라.

    (c) X의 기댓값과 분산을 구하라.

CHAPTER **3**

정규분포

3.1   정규분포

3.1.1 정규분포

정규분포는 통계학에서 가장 중요하게 다루는 확률분포이다. 1733년에 드무아브르 (De Moivre)가 시행횟수가 무한인 이항분포의 제한된 형태로 정규분포를 설명하였다. 이후에 수학자 라플라스와 가우스가 천문학을 공부하면서 생기는 여러 추정값의 오류들을 설명하면서 정규분포의 개념을 발견하였다. 이후의 과학자들은 물리학적 또는 사회과학적 실험 결과의 대부분 자료가 정규분포의 형태에 가깝다는 것을 알았다.

확률변수 X의 확률밀도함수가 다음과 같을 때, 확률변수 X는 정규분포를 따른다고 하며, $N(\mu,\ \sigma^2)$으로 표시한다. 이때 μ는 평균, σ^2은 분산이다. μ는 실수이고, σ는 양수이다.

$$f(x) = \frac{1}{\sqrt{2\pi}\,\sigma} e^{-(1/2)[(x-\mu)/\sigma]^2} \quad \begin{aligned} &-\infty < x < \infty \\ &-\infty < \mu < \infty \\ &\sigma > 0 \end{aligned}$$

모집단이 정규분포가 아닌 자료들은 중심극한정리를 이용하여 모든 확률분포들을 정규분포로 가정할 수 있다.

확률변수 X가 정규분포 $N(\mu,\ \sigma^2)$을 따를 때, 확률변수 X의 분포 함수는

$$F(x) = P(X \le x) = \int_{-\infty}^{x} \frac{1}{\sqrt{2\pi}\,\sigma} e^{-\frac{(t-\mu)^2}{2\sigma^2}}\, dt \text{이며,}$$

확률밀도함수 $f(x)$와 분포함수 $F(x)$의 그래프는 아래 **그림 3-1**과 같다.

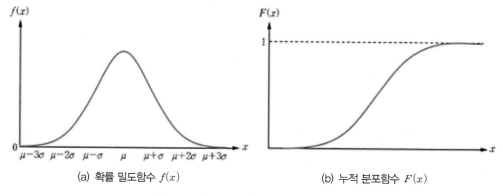

(a) 확률 밀도함수 $f(x)$　　　　　(b) 누적 분포함수 $F(x)$

그림 3-1 정규분포의 확률 밀도함수와 분포함수

정규분포의 확률 밀도함수는 좌우 대칭이고 가운데가 평균인 종모양의 곡선이다. 이 정규분포의 확률 밀도함수를 좀 더 자세히 살펴보면 아래 **그림 3-2**와 같다. 이 그래프는 평균이 1이고 표준편차가 0.25인 정규 분포함수이고, 1±0.15인 점에서 변곡점을 갖는 그래프이다.

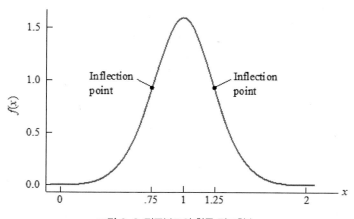

그림 3-2 정규분포의 확률 밀도함수

3.1.2 표준정규분포

모수 μ와 σ로 동일한 특성을 갖는 정규 확률변수는 무수히 많이 존재한다. 특정 정규 곡선 함수와 관련된 확률을 구하기 위해서는 정규 밀도함수를 일정한 구간 내에서 적분하여야 한다. 정규곡선의 면적을 구하기 위해서 수치적분 계산을 하여야 한다. 하지만 이 적분이 결코 쉬운 문제는 아니다. 따라서 적분을 보다 쉽게 하기 위해서 확률변수를 적절한 형태로 변환하여 계산하면 쉽게 해결할 수 있다. 확률변수 X를 $Z=(X-\mu)/\sigma$로 변환하게 되면 이 변환 과정을 표준정규화라고 한다.

확률변수 X가 $N(\mu,\ \sigma^2)$인 정규분포를 따를 때, 표준화된 확률변수 $Z=\dfrac{X-\mu}{\sigma}$는 다음과 같은 확률 밀도함수를 갖는다.

$$f(z) = \frac{1}{\sqrt{2\pi}}e^{-\frac{z^2}{2}} \quad (-\infty < z < \infty)$$

이때 확률변수 Z가 표준 정규분포를 따른다고 하고, $N(0,\ 1)$로 표시한다.

예제 3.1

2000년에서 2015년까지 국내에서 암으로 사망하는 사람을 통계 조사한 결과, 암 진단 후 사망까지 평균 5년이고 표준편차가 1년인 정규분포에 따른다고 하자. 암으로 사망하는 사람의 수를 X라 하자.

암 진단받은 사람 중에서 임의로 한 사람을 선택하였을 때, 그 사람이 암 진단후 3년에서 7년 사이에 사망할 확률을 구하시오.

풀이

확률 변수 X는 $N(5,\ 1^2)$이므로 $P(3< X< 7)=P((3-5)/1< Z<(7-5)/1)$
$=P(-2< Z <2)=0.9544$ 따라서 구하는 확률은 0.9544이다.

예제 3.2

최근 동남아에서 한국으로 유학을 오는 학생들이 많이 늘어서, 각 대학에서는 입학 기준으로 한국어 능력시험을 실시하고 있다. 최근 몇 년 동안의 통계를 분석한 결과 한해 응시생들을 기준으로 평균 70점이고 표준편차 10점임을 알았다.

(a) 2018년도에도 위의 통계에 따른다고 할 때에, 한 해 동안 응시한 유학생들 중에서 평균 77 이상인 응시생들의 비율은 얼마인가?

(b) 임의로 한 유학생의 한국어 능력 시험성적이 80점에서 90점 사이에 있을 확률은?

풀이

유학생들의 한국어 성적을 X라고 하면, 확률변수 X는 $N(70,\ 10^2)$이다.

(a) 구하는 확률은 $P(X \geq 77)$이다.

$Z = (77-70)/10 = 0.7$

따라서 $P(X \geq 77) = P(Z \geq 0.7) = 1 - 0.758 = 0.242$

따라서 구하는 확률은 0.242이다.

(b) 구하는 확률은

$P(80 < X < 90) = P((80-70)/10 < Z < (90-70)/10)$
$= P(1 < Z < 2) = P(Z < 2) - P(Z < 1) = 0.9772 - 0.8413 = 0.1359$

따라서 구하는 확률은 0.1359이다.

3.2   정규 확률법칙

3.2.1 정규 확률법칙

확률변수 X를 평균이 μ이고 표준편차가 σ인 정규분포라 하면,

$$P[-\sigma < X-\mu < \sigma] \fallingdotseq 0.68$$
$$P[-2\sigma < X-\mu < 2\sigma] \fallingdotseq 0.95$$
$$P[-3\sigma < X-\mu < 3\sigma] \fallingdotseq 0.997$$

이다. 관측 값이 표준편차 3배 범위 밖에 놓일 확률은 0.003으로 지극히 작다.

아래 **그림 3-3**은 관측값이 표준편차 1배, 2배, 3배 범위에 있을 경우를 그래프로 나타낸 것이다.

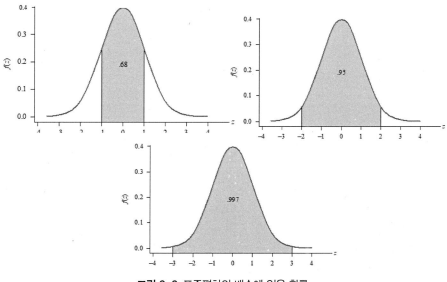

그림 3-3 표준편차의 배수에 있을 확률

3.2.2 체비셰프 부등식

체비셰프 부등식(ChebyShev's inequality)은 확률변수의 관찰 값들이 희귀성을 추측할 때 유용하다. 체비셰프는 러시아의 확률학자로서 확률변수가 정규분포가 아니더라도 대부분의 확률변수에 만족되는 부등식을 유도하였다.

확률변수 X가 평균이 μ이고 표준편차가 σ를 갖는다고 하면, 임의의 양의 정수 k에 대하여

$$P(|X-\mu| < k\sigma) \geq 1-\frac{1}{k^2}$$

부등식이 항상 성립한다.

임의의 정수 k에 2, 3값을 대입하게 되면

① $P(\mu-2\sigma < X < \mu+2\sigma) \geq \frac{3}{4} = 0.75$

② $P(\mu-3\sigma < X < \mu+3\sigma) \geq \frac{8}{9} = 0.89$라는 것이다.

예제 3.3

회사들이 많은 지점의 K 은행의 창구가 가장 바쁜 시간은 점심때이다. 오전 12시부터 오후 1시30분 사이에 이 은행에 찾아오는 고객의 수는 평균 150명이고 표준편차는 15명이다. 어느 날 이 시간대에 이 은행에 찾아오는 고객의 수가 120명 이상 180명 이하일 확률의 하한을 구하시오.

풀이

은행에 찾아오는 고객의 수를 X라 하자. 확률변수 X는
$\mu=150$이고 표준편차가 $\sigma=15$를 갖는다.

구하고자 하는 확률은 $P(120\leq X \leq 180)$의 하한을 구하면 된다.
이를 체비셰프 부등식을 이용해 본다.

$$\begin{aligned}
P(120\leq X \leq 180) &= P((120-150)\leq (X-150)\leq (180-150)) \\
&= P(-30\leq (X-150)\leq 30) = P(|X-150|\leq 30) \\
&= P(|X-150|\leq 2*15) = P(|X-150|\leq 2*\sigma)
\end{aligned}$$

따라서 $P(|X-150|\leq 2*\sigma)\geq 1-1/2^2$

따라서 $P(|X-150|\leq 2*\sigma)\geq 1-1/2^2=3/4=0.75$

구하는 확률의 하한은 0.75이다.

3.3 정규분포로의 근사화

3.3.1 이항분포의 정규분포 근사화

이항 확률분포에서 확률밀도함수가 아래와 같음을 앞 장에서 살펴보았다.

$$f(x)= {}_nC_x p^x (1-p)^{n-x} \quad (x=0, 1, \cdots, n)$$

이 확률밀도함수에서 확률 p는 0에서 1 사이의 값이고, 시행 횟수 n은 1, 2, 3, …로 1에서 무한대까지 어떤 값을 가질 수 있다.

예를 들어 확률변수 X는 성공 확률이 $p=0.4$인 이항확률분포를 한다고 하자. 이 때에 시행 횟수 n의 값의 변화에 따라 확률 밀도함수 $f(x)$는 아래 **그림 3-4**와 같다. 이 확률

밀도함수의 모양을 관찰하면 n 값이 커짐에 따라서 점점 좌우 대칭이 되어 가고 있고 모양도 종모양으로 됨을 알 수 있다.

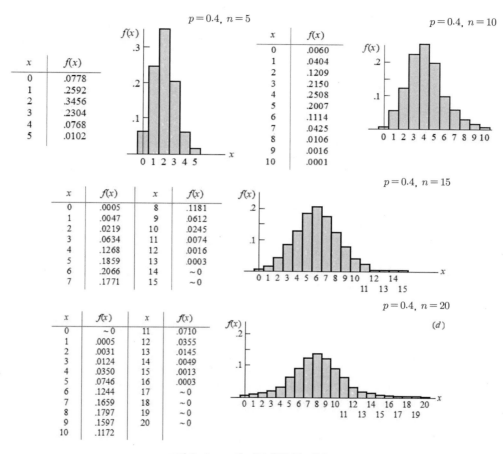

그림 3-4 n, p에 따른 확률 밀도함수

따라서 아래와 **정리** 1과 같은 성질을 알 수 있다.

▌정리 1: 이항분포의 정규분포 근사

확률변수 X는 모수가 n과 p인 이항확률변수라 하자. 모수 n이 크면 확률변수 X는 근사적으로 평균이 np이고 분산이 $np(1-p)$인 정규분포에 근사하게 된다(또는 따른다).

정리 1: 이항분포의 정규분포 근사에서 n이 "크다"의 개념이 불명확하기 때문에 이 정리는 애매하다. 수학적으로 n이 크다는 의미는 n이 무한대에 접근한다는 것을 의미한다. 하지만 통계학에서는 $p \leq 0.5$이면서 $np > 5$이거나, $p > 0.5$이면서 $n(1-p) > 5$인 n과 p이면 이 정리를 유용하게 쓸 수 있다. $p = 0.5$이면서 $np > 5$를 만족하는 n은 25 이상이면 된다는 것을 알 수 있다. 따라서 n이 25 이상이면 n이 크다 라고 할 수 있다.

정리 1은 이항분포 $B(n, p)$에서 n이 충분히 크면, 따르는 확률변수 X에 대하여 다음과 같은 확률변수 Z는 표준정규분포 $N(0, 1)$에 근사하여 따르게 된다 라고 한다.

$$Z = \frac{X - np}{\sqrt{npq}}$$

이항분포의 확률을 정규분포에 근사시켜서 확률을 구할 때 유의할 점은 이항분포는 이산형이고, 정규분포는 연속형이라는 것이다. 확률변수 X가 이항분포 $B(n, p)$를 따를 때 임의의 정수 k에 대하여 다음과 같이 수정하여 확률을 계산한다. 단, k의 값이 크면 수정하지 않아도 된다.

$$P(X = k) = p(k - 0.5 \leq X \leq K + 0.5)$$

예제 3.4

확률변수 X는 $n = 300$이고 $p = 0.3$인 이항분포이다. 정규 근사 정리를 사용하여 확률 $P(X \leq 7)$을 구하시오.

풀이

$B(30, 0.3)$은 평균 $\mu = np = 30*0.3 = 9$, 분산 $np(1-p) = 30*0.3*0.7 = 6.3$인 정규분포를 따른다. 표준편차 σ는 6.3의 양의 제곱근 2.51이다.

$$P(X \leq 7) = P((X-m)/\sigma \leq (7-9)/2.51) = P(Z \leq -0.797)$$
$$= 0.2139$$

따라서 구하는 확률은 0.2139이다.

예제 3.5

어느 대학편입학원에서 학원생들이 1차로 원하는 대학에 편입하지 못할 확률이 0.2라고 할 때에 학원생 100명 중에서 임의로 학생을 추출했을 때에 그 학생이 1차로 원하는 대학에 편입하지 못하는 학생의 수를 X라고 하자. 이 때에 X 학생의 수가 10명에서 30명 사이일 확률을 구하시오.

풀이

확률변수 X는 $n=100$, $p=0.2$인 이항분포 $B(100, 0.2)$를 따른다.

그런데 $n=100$으로 상당히 큰 수이므로 정규분포로 근사화할 수 있다.

$$\mu = np = 100*0.2 = 20$$
$$\sigma^2 = np(1-p) = 100*0.2*0.8 = 16$$
$$\sigma = 4$$

$B(100, 0.2)$는 $N(20, 16)$에 따른다.

구하는 확률 $P(10 \leq X \leq 30) = P((10-20)/4 \leq (X-\mu)/\sigma \leq (30-20)/4)$

$= P(-2.5 \leq Z \leq 2.5) = 0.9798 - (1-0.9798) = 0.9596$

즉 구하는 확률은 0.9596이다.

3.3.2 포아송 분포의 정규분포로의 근사

제 2장 5절에서 이항분포 $B(n, p)$에서 시행 횟수 n이 상당히 크고 확률 p가 아주 작은 경우에는 이항분포는 $np=m$인 모수를 갖는 포아송 확률분포에 근사하게 된다 라고 했다. 또한 앞 절에서 이항분포가 n이 상당히 크면 정규분포로 근사화할 수 있다고 했다.

이러한 사실을 보아 알 수 있듯이 푸아송분포에서 $m > 5$이고, 평균 $\mu = m$, 분산 $\sigma^2 = m$ 일 때, 이 분포는 정규분포로 근사시킬 수 있다.

예제 3.6

인천 국제공항에서 이륙 또는 착륙하는 비행기의 수가 1분당 1대라고 한다. 임의로 선택한 한 시간에 적어도 70대의 비행기가 이륙 또는 착륙할 확률은 얼마인가?

풀이

시간당 이착륙하는 비행기의 수를 확률변수 X라 하자. 확률변수 X는 모수 $m = 60*1 = 60$인 포아송 분포를 한다. 이 포아송 분포는 모수 $m = 60$이 5 이상이므로 정규분포로 근사화할 수 있다.

즉 확률변수 X는 $N(60, 60)$을 따른다고 할 수 있다.

구하는 확률은 $P(X \geq 70)$이다.

$\sigma^2 = 60$이므로 $\sigma = 7.75$이다.

$$P(X \geq 70) \ P(Z \geq (70-60)/7.75\ ) = P(Z \geq 1.29)$$

$$= 1 - P(Z \leq 1.29) = 1 - 0.9015 = 0.0985$$

구하는 확률은 0.0985이다.

연습문제

1. ㈜H 화학에서 생산되는 전기차 배터리를 완전 충전후 방전까지의 시간은 평균이의 수명은 평균이 1000(일)이고, 표준편차가 50(일)인 정규분포를 따른다. 자동차 부품의 수명을 X라 하자. 자동차 부품 하나를 임의로 추출했을 때, 그 부품의 수명이 900(일)에서 1100(일) 사이에 있을 확률을 구하시오.

2. 폭우가 내릴 어떤 도시의 배수량은 하루 평균 1.2백만 Kl이고, 표준편차가 0.4인 정규분포 $N(1.2,\ 0.4^2)$을 따른다고 한다. 배수 시스템이 최대 배수량 2.0백만 Kl로 설계되었다고 하자. 이 배수 시스템의 설계에서 폭우가 내릴 때 범람할 확률을 구하시오.

3. 불량률이 0.25인 생산 공장에서 1200개의 부품을 무작위로 추출했을 때, 불량품의 개수를 X라 하자. 이때 $P(285 \le X \le 315)$을 구하시오.

4. 어떤 생산 공장에서 생산되는 전선은 200m당 5개의 결점이 나타난다. 이 생산 공장에 1000m의 전선을 임의로 선택했을 때, 총 결점의 수가 25개 이하일 확률을 구하시오.

5. 어떤 질병에 대한 치유율이 80%인 의약품이 있는데, 이 의약품으로 100명의 환자를 치료하고 있다. 치유될 환자의 수를 X라 하자.

    (a) X의 평균과 분산을 구하시오.

    (b) 치유될 환자의 수가 72명에서 88명일 확률은?

6. 인공 수정한 소가 1마리의 송아지를 출산할 비율이 90%이다. 이 인공 수정으로 400마리의 소를 인공 수정하였을 때의 출산되는 송아지의 수 X의 평균과 표준편차를 구하시오.

7. 한 개의 주사위를 720회 던질 때 1의 눈이 나오는 횟수를 X라고 하자. 변수 X가 120에서 130일 확률을 구하시오.

8. 한 개의 동전을 100회 던질 때

   (a) 앞면이 나오는 횟수가 45회 이상 55회 이하일 확률을 구하시오.

   (b) 앞면이 나오는 횟수가 65회 이상일 확률을 구하시오.

9. 어느 국가 대표 사격 선수가 10점인 과녁에 맞출 확률이 90%라고 한다. 이 선수가 100개의 총알을 쏘아서 84개 이하로 10점인 과녁에 맞출 확률을 구하시오.

10. 어느 인터넷 포탈 시스템에서 사용자가 질의한 검색어에 대하여 엉뚱한 결과를 보여줄 확률이 20%라고 하자. 이 포탈 시스템에 200명의 고객이 질의한 검색어 중에서 40명 이하에게 엉뚱한 결과를 제공할 확률을 구하시오.

CHAPTER **4**

기술통계학

4.1   기술통계학 개념

4.1.1 통계학이란

통계학을 배우는 첫 번째 이유는 수치적인 정보가 우리 일상생활 속의 모든 곳에 존재한다는 것이다. 두 번째 이유는 통계적 기교가 기업 운영이나 가계에 미치는 영향을 결정하는데 유용하게 사용되며, 기업 또는 개인의 의사결정을 돕는다는 것이다.

통계학을 배우는 데 있어서 아래와 같은 기본적인 용어들을 익힐 필요가 있다.

- 자료(data): 어떤 통계적 목적에 맞춰 수집된 정보

- 통계: 수치로 표현되는 사실이나 자료를 수집·분석하고, 이것을 표 또는 그림으로 만들어 어떤 주제에 대한 의미 있는 정보를 얻어내는 일련의 과정

- 통계학(statistics): 효과적인 의사결정을 내리기 위해 자료를 수집하고, 요약하고 분석하고 표현하고 판단하는 과학

- 모집단(population): 통계적 분석을 위한 관심의 대상이 되는 모든 사람, 응답 결과, 실험 결과, 측정값들 전체의 집합

- 유한모집단(finite population): 유한개의 자료로 구성된 모집단

- 무한모집단(infinite population): 자료의 수가 무수히 많은 모집단

- 모집단 크기(population size): 모집단을 이루는 자료의 수

- 표본(sample): 모집단의 일부로 구성된 자료들의 집합

- 표본의 크기(sample size): 표본을 이루는 자료의 수

4.1.2 통계 조사 방법

대부분의 모집단 분포는 완전하게 알려진 것이 없으며, 따라서 모집단 분포의 정확한 중심의 위치나 산포도 등을 알 수 없다. 따라서 모집단의 분포를 알기 위한 통계 조사를 하여야 한다. 통계 조사하는 방법에는 전수 조사, 표본 조사, 그리고 임의 추출 방법이 있다.

■ 전수조사(census)

조사 대상이 되는 모든 대상을 상대로 조사하는 방법으로 예를 들어, 5년 주기로 실시하는 인구 총 조사가 있으며, 시간적, 공간적으로 많은 제약이 따르므로 이 방법으로 조사한다는 것은 매우 번거롭거나 때로는 불가능하기도 하다.

■ 표본조사(sample survey)

조사 대상 중에서 일부만 선정하여 조사하는 방법

■ 임의추출(random sampling)

개개의 요소들이 선정될 가능성을 동등하게 부여하고 객관적이고 공정하게 표본을 선택하여 조사하는 방법

모집단의 확률분포를 비롯한 특성을 알기 위하여 전수조사를 한다는 것은 경제적, 공간적 또는 시간적인 제약에 의하여 거의 불가능하다. 따라서 통계 조사에서 많이 사용하는 방법이 아래 **그림 4-1**과 같은 표본을 추출하여 조사하게 된다.

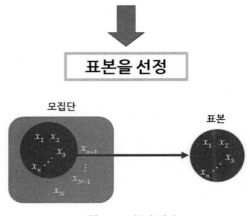

그림 4-1 표본의 의미

4.1.3 기술통계학과 추측통계학

통계학에서 모집단의 특성을 파악하는 방법으로 기술통계학(descriptive statistics)과 추측통계학(inferential statistics)이 있다. 기술통계학은 모집단으로부터 획득한 자료를 수집하고 정리하여, 표 또는 그래프나 그림 등으로 나타내거나, 또는 자료가 갖는 수치적인 특성을 분석하고 설명하는 방법을 다루는 분야이다. 추측통계학은 모집단에서 임의 표본을 대상으로 얻은 정보로부터 모집단에 대한 불확실한 특성을 과학적으로 추론하는 방법을 다루는 분야이다.

예를 들어 서울 서초구에 있는 국민 주택 규모인 25평형대의 모든 아파트에 대해서 매매가를 수집하여 이를 정리하여 매매가의 평균을 구하는 일, 또는 전국 20세에서 30세 성인의 한 달 용돈의 평균등을 파악하는 것을 기술통계학이라 한다. 한편 서울지역 전체의 25평형대 중에서 임의로 50개의 아파트를 선정하여 이들 평균을 구하고 이를 바탕으로 서울지역 25평형의 평균 매매가를 추정하는 일들을 추측통계학으로 처리한다.

예제 4.1

통계청에서는 매년 앵갤 지수를 산출하기 위해 식료품의 가격을 조사한다. 전국의 짜장면 가격을 알아보기 위해서 전국 50,000개의 음식점 중에서 20개를 선정하여 조사하였다. 그 결과 짜장면의 가격이 8,000원이었다. 이때 모집단과 표본의 크기를 구하라

풀이

모집단은 짜장면을 팔고 있는 전국에 있는 음식점의 개수를 의미하며, 여기서는 모집단의 크기는 50,000개이다.

전체 음식점 중에서 20개 음식점를 선정하여 조사하였으므로 표본 크기는 20이다.

4.2   도수분포표

기술통계학 기법으로 자료들을 정리하는 대표적인 방법이 도수분포표이다. 도수분포표에서 사용되는 용어들은 다음과 같다.

- 도수표(frequency table): 여러 개의 범주 안에 측정된 각 범주의 도수와 상대도수 또는 범주 백분율을 기입한 표
- 도수(frequency): 각 범주 안에 들어가는 자료집단 안에서 관찰된 자료 수
- 상대도수(relative frequency): 각 범주의 도수를 자료집단 안의 전체 자료수로 나눈 값
- 범주 백분율(class percentage): 상대도수에 100을 곱한 값으로 백분율(%)

4.2.1 도수분포표

수량화되어 있는 전체 자료를 그 값의 크기에 따라 일정한 계급(class)으로 나누고, 각 계급에 속하는 자료의 도수를 대응시켜 작성한 표를 도수분포표라 한다. 도수분포표를 작성하는 순서는 아래와 같다.

---

(1) 자료에서 최댓값 x_{max}와 최솟값 x_{min}을 찾아서 범위 $R = x_{max} - x_{min}$을 구한다.

(2) 계급의 수 k를 정한다.

(3) 계급구간 $c = \dfrac{R}{k}$을 결정한다.

(4) 계급경계를 결정한다.

(5) 계급값 $x_i = \dfrac{(\text{계급의 양 끝값의 합})}{2}$을 구한다.

(6) 계급도수 f_i를 구한다.

계급의 수는 자료의 성질, 통계의 이용 목적 등을 고려해서 정해야 한다. 1926년에 스터지스(H. A. Sturges)는 표 4-1과 같은 표본의 크기에 따른 적절한 계급의 수를 제안하였다.

표 4-1 표본의 크기에 따른 계급의 개수

표본의 크기	계급의 수
16 미만	불충분한 데이터
16–31	5
32–63	6
64–127	7
128–255	8
256–511	9
512–1023	10

표본의 크기	계급의 수
1024-2047	11
2048-4095	12
4096-8190	13

표 4-1을 자세히 살펴보면 표본의 크기가 2의 몇 제곱의 지수와 관련이 깊다는 것을 알수 있다. 표본의 크기가 $2^7 = 128$개이면 지수 7에 1을 더한 개수가 계급의 수가 된다. 또한 계급값은 계급의 양 끝 값의 중간 값을 의미한다.

4.2.2 상대 도수분포표

상대 도수분포표는 계급의 상대도수를 각 계급에 대응시켜 작성한 표로, 상대도수는 각 계급도수 f_i를 전체 도수 n으로 나눈 것이다. 즉 상대도수는 전체 도수에 대한 각 계급도수의 비율이다.

$$(\text{상대도수}) = \frac{(\text{각 계급도수})}{(\text{전체도수})} = \frac{f_i}{n}$$

예제 4.2

컴퓨터공학과 학생 중 확률통계 과목을 수강하는 학생이 50명인데, 이들의 성적을 처리한 결과 A 학점이 4명, B 학점이 16명, C 학점이 13명, D 학점이 12명, F 학점이 5명이다. 이 자료를 이용하여 상대도수와 백분율을 표로 작성하라.

풀이

상대도수와 백분율로 표현하면 아래 표와 같다.

구분	도수	상대도수	백분율(%)
A	4	0.08	8
B	16	0.32	32
C	13	0.26	26
D	12	0.24	24
F	5	0.10	10

4.2.3 누적 도수분포표

누적 도수분포표는 도수분포표에서 첫 번째 계급부터 어떤 계급까지의 각 도수를 차례로 더한 값으로, 다음과 같이 i번째 $(1 \leq i \leq k)$ 계급까지의 도수를 합한 F_i를 i번째 계급의 누적도수라 한다.

$$F_i = f_1 + f_2 + \cdots + f_i = \sum_{v=1}^{i} f_v$$

4.2.4 누적 상대도수 분포표

누적 상대도수는 누적도수 F_i를 전체 도수 n으로 나눈 것으로, 아래의 수식과 같다.

$$(누적상대도수) = \frac{(각\ 계급의\ 누적도수)}{(전체도수)} = \frac{f_i}{n}$$

이 누적 상대도수를 각 계급에 대응시켜 작성한 표를 누적 상대도수분포표라 한다. 지금까지 설명한 도수, 상대도수, 누적도수, 누적상대도수의 관계를 정리하면 아래 **표 4-2**와 같다.

표 4-2 도수, 상대도수, 누적도수, 누적상대도수의 관계

계급	계급값	도수	상대도수	누적도수	누적상대도수
a_0 이상 $\sim a_1$ 미만	x_1	f_1	f_1/n	$F_1 = f_1$	F_1/n
$a_1 \sim a_2$	x_2	f_2	f_2/n	$F_1 = f_1 + f_2$	F_2/n
$\vdots$	$\vdots$	$\vdots$	$\vdots$	$\vdots$	$\vdots$
$a_{k-1} \sim a_k$	x_k	f_k	f_k/n	$F_1 = f_1 + f_2 + \cdots + f_k$	$F_k/n = 1$
합계	$-$	$n = \sum f_i$	$\sum f_i/n = 1$	$-$	$-$

예제 4.3

어느 IT 업체에 근무하는 직원 30명의 연령을 조사한 자료가 아래와 같다. 이 자료로 누적 상대도수분포표를 작성하시오.

30, 28, 35, 23, 27, 28, 32, 31, 30, 25

27, 28, 33, 32, 22, 30, 31, 30, 29, 28

35, 40, 43, 38, 29, 52, 43, 39, 38, 35

풀이

1. 자료에서 최댓값과 최솟값을 찾으면 $x_{\max} = 22$, $x_{\min} = 52$이므로 범위 R은 다음과 같다.

   $$R = x_{\max} - x_{\min} = 52 - 22 = 30$$

2. 자료의 수가 30이므로 **표 5-1**에 의해서 계급의 수를 $k = 5$로 정한다.

3. 계급구간 $c = \dfrac{30}{5} = 6$이므로 6으로 정한다. 4. 자료의 최솟값과 최댓값을 포함하면서 계급이 중첩되지 않도록 다음과 같이 계급경계를 정한다.
   22-27, 28-33, 34-39, 40-45, 46-52

5. 각 계급별로 계급값을 구하면, 낮은 계급부터 차례로
   24.5, 30.5, 36.5, 42.5, 49이다.

6. 계급 도수 낮은 계급부터 차례로
   5, 15, 6, 3, 1이다.

계급(나이)	계급값	도수	상대도수	누적도수	누적상대도수
22-27	24.5	5	5/30=0.16	5	5/30=0.16
28-33	30.5	15	15/30=0.5	20	20/30=0.66
34-39	36.5	6	0.2	26	0.86
40-45	42.5	3	0.1	29	0.96
45-52	49	1	0.04	30	1.0
합계		30			

4.3 　통계그래프

4.3.1 막대그래프

관찰 대상 자료의 각 범주에 대하여 해당 도수를 막대모양으로 나타낸 그림을 막대그래프라 한다. 예제 4-2의 상대 도수표를 가지고 막대그래프를 그리면 아래 **그림 4-2**와 같다.

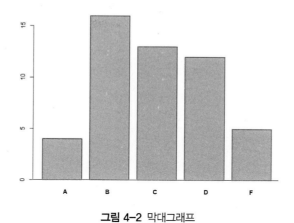

그림 4-2 막대그래프

4.3.2 히스토그램

도수분포표에서 계급 구간을 밑변으로 하고, 계급의 도수를 높이로 하는 직사각형을 좌표평면에 차례로 나타낸 그래프를 히스토그램이라 한다. 위 **예제 4-3**의 자료를 가지고 히스토그램을 작성하면 아래 **그림 4-3**과 같다.

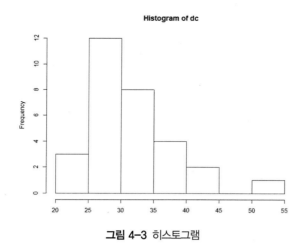

그림 4-3 히스토그램

히스토그램에서 각 계급구간의 계급값의 빈도수를 직선으로 연결하여 그린 그림을 도수분포다각형이라고 한다.

4.3.3 원그래프

원을 계급의 수나 자료의 범주 수만큼 파이 모양의 여러 조각으로 나누어 표현한 그림을 원그래프라 한다. 파이의 중심각은 다음과 같이 구한다.

$$(\text{파이의 중심각}) = 360\,^\circ \times (\text{상대도수})$$

예제 4.4

[예제 4.2]의 확률통계 과목의 성적 등급에 대한 원그래프를 그려라.

풀이

총 학생수가 50명이므로 각 학점에 대한 중심각을 구한다.

A학점 : $\dfrac{4}{50} \times 360\,^\circ = 28.8\,^\circ$

B학점 : $\dfrac{16}{50} \times 360\,^\circ = 115.2\,^\circ$

C학점 : $\dfrac{13}{50} \times 360\,^\circ = 93.6\,^\circ$

D학점 : $\dfrac{12}{50} \times 360\,^\circ = 86.4\,^\circ$

F학점 : $\dfrac{5}{50} \times 360\,^\circ = 36\,^\circ$

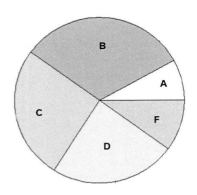

따라서 원그래프는 오른쪽 그림과 같다.

4.3.4 줄기-잎 그림

자료의 분포 형태를 쉽게 파악하면서도 각 관측 값을 알 수 있는 그림으로 어떤 자료에 대해 큰 수의 자릿값은 줄기에, 작은 수의 자릿값은 잎에 써서 나타낸 그림을 줄기-잎 그림이라 한다. 줄기-잎 그림 작성은 아래와 같은 순서에 따라 작성하면 쉽게 할 수 있다.

■ 줄기-잎 그림 작성 순서

1. 줄기와 잎을 구분한다. 이때 변동이 적은 부분을 줄기, 변동이 많은 부분을 잎으로 지정한다.

2. 줄기부분은 작은 수부터 차례로 나열하고, 잎 부분은 원래 자료의 관측 순서대로 나열한다.

3. 잎 부분의 관측 값을 작은 수부터 순서대로 정리한다.

4. 전체 자료의 중항에 놓이는 관측 값이 있는 행의 맨 앞에 괄호를 만들고, 괄호 안에 그 행의 잎의 수(도수)를 기입한다.

5. 괄호가 있는 행을 중심으로 괄호와 동일한 열에 누적도수를 위와 아래 방향에 각각 기입하고, 최소 단위와 전체 자료의 수를 기입한다.

예제 4.5

다음 50명의 확률통계학 성적에 대한 자료로 줄기-잎 그림을 작성하라.

79, 84, 75, 75, 58, 98, 67, 65, 73, 45,
43, 41, 89, 85, 83, 90, 60, 25, 50, 94,
60, 62, 97, 84, 77, 79, 23, 69, 69, 37,
76, 67, 77, 88, 65, 52, 89, 69, 85, 68,
77, 48, 74, 69, 78, 71, 77, 83, 58, 69

풀이

1. 십의 자리 수는 변동이 적고 일의 자리 수는 변동이 많으므로 십의 자리수를 줄기, 일의 자리 수를 잎으로 정한다.

2. 가장 작은 십의 자리 수인 '2'에서부터 가장 큰 '9'를 줄기 부분에 작성하고, 관측 순서대로 잎 부분에 기입한다.

줄기	잎
2	5 3
3	7
4	5 3 1 8
5	8 0 2 8
6	7 5 0 0 2 9 9 7 5 9 8 9 9
7	9 5 5 3 7 9 6 7 7 4 8 1 7
8	4 9 5 3 4 8 9 5 3
9	8 0 4 7

3. 잎 부분의 관측 값을 작은 수부터 순서대로 정리한다. 이때 잎에 동일한 수가 있으면, 반복하여 모두 기입한다.

줄기	잎
2	3 5
3	7
4	1 3 5 8
5	0 2 8 8
6	0 0 2 5 5 7 7 8 9 9 9 9 9
7	1 3 4 5 5 6 7 7 7 7 8 9 9
8	3 3 4 4 5 5 8 9 9
9	0 4 7 8

4. 전체 자료의 수가 50이므로, 중앙에 놓이는 관측 값은 크기순으로 나열하여 25번째와 26번째 자료이다. 따라서 25번째와 26번째 자료가 속해 있는 줄기 '7' 행의 맨 앞에 그 행의 잎의 수인 '13'을 괄호 안에 작성한다.

줄기	잎
2	3 5
3	7
4	1 3 5 8
5	0 2 8 8
6	0 0 2 5 5 7 7 8 9 9 9 9 9
(13) 7	1 3 4 5 5 6 7 7 7 7 8 9 9
8	3 3 4 4 5 5 8 9 9
9	0 4 7 8

5. 괄호가 있는 행을 중심으로 괄호와 동일한 열에 누적도수를 위와 아래 방향에 각각 기입하고, 최소 단위 '1'과 전체 자료의 수 '50'을 기입한다.

	줄기	잎
2	2	3 5
3	3	7
7	4	1 3 5 8
11	5	0 2 8 8
24	6	0 0 2 5 5 7 7 8 9 9 9 9 9
(13)	7	1 3 4 5 5 6 7 7 7 7 8 9 9
13	8	3 3 4 4 5 5 8 9 9
4	9	0 4 7 8

줄기-잎 그림은 자료가 크기순으로 나열되어 있으므로 중앙에 있는 자료도 쉽게 파악할 수 있다. 위 **예제 4-5**의 문제에서 중앙 값은 전체 자료가 50개이므로 25번째와 26번째 자료가 중앙에 있는 자료이다. 그 값은 각각 71과 73이다.

4.3.5 시계열 그림

시계열 그림(time series plot)은 관측 자료들을 시간의 흐름에 따라 그 자료의 변화추이를 그래프로 나타낸 것이다. 여기서 시간은 초, 분, 시, 일, 주, 월, 분기, 년을 말한다. 이 그래프는 수평축에 시간을 기입하고 수직축에 각 시각에 대응하는 자료 값을 선분으로 이어 준다. 이 그래프를 통해 미래의 어느 시점에 대한 자료 값을 쉽게 예측할 수 있다. 아래 **그림 4-4**는 어느 은행 지점에 특정한 하루에 방문한 고객의 수를 각 시간에 따른 변화를 나타내고 있다.

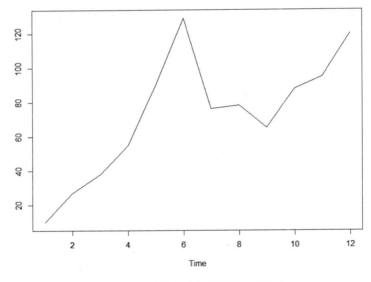

그림 4-4 특정일에 시간당 방문한 고객의 수

예제 4.6

다음 자료는 ㈜삼성전자의 2018년 12월의 주가(종가)를 나타낸다 이 자료에 대한 시계열 그림을 그리시오.

12월	3	4	5	6	7	10	11	12	13	14
주가	43250	42150	41450	40500	40950	40200	40250	40450	40000	38950
12월	17	18	19	20	21	24	26	27	28	
주가	39150	38900	39100	38650	38650	38800	38350	38250	38700	

풀이

수평축에 일자를 기입하고 그에 대응하는 주가를 점으로 나타내고 선으로 이으면 다음과 같은 시계열 그림을 얻는다.

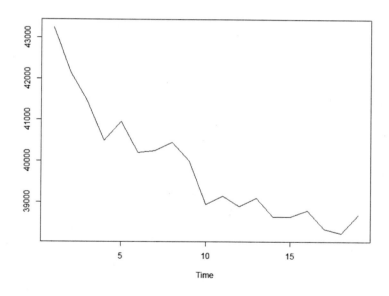

4.4 상자그림

앞 절에서 언급한 히스토그램은 관찰 대상의 자료의 분포 모양을 잘 알 수 있는 기술적 통계 방법 중의 하나이다. 하지만 이 히스토그램으로는 여러 관찰 대상 사이의 분포를 비교하기가 쉽지 않다. 여러 관찰 대상을 비교하기 위한 가장 간단한 방법으로 상자그림 표현 방법이 있다. 상자그림은 분포의 대칭성, 자료의 중심 위치, 산포도(또는 흩어진 정도), 분포의 꼬리 부분에서의 집중 정도 등을 파악하는 데 유용한 자료 분석 방법이다. 먼저 상자그림을 그리기 위해서는 아래와 같은 용어들이 사용된다.

■ 사분위수(quartiles)

크기 순서로 나열된 자료 집단을 4등분하는 척도로 작은 값부터 차례로 Q_1, Q_2, Q_3이 있다.

■ 백분위수(percentiles)

크기 순서로 나열된 자료 집단을 100등분하는 척도로 $P_1, P_2, \cdots, P_{99}$이 있다.

■ 중앙값(Median: 중위수)

변량 X의 n개의 자료 $x_1, x_2, \cdots, x_n$을 작은 값부터 크기순으로 배열했을 때, 한가운데에 위치한 값을 중앙값(Median: 중위수)이라고 하고, Me로 나타낸다.

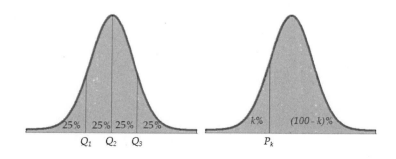

백분위수 P_k를 구하기 위해서는 자료 값을 가장 작은 수부터 크기 순서로 재배열한다. 그리고 $m = k \times n/100$을 계산한다. 자료 값을 가장 작은 수부터 크기 순서로 배열했을 때 m번째의 값을 $x_{(m)}$이라고 한다.

계산한 m이 정수이면 $p_k = \dfrac{x_{(m)} + x_{(m+1)}}{2}$, m이 정수가 아니면 m보다 큰 가장 작은 정수에 해당하는 위치의 자료 값을 p_k 값으로 한다. 사분위수와 백분위수와의 관계는 다음과 같다.

- 제1사분위수 $Q_1 = P_{25}$, 즉 25백분위수
- 제2사분위수 $Q_2 = P_{50}$, 즉 50백분위수(=중위수)
- 제3사분위수 $Q_3 = P_{75}$, 즉 75백분위수

사분위수를 계산하여 그린 상자그림은 아래 **그림 4-5**와 같다. 그림에서 상자로 쌓인 부분에 전체 자료의 50%가 포함되어 있고 상자 왼쪽에 25%, 상자 오른쪽에 25%가 포함되어 있다.

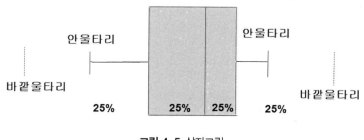

그림 4-5 상자그림

이제 상자그림을 아래 순서에 따라 그려보자.

■ 상자그림의 작성 순서

가. 먼저 사분위수의 값 Q_1, Q_3와 중앙값 Q_2를 결정한다.

나. Q_1과 Q_3을 상자 형태로 연결하고, 중앙값의 위치에 수직선을 표시한다.

다. 사분위수 범위 $IQR=(Q_3-Q_1)$을 계산하고, Q_1과 Q_3로부터 각각 오른쪽, 왼쪽으로 $1.5(Q_3-Q_1)$ 크기의 범위 내의 가장 가까운 인접 값을 실선으로 연결하여 표시한다.

라. 안 울타리로부터 $1.5(Q_3-Q_1)$ 크기의 위치에 바깥 울타리를 실선으로 표시하고, 안 울타리와 바깥 울타리 내에 존재하는 값을 ○ 로 표시한다.

마. 바깥 울타리 경계를 벗어난 값은 이상 값으로 ＊ 로 표시한다.

예제 4.7

관찰한 집단의 데이터 값이 아래와 같을 때 이 데이터로 상자그림을 그리시오.

79, 84, 75, 75, 58, 98, 67, 65, 73, 45,

43, 41, 89, 85, 83, 97, 60, 25, 50, 94,

60, 62, 99, 84, 77, 79, 11, 69, 69, 37,

76, 67, 77, 88, 65, 52, 89, 69, 85, 68,

77, 48, 74, 69, 78, 71, 77, 83, 58, 69

풀이

위 데이터로 사분위수를 찾는데 편리하게 하기 위해서 줄기-잎 그림을 그리면 아래와 같다.

	줄기	잎
1	1	1
2	2	5
3	3	7
7	4	1 3 5 8
11	5	0 2 8 8
24	6	0 0 2 5 5 7 7 8 9 9 9 9 9
(13)	7	1 3 4 5 5 6 7 7 7 8 9 9
13	8	3 3 4 4 5 5 8 9 9
4	9	4 7 8 9

① 이 자료를 크기 순서로 재배열하여 사분위수를 구한다. 전체 데이터의 수가 50이므로

$Q_1 = P_{25} = (25*50)/100 = 12.5$ 따라서 $P_{25} = 13$이다.

$Q_1 = x_{(13)} = 60, \ Q_2 = \dfrac{(x_{(25)} + x_{(26)})}{2} = 72, \ Q_3 = x_{(38)} = 83$

② Q_1과 Q_3을 상자 형태로 연결하고, 중앙값의 위치에 수직선을 표시하면 아래 그림과 같다.

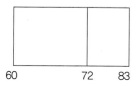

③ 사분위수범위는 $IQR = 83 - 60 = 23$이다. 안 울타리의 값을 구한다.

$f_l = Q_1 - 1.5 IQR = 60 - 34.5 = 25.5$
$f_u = Q_3 + 1.5 IQR = 83 + 34.5 = 117.5$

여기서 오른쪽 안울타리 값은 점수의 상한선 100점을 초과하므로 100이라고 하자. 따라서 인접 값은 37과 99점이다. ②에서 그린 상자에 인접 값까지 실선으로 연결하면 아래 그림과 같다.

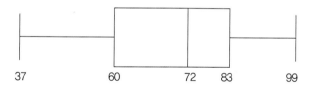

④ 바깥울타리를 구한다.

$F_l = Q_1 - 3 IQR = 60 - 69 = -9$
$F_u = Q_3 + 3 IQR = 83 + 69 = 152$

왼쪽 바깥 울타리는 0점을 벗어났기에 왼쪽 울타리를 0이라 하고, 오른쪽 바깥울타리는 안 울타리 값이 100이기에 표시할 필요가 없다. 안울타리와 바깥 울타리 사이에 있는 11과 25는 각각 ○로 표시하면 아래 그림과 같다.

* 이 데이터는 바깥 울타리를 벗어난 이상 값은 존재하지 않는다.

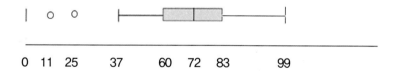

4.5   평균과 분산

4.5.1 평균

관찰하고자 하는 집단의 데이터에 대하여 그 집단의 데이터가 집중하는 경향을 수치적으로 나타내는 척도를 중심 위치의 척도라고 한다. 이 척도에는 집단의 전체 집합에 대한 평균을 나타내는 척도를 모평균(population mean)이라고 한다. 즉 N개로 구성된 모집단의 각 자료 값 $x_1, x_2, \cdots, x_N$의 산술 평균을 모평균이라 한다. 예를 들어 전 세계의 성인(20세 이상)들의 중심 척도, 즉 평균 키를 관찰하기 위해서는 어느 한 시점에서 전 세계 모든 성인들의 키를 재어 보아야 한다. 그러나 이는 현실적으로 굉장히 어려운 일이고 많은 경제적인 비용이 소요되는 일이다. 위의 예에서 전 세계 모든 성인들의 키를 재는 일을 하는 대신에 몇 개의 나라를 임의로 선정하고 또 그 선정된 나라의 성인 중에서 임의로 약 1000명 정도씩 임의로 선정하여 그 사람들의 키를 재어서 전체 평균을 내는 일은 가능할 것이다. 이와 같이 전체 집단 중에서 임의로 선정한 표본으로부터 얻은 평균 척도를 표본 평균(sample mean)이라고 한다. 표본 평균은 임의로 선정한 n개로 구성된 표본 집단의 각 자료 값 $x_1, x_2, \cdots, x_n$의 산술 평균을 의미한다.

4.5.2 산술평균

변량 X에 대한 n개의 자료가 $x_1, x_2, \cdots, x_n$으로 주어질 때, 변량 X의 산술 평균은 다음과 같이 정의된다.

$$\bar{x} = \frac{1}{n} \sum_{i=1}^{n} x_i = \frac{1}{n}(x_1 + x_2 + \cdots + x_n)$$

■ 가중산술평균

변량 X의 자료 x_i의 도수가 f_i이거나 도수분포의 각 계급의 계급값이 x_i이고 계급의 도수가 f_i로 주어졌을 때 가중 산술평균은 아래와 같이 구한다.

$$\bar{x} = \frac{1}{n}\sum_{i=1}^{k} f_i x_i = \frac{1}{n}(f_i x_1 + f_2 x_2 + \cdots + f_k x_k), \sum_{i=1}^{k} f_i = n$$

■ 산술 평균의 성질

산술 평균을 구하는 정의에 내포되어 있는 몇 가지 성질이 있다. 먼저 아래의 식과 같이 산술 평균에 대한 편차의 합은 0이다.

$$\sum_{i=1}^{n}(x_i - \bar{x}) = (x_1 - \bar{x}) + (x_2 - \bar{x}) + \cdots + (x_n - \bar{x}) = 0$$

따라서 산술평균에 대한 편차를 구하는 것은 의미가 없다. 따라서 편차에 의미를 부여하기 위해서 평균과 각 값의 편차의 제곱을 구한다. 그런데 산술 평균은 산술평균과 편차의 제곱의 합은 임의의 수에 대한 편차의 제곱의 합보다 크지 않는 성질이 있다. 이 성질을 아래와 항등식이 성립한다.

$$\sum_{i=1}^{n}(x_i - \bar{x})^2 \leq \sum_{i=1}^{n}(x_i - a)^2 \ (단, \ a는 \ 상수)$$

■ 절사 평균

산술평균은 주어진 자료를 모두 사용하므로 정보 손실이 없고, 특히 표본들의 평균인 표본평균은 모집단을 추론할 때 유용하게 사용된다. 산술평균은 양적자료에 대해서만 구할 수 있으며, 대다수의 자료와 멀리 떨어져 있는 값인 극단값(이상점)에 매우 민감하게 작용한다.

자료 값이 큰 쪽과 작은 쪽에서 각각 k개씩 제거한 나머지 자료의 평균을 절사평균(trimmed mean)이라고 한다. 절사 평균은 양 극단의 값을 제거함으로 극단의 값이 평균에 큰 영향을 주는 것을 방지한다. 극단 값의 영향을 제거한 평균으로 보편적으로 5% 또는 10% 절사한 평균을 많이 사용한다.

4.5.3 중앙값

변량 X의 n개의 자료 $x_1, x_2, \cdots, x_n$을 작은 값부터 크기순으로 배열했을 때, 한가운데에 위치한 값을 중앙값(Median: 중위수)이라고 하고, Me로 나타낸다. 중앙값은 자료의 개수 n이 짝수이냐 홀수이냐에 따라 다르게 계산한다.

n이 홀수이면 중앙값 $Me = x_{\left(\frac{n+1}{2}\right)}$로, $(n+1)/2$번째 값이다.

또 n이 짝수이면 $n/2$번째와 $(n/2+1)$번째 값의 평균으로 한다. 즉, 중앙값

$$Me = \frac{x_{\frac{n}{2}} + x_{\left(\frac{n}{2}+1\right)}}{2} \text{이다.}$$

이 중앙값은 다음과 같이 편차의 절댓값의 합을 최소로 하는 성질이 있다.

$$\sum_{i=1}^{n} |x_i - Me| \leq \sum_{i=1}^{n} |x_i - a| \text{ (단, } a\text{는 상수)}$$

중앙값과 같이 많이 사용되는 기술척도로 초빈값이 있다. 최빈값은 변량 X의 자료 중에서 가장 많이 나타나는 값을 말하며 보통 Mo로 나타낸다.

4.5.4 산포의 척도

모집단의 특성을 파악하는 척도가 평균과 산포도가 있다. 산포도란 자료의 흩어지거나 밀집되는 정도를 나타내는 척도이다. 따라서 모집단의 평균만 고려한다면 수집한 자료의 특성을 완전하게 요약할 수 없다.

산포의 척도로는 평균, 평균편차, 분산, 표준편차, 변동계수 등이 있다. 분산과 표준편차에 대해서는 다음 장에서 자세히 다룬다.

연습문제

1. 다음 자료는 최근 10년 동안 한국에서 발생한 지진의 강도를 조사한 것이다. 이 지진의 강도에 대하여 누적 상대도수분포표를 작성하시오.

3.5	2.5	4.5	3.6	6.4	3.4	2.5	1.5	1.7	1.2	2.0	3.2
3.5	4.2	3.7	3.5	2.1	3.5	5.5	5.7	5.3	2.9	3.4	4.2

2. 프로 축구 선수들의 키를 조사하기 위해서 H 사의 축구선수들 25명 키가 아래와 같다. 이 자료에 대하여 누적 상대도수분포표를 작성하시오.

178	173	186	178	175	173	170	168	173	172	176	177	183
188	187	182	176	175	173	172	170	178	176	173	179	

3. (연습문제 1)의 지진의 강도에 대하여 줄기-잎 그림을 작성하시오.

4. 프로 레슬링 선수들의 몸무게를 조사하여 아래와 같은 경과를 얻었다. 이 자료에 대하여 줄기-잎 그림을 작성하시오.

78	73	86	78	75	73	70	68	73	72
72	70	78	76	73	79	68	97	95	48

5. 국내에 상장되어 있는 회사의 최근 한달 동안의 주식의 종가를 조사하여 시계열 그림으로 그리시오.

6. 개인 휴대폰 월별 통화 사용량을 최근 1년 동안 조사하여 이를 시계열 그림으로 그리시오.

7. 아래의 자료는 어느 제조 공장의 월별 전기 사용량(KW)을 조사한 자료이다. 이 자료에 대하여 상자그림을 그리고 이상점을 찾으시오.

378	273	186	78	275	373	370	468	573	472	376	477
288	387	482	376	475	433	452	470	378	476	273	979

8. 아래 자료는 축구와 배구 국가대표 선수들의 키(Cm)를 조사한 자료이다. 종목별 선수들의 키를 비교하기 위하여 각 종목 선수들의 키를 상자그림으로 작성하고 비교한 결과를 설명하시오.

축구	178	173	186	178	175	173	170	168	173	172
	176	177	183	188	187	182	176	175	169	182
배구	188	187	182	176	175	193	162	170	178	176
	178	189	187	183	184	179	185	177		

9. 아래 자료는 5G 인터넷 통신장비를 개발한 회사에서 통신장비의 성능을 테스트하기 위해서 이 장비의 통신 속도(Gbps)를 아래와 같이 관측하였다. 이 자료를 이용하여 산술 평균과 분산을 구하시오.

12	13	9	10	11	7	8	8	11	12	13	11	
10	11	8	12	11	11	12	9	10	9	8	11	

10. (연습문제 2)의 자료를 사용하여 산술 평균과 분산을 구하시오.

11. 한국의 645 로또 복권에 대하여 임의로 10회의 당첨 결과를 추출하여 각 회차의 기댓값을 구하시오. 그리고 각 회 차의 기댓값을 가지고 평균과 분산을 구하시오.

12. 숫자 5개 2, 4, 6, 8, 10으로 이루어진 모집단이 있다. 크기 $n=3$인 임의표본을 비복원 추출한다면 이 표본들의 표본평균과 표본 분산을 구하시오.

13. (연습문제 7)의 자료를 이용하여

(1) 평균과 분산을 구하시오.

(2) 이상점을 제외한 자료로 평균과 분산을 구하시오.

(3) (1)의 결과와 (2)의 결과를 비교 설명하시오.

CHAPTER **5**

표본 분포

5.1   표본 분포

5.1.1 모집단의 분포

대부분의 모집단 분포는 완전하게 알려진 것이 없으며, 따라서 모집단 분포의 정확한 중심의 위치나 산포도 등을 알 수 없다. 모집단의 확률분포를 비롯한 특성을 알기 위하여 전수조사를 한다는 것은 경제적, 공간적 또는 시간적인 제약에 의하여 거의 불가능하다. 따라서 모집단의 특성을 파악하기 위해서 임의로 표본을 선정하여 모집단의 특성을 파악한다.

모집단의 특성을 나타내는 수치로서 아래와 같은 모수(parameter) 용어를 정의한다.

- 모 평균(population mean): 모집단의 평균(μ)

- 모 분산(population variance): 모집단의 분산(σ^2)

- 모 표준편차(population standard deviation): 모집단의 표준편차(σ)

- 모 비율(population proportion): 모집단의 비율(p)

(1) 모 평균

변량 X가 모집단에서 얻은 관측 값이 $x_1, x_2, \cdots, x_N$으로 주어질 때, 변량 X의 산술평균(N은 모집단의 전체 수)을 모 평균이라 하고 아래와 같이 구한다.

$$\mu = \frac{1}{N}\sum_{i=1}^{N}x_i = \frac{1}{N}(x_1 + x_2 + \cdots + x_N)$$

(2) 모 분산

모 집단의 분산인 모 분산은 σ^2으로 나타내며, 다음과 같이 정의한다. 여기에서 μ는 모 평균이다.

$$\sigma^2 = \frac{1}{N}\sum_{i=1}^{N}(x_i - \mu)^2$$

분산의 양의 제곱근을 표준편차라고 한다. 즉, 모 분산의 양의 제곱근인 σ를 모 표준편차라고 하고 다음과 같이 정의한다.

$$\sigma = \sqrt{\frac{1}{N}\sum_{i=1}^{N}(x_i - \mu)^2}$$

5.1.2 표본 평균의 분포

모집단에서 임의 표본을 추출할 때 표본에서 계산한 수치적 기술척도를 통계량(statistics)이라 한다. 통계량은 표본을 어떻게 선정하느냐에 따라서 그 값이 다르게 나타난다. 즉, 동일한 모집단에서 동일한 크기의 표본을 선정하더라도 각 표본의 평균은 서로 다르게 나타난다. 크기 n의 표본이 모집단에서 반복적으로 추출될 때 얻어지는 통계량이 가질 수 있는 값들에 대한 확률분포를 통계량의 표본 분포(sampling distribution)라고 한다.

표본 분포에서 다음과 같은 통계량을 산출하여 모집단의 특성을 파악한다.

- 표본평균(sample mean): 표본의 평균($\bar{x}$)
- 표본분산(sample variance): 표본의 분산(s^2)

- 표본표준편차(sample standard deviation): 표본의 표준편차(s)

- 표본비율(sample proportion): 표본의 비율($\hat{P}$)

통계량의 표본분포를 찾는 방법은 세 가지가 있다.

가. 확률법칙을 이용하여 수학적으로 분포를 찾는다.

나. 크기 n의 표본을 많이 시행하여 각 시행에서 얻은 통계량을 계산하고 이 통계량을 히스토그램으로 그려서 결과를 요약한다.

다. 통계적 이론을 이용하여 정확한 또는 근사된 표본 분포를 찾는다.

(1) 표본 평균

표본 $x_1, x_2, \cdots, x_n$에 대하여 표본의 평균은 산술평균과 같이 아래와 같이 계산한다.

$$\bar{x} = \frac{1}{n}\sum_{i=1}^{n} x_i = \frac{1}{n}(x_1 + x_2 + \cdots + x_n)$$

모집단의 크기가 작은 간단한 예제를 통하여 통계량 중의 하나인 표본 평균에 대한 분포를 알아본다.

예제 5.1

주사위의 눈의 값으로 이루어진 모집단이 있다. 주사위를 4번 던지는 시행을 반복하여 나온 표본의 평균에 대한 평균을 구하시오.

풀이

카드에 숫자가 1, 2, 3, 4, 5, 6이 적혀있는 모집단이 있다. 여기서 임의로 4개의 카드를 뽑는 표본 평균을 구하면 아래 표와 같다.

표본(시행)	표본값	합계	평균
1	(1,2,3,4)	10	2.5
2	(1,2,3,5)	11	2.75
3	(1,2,3,6)	12	3
4	(1,2,4,5)	12	3
5	(1,2,4,6)	13	3.25
6	(1,2,5,6)	14	3.5
7	(1,3,4,5)	13	3.25
8	(1,3,4,6)	14	3.5
9	(1,3,5,6)	15	3.75
10	(1,4,5,6)	16	4
11	(2,3,4,5)	14	3.5
12	(2,3,4,6)	15	3.75
13	(2,3,5,6)	16	4
14	(2,4,5,6)	17	4.25
15	(3,4,5,6)	18	4.5
합계			52.5

통계학적으로 모집단의 평균은 (1+2+3+4+5+6)/6＝3.5이다.

위의 표에서 각 표본이 선택된 확률은 모두 1/15로 동일하다. 따라서 위의 표본 평균에 대한 평균은 $\overline{x_i}$ ＝52.5 /15＝3.5이다.

(2) 표본 표준편차

변량 X의 자료가 n개의 원소 $x_1, x_2, \cdots, x_n$으로 이루어진 모집단의 한 표본일 때, 변량 X의 표본 분산은 s^2으로 나타내며, 다음과 같이 정의한다.

$$s^2 = \frac{1}{n-1}\sum_{i=1}^{n}(x_i - \overline{x})^2$$

분산은 개개의 자료 값과 평균과의 편차의 제곱을 이용하여 표현되므로 자료 값의 단위를 제곱한 단위를 사용하게 된다. 따라서 분산으로 얻은 수치를 해석하기가 곤란하다는 단점을 보완하기 위하여 제곱근을 척도로 사용한다. 또한 분산 s^2의 양의 제곱근을 표본의 표준편차 s라 하고 다음과 같이 정의한다.

$$s = \sqrt{\frac{1}{n-1} \sum_{i=1}^{n} (x_i - \overline{x})^2}$$

예제 5.2

다음은 홍길동이 2018년 휴대폰의 매월 통화시간을 나타낸다. 이 자료에 대한 모 평균과 모 분산을 구하시오.

월	1	2	3	4	5	6	7	8	9	10	11	12
시간	214	132	125	118	235	245	357	478	367	325	290	315

풀이

1월부터 12까지의 통화시간을 모두 더하여 12로 나누면 모 평균은

$\mu = 266.75$가 나온다.

모분산을 계산하는 과정을 표로 나타내면 다음과 같다.

x_i	$x_i - \mu$	$(x_i - \mu)**2$
214	−52.75	2782.5625
132	−134.75	18157.5625
125	−141.75	20093.0625
118	−148.75	22126.5625
235	−31.75	1008.0625
245	−21.75	473.0625
357	90.25	8145.0625

x_i	$x_i-\mu$	$(x_i-\mu)**2$
478	211.25	44626.5625
367	100.25	10050.0625
325	58.25	3393.0625
290	23.25	540.5625
315	48.25	2328.0625
합계		133724.2

따라서 모분산 $\sigma^2=133724.2 / 12=11143.69$이다.

위의 풀이 과정을 R 언어를 이용하여 처리하면 아래와 같은 명령들을 입력하여 실행하면 된다.

▌R-언어를 이용한 모 분산 계산 과정

```
> x <- c(214,132,125,118,235,245,357,478,367,325,290,315)
> mean(x)
 [1] 266.75
> y <- x-266.75
> list(y)
[[1]]
 [1]  -52.75 -134.75 -141.75 -148.75  -31.75  -21.75   90.25 211.25 100.25
 [10]  58.25    23.25    48.25
> z <- y*y
> list(z)
[[1]]
 [1]  2782.5625 18157.5625 20093.0625 22126.5625  1008.0625   473.0625
 [7]  8145.0625 44626.5625 10050.0625  3393.0625   540.5625 2328.0625
> sum(z)
[1] 133724.2
> sum(z)/12
[1] 11143.69
```

5.2   표본 평균의 분포

모 집단에서 임의의 표본을 추출한 표본의 평균에 대한 분포를 알기를 원한다. 표본 평균의 분포를 다음 4가지의 경우로 나누어서 살펴본다.

(1) 모 분산이 알려진 정규 모집단에서 추출한 표본

(2) 모 분산이 알려졌으나 정규분포가 아닌 모집단에서 추출한 표본

(3) 모 분산을 알 수 없으나 정규 모집단에서 추출한 표본

(4) 모 분산을 알 수 없고 정규분포가 아닌 모집단에서 추출한 표본

5.2.1 모 분산이 알려진 정규 모집단에서 추출한 표본

모평균 μ, 모 분산 σ^2이 알려진 정규 모집단에서 크기 n인 표본을 선정할 때, 표본평균에 관한 표본분포는 평균 μ, 분산 σ^2/n인 정규분포에 따른다. 즉, 다음과 같다.

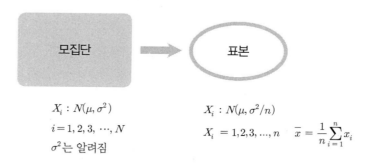

$X_i : N(\mu, \sigma^2)$
$i = 1, 2, 3, \cdots, N$
σ^2는 알려짐

$X_i : N(\mu, \sigma^2/n)$
$X_i = 1, 2, 3, \ldots, n \quad \bar{x} = \dfrac{1}{n}\sum_{i=1}^{n} x_i$

그림 5-1 모집단과 표본과의 관계

$$E\left(\overline{X}\right) = E\left(\frac{1}{n}\sum_{i=1}^{n} X_i\right) = \frac{1}{n}E\left(\sum_{i=1}^{n} X_i\right) = \frac{1}{n}\sum_{i=1}^{n} E(X_i) = \frac{1}{n}\sum_{i=1}^{n}\mu = \frac{1}{n}(n\mu) = \mu$$

$$Var\left(\overline{X}\right) = Var\left(\frac{1}{n}\sum_{i=1}^{n} X_i\right) = \frac{1}{n^2}Var\left(\sum_{i=1}^{n} X_i\right) = \frac{1}{n^2}\sum_{i=1}^{n} Var(X_i) = \frac{1}{n^2}\sum_{i=1}^{n}\sigma^2 = \frac{1}{n^2}(n\sigma^2) = \frac{\sigma^2}{n}$$

통계량 $\overline{X}$를 계산을 편리하게 하기 위해서 표준화하면 아래와 같다.

$$\overline{X} \approx N\left(\mu, \frac{\sigma^2}{n}\right), \quad Z = \frac{\overline{X} - \mu}{\sigma / \sqrt{n}} \approx N(0, 1)$$

아래 **그림 5-2**는 어떤 정규 모집단의 분포와 표본의 평균이 70인 표본평균의 분포와의 관계를 나타내는 그림이다. 표본 분포는 정규 모집단의 분포보다 표본의 평균 위치에 많은 자료가 분포되어 있음을 알 수 있다.

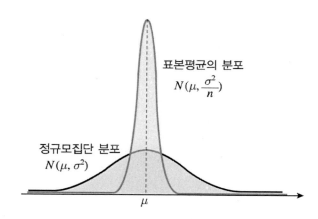

그림 5-2 $\mu_X = 70$인 정규모집단과 표본 평균과의 관계

예제 5.3

어떤 종류의 가솔린 차량 연료통의 용량은 평균 70리터, 표준편차 0.2인 정규분포를 따르는 것으로 알려져 있다. 이 종류의 차량 25대를 임의로 선정하였다.

(1) 선정된 차량 연료통의 평균 용량에 대한 확률분포를 구하라.

(2) 평균 용량이 69.95리터 이상 70.05리터 이하일 확률을 구하라.

풀이

(1) $\overline{X} \sim N(70,\ 0.2^2)$인 모집단으로부터 크기 25인 표본을 선정하였으므로, 표본평균의 분포는
평균 $\mu = 70$, 분산 $\sigma^2 = 0.04/25 = 0.04^2$인 정규분포에 따른다.
즉, 표본평균은 정규분포 $X \sim N(70,\ 0.042)$에 따른다.

(2) 구하고자 하는 확률은 다음과 같다.

$$\begin{aligned}
P(69.95 \leq \overline{X} \leq 70.05) &= P(\frac{69.95 - 70}{0.04} \leq Z \leq \frac{70.05 - 70}{0.04}) \\
&= P(-1.25 \leq Z \leq 1.25) \\
&= P(Z \leq 1.25) - P(Z \leq -1.25) \\
&= 0.8944 - (1 - 0.8944) = 0.7888
\end{aligned}$$

5.2.2 모 분산은 알지만 정규분포가 아닌 모집단에서 추출한 표본

모 분산은 알고 있지만 정규분포가 아닌 정규분포가 아닌 모집단의 경우에는 표본 평
균이 정규분포를 따른다고 할 수 없다. 그러나 실험적인 연구에 따르면, 표본의 크기가
최소 25일 때 신뢰구간 공식에 의해 구한 신뢰구간이 개략적으로 근사하게 신뢰할만하
다 라고 한다. 이는 중심극한정리에 근거를 두고 있다.

> **┃중심극한정리**
>
> 표본의 크기가 n인 $X_1,\ X_2,\ \cdots\ X_n$은 모평균이 μ이고 모분산이 σ^2인 분포로부터 추출한 임의 표
> 본이라 하자. 표본의 크기 n이 크다면, 표본 평균 $\overline{X}$의 분포는 근사적 $\dfrac{\overline{X} - \mu}{\sigma / \sqrt{n}}$으로 평균이 μ이
> 고 분산이 σ^2/n인 정규분포에 따른다. 또한 표본의 크기가 크다면 아래의 확률변수는 근사적으로
> 표준 정규분포에 따른다.

따라서 정규분포가 아닌 임의의 모집단에 대해서도 표본의 크기 n이 상당히 크면 중심
극한정리를 사용할 수 있다. 중심극한정리에 의해 n이 충분히 크면 모평균 μ, 모분산

σ^2인 임의의 모집단에 대한 표본평균 $\overline{X}$는 평균 μ, 분산 σ^2/n인 정규분포에 근사한다, 즉 다음과 같다.

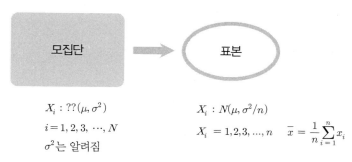

그림 5-3 모 분산이 알지만 정규분포가 아닌 모집단과 표본과의 관계

통계량 $\overline{X}$를 계산을 쉽게 하기 위해서 표준화하면 아래와 같다.

$$\overline{X} \approx N\left(\mu,\ \frac{\sigma^2}{n}\right),\quad Z = \frac{\overline{X}-\mu}{\sigma/\sqrt{n}} \approx N(0,\ 1)$$

예제 5.4

H 자동차 제조회사에서는 새로운 제품 개발을 위한 계획을 수립하고자 기존 제품들의 출고 이후 폐차까지의 기간을 통계 처리하고자 한다. 지금까지 수 십년동안 신제품을 만들어 판매한 경험을 바탕으로 신제품이 출고된 후 폐차까지의 기간은 6년에서 20년에 이르며, 평균은 12년이고 표준편차는 4년이라고 알고 있다. 이 회사 제품 중에서 4년 전에 출고된 차량 40대를 임의로 선택하여 향후 폐차되기까지의 기간을 관측하고자 한다.

(1) 폐차되기 전까지의 시간이 10년보다 작을 확률은?

(2) 폐차되기 전까지의 시간이 10년보다 클 확률은?

(3) 폐차되기 전까지의 시간이 평균 12년에서 1년 이내일 확률은?

풀이

변량 X를 출고 후 폐차되기까지의 년 수라고 하자. 변량 X의 모집단의 분포가 알려져 있지 않으나 평균은 12년과 표준편차 4년이라고 한다.

표본을 40개 선정하였으므로 40 > 25, 즉 표본의 수가 상당히 크다고 생각하여 중심극한정리에 의해서 표본 평균의 분포는 정규분포에 따른다고 할 수 있다.

따라서 표본 평균 $\overline{X}$의 분포는 $N(12, 4^2/40)$인 정규분포에 따른다.

표준편차는 $4^2/40 = 0.632^2$이다.

(1) 구하고자 하는 확률은 다음과 같다.

$$
\begin{aligned}
P(\overline{X} \leq 10) &= P(Z \leq \frac{10-12}{0.632}) \\
&= P(Z \leq -3.16) \\
&= 1 - P(Z \leq 3.16) = 1 - 0.9992 = 0.0008
\end{aligned}
$$

(2) 구하고자 하는 확률은 다음과 같다.

$$
\begin{aligned}
P(\overline{X} \geq 10) &= P(Z \geq \frac{10-12}{0.632}) \\
&= P(Z \geq -3.16) \\
&= P(Z \leq 3.16) = 0.9992
\end{aligned}
$$

(3) 구하고자 하는 확률은 다음과 같다.

$$
\begin{aligned}
P(11 \leq \overline{X} \leq 13) &= P(\frac{11-12}{0.632} \leq Z \leq \frac{13-12}{0.632}) \\
&= P(-1.58 \leq Z \leq 1.58) \\
&= P(Z \leq 1.58) - P(Z \leq -1.58) \\
&= 0.9429 - (1 - 0.9429) = 0.8858
\end{aligned}
$$

5.2.3 모 분산을 알 수 없으나 정규 모집단에서 추출한 표본

모 집단이 정규분포를 하고 있으나 모 분산을 알 수 없는 경우에는 분산을 모르는 경우가 있을 수 있다. 이 경우에 임의 표본의 평균의 분포는 정규분포를 하는 것을 알 수 있다. 하지만 정규분포의 분산 σ^2를 사용할 수 없다는 것을 의미한다. 따라서 모 분산 σ^2 대신에 모 분산의 불편추정량인 s^2을 사용하여야 한다.

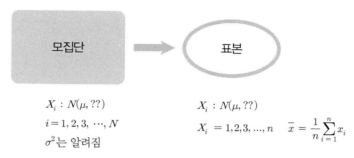

그림 5-4 모 분산이 알려지지 않은 정규 모집단과 표본과의 관계

통계량 $\overline{X}$의 분포는 정규분포를 한다고 하였다. 만약에 모 집단의 분산이 σ^2이라면 아래와 같은 표본 평균의 분포를 사용하여야 하나, σ^2을 알 수 없으므로 대신에 s^2을 사용하여 다른 수식을 산출할 수 있다.

$$\overline{X} : N\left(\mu,\ \frac{\sigma^2}{n}\right),\quad Z = \frac{\overline{X}-\mu}{\sigma/\sqrt{n}} : N(0,\ 1)$$

σ^2이 미지이므로 사용할 수 없다.

모 분산 σ^2은 표본의 분산인 s^2을 $(n-1)$로 나눈 $s^2/(n-1)$이 불편 추정량이다. w정규 모집단 $N(\mu,\sigma^2)$으로부터 표본 크기가 n(소표본이든 대표본이든 상관없다)인 임의 표본의 표본 평균과 분산을 $\overline{X}$와 s^2이라 할 때에 다음과 같은 통계량 T는 자유도가 $(n-1)$인 t-분포를 따른다고 한다.

$$T = \frac{\overline{X}-\mu}{s/\sqrt{n}} \ \sim t(n-1)$$

5.2.4 모 분산을 모르고 정규분포가 아닌 모집단에서 추출한 표본

대부분의 모집단은 모 분산 σ^2이 알려지지 않으며, 따라서 표본 평균이 정규분표를 이룬다고 할 수 없다. 하지만 표본의 크기가 큰 경우에는 중심극한정리에 의해서 모 집단의 분포와 상관없이 표본 평균의 분포는 정규분포를 한다고 할 수 있다.

따라서 앞의 모 분산을 모르고 정규 모집단의 경우와 같이 표본 평균 $\overline{X}$의 표준화에서 모 표준편차 σ를 표본표준편차 s로 대치하면, $\overline{X}$의 표준화 확률변수는 자유도가 $n-1$인 t-분포가 된다. t-분포에 대해서는 다음 절에서 자세히 설명한다.

5.3　카이제곱 분포

먼저 t-분포를 설명하기 전에 t-분포의 기본 이론이 되는 카이제곱 분포에 대하여 설명한다.

모평균 μ, 모 분산 σ^2이 알려진 정규 모집단에서 크기 n인 표본을 선정할 때, 표본평균에 대해 다음을 얻는다.

$$Z = \frac{\overline{X} - \mu}{\sigma / \sqrt{n}} \sim N(0,\ 1) \;\; \Rightarrow \;\; Z^2 = \left(\frac{\overline{X} - \mu}{\sigma / \sqrt{n}} \right)^2 \sim \chi^2(1)$$

서로 독립인 확률변수 Xi가 정규분포 $N(\mu,\ s^2)$, $i = 1,\ 2,\ \cdots,\ n$의 표준화 확률변수의 제곱에 대하여 $\displaystyle\sum_{i=1}^{n} Z_i^2 \sim \chi^2(n)$이 성립한다.

$$\sum_{i=1}^{n} Z_i^2 = \frac{1}{\sigma^2} \sum_{i=1}^{n} (X_i - \mu)^2 = \frac{1}{\sigma^2} \sum_{i=1}^{n} \left[(X_i - \overline{X}) + (\overline{X} - \mu) \right]^2$$

$$= \frac{1}{\sigma^2} \left[\sum_{i=1}^{n} (X_i - \overline{X})^2 + \sum_{i=1}^{n} (\overline{X} - \mu)^2 + 2(\overline{X} - \mu) \sum_{i=1}^{n} (X_i - \overline{X}) \right]$$

$$= \frac{1}{\sigma^2} \sum_{i=1}^{n} (X_i - \overline{X})^2 + \frac{n}{\sigma^2} (\overline{X} - \mu)^2$$

$$= \frac{n-1}{\sigma^2} \frac{1}{n-1} \sum_{i=1}^{n} (X_i - \overline{X})^2 + \left(\frac{\overline{X} - \mu}{\sigma / \sqrt{n}} \right)^2$$

$$= \frac{n-1}{\sigma^2} S^2 + \left(\frac{\overline{X} - \mu}{\sigma / \sqrt{n}} \right)^2$$

$\sum_{i=1}^{n} Z_i^2 \sim \chi^2(n), \quad Z^2 = \left(\dfrac{\overline{X} - \mu}{\sigma / \sqrt{n}} \right)^2 \sim \chi^2(1)$ 이므로 $\dfrac{n-1}{\sigma^2} S^2 \sim \chi^2(n-1)$ 이어야 한다.

(1) 표본 분산 S^2의 분포

Let $x_1, x_2, \cdots, x_n$는 평균 μ와 분산 σ^2을 갖는 정규분포로부터 임의 추출한 표본일 때, 아래의 확률변수는

$$(n-1)S^2/\sigma^2 = \sum_{i=1}^{n} (X_i - X)^2/\sigma^2 는$$

자유도 $n-1$인 카이제곱 분포를 한다.

예제 5.5

노트북 컴퓨터에 들어가는 초정밀 나사를 제조하는 회사에서 생산품을 임의로 20개 선정하여 길이(mm)를 조사하였더니 아래와 같았다. 이 회사에서 생산한 제품은 분산이 0.0012 mm인 정규분포에 따른다고 한다.

$$4.26 \quad 4.33 \quad 4.24 \quad 4.24 \quad 4.21 \quad 4.19 \quad 4.23 \quad 4.23 \quad 4.30 \quad 4.24$$
$$4.27 \quad 4.25 \quad 4.18 \quad 4.26 \quad 4.25 \quad 4.27 \quad 4.29 \quad 4.23 \quad 4.23 \quad 4.20$$

(1) 표본분산과 관련된 통계량 $V = (n-1)s^2/\sigma^2$의 분포를 구하라.

(2) 관찰된 표본분산의 값 s_0^2을 구하라.

(3) 이 표본을 이용하여 통계량의 관찰값 $v_0 = \dfrac{(n-1)s_0^2}{\sigma^2}$을 구하라.

풀이

(1) $\sigma^2 = 0.0012$이고 확률표본의 크기가 20이므로 통계량

$$V = (n-1)s^2/\sigma^2 = 19s^2/\sigma^2 은$$

자유도 19인 카이제곱분포이다.

(2) 표본의 평균과 분산은 각각 다음과 같다.

$$\bar{x} = \frac{1}{20}\sum x_i = 4.245, \quad s_0^2 = \frac{1}{19}\sum (x_i - 4.245)^2 = \frac{0.0255}{19} = 0.00134$$

(3) $n = 20$, $s^2 = 0.0012$이므로 통계량의 관찰 값은 다음과 같다.

$$v_0 = \frac{(n-1)s_0^2}{\sigma^2} = 19*0.00134/0.0012 = 21.21$$

5.4 T분포(student-t)

t-분포는 윌리엄 고셋(W.S. Gosset, 1876-1937)이 Student라는 필명을 사용하여 발표한 논문에서 처음으로 사용하여 스튜던트 t-라고 한다.

> ▌t-분포의 정의
>
> 서로 독립인 두 확률변수 Z와 V가 각각 Z는 표준정규분포를 하고 V는 자유도 n인 카이제곱분포 일 때, 다음과 같은 확률변수를 갖는 확률분포를 자유도 n인 t-분포라 하고, $t(n)$이라고 표기한다.
>
> $$T = \frac{Z}{\sqrt{V/n}}$$

위에서 확률변수 V는 아래와 같은 식을 가지며 자유도 $n-1$인 카이제곱분포를 한다.

$$V = \frac{(n-1)S^2}{\sigma^2} \sim \chi^2(n-1)$$

표본 평균에 대한 표본분포를 정규화하면 아래와 같다.

$$Z = \frac{\bar{X} - \mu}{\sigma / \sqrt{n}} \sim N(0,\ 1)$$

위의 t-분포의 정의를 정리하면 다음과 같은 식을 얻는다.

$$T = \frac{Z}{\sqrt{V/(n-1)}} = \left(\frac{\bar{X} - \mu}{\sigma / \sqrt{n}} \right) \Big/ \sqrt{\frac{n-1}{\sigma^2} S^2 / (n-1)} = \frac{\bar{X} - \mu}{s / \sqrt{n}} \sim t(n-1)$$

T 분포는 아래와 같은 성질을 가지고 있다.

첫째로, 먼저 양의 정수인 자유도 γ인 확률변수 T_γ의 밀도함수 그래프는 0을 중심으로 대칭인 종 모양을 하고 있다.

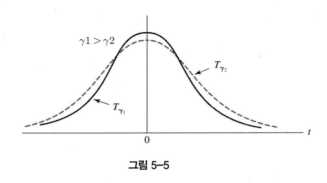

그림 5-5

둘째로, 자유도가 증가함에 따라 확률변수 T_γ는 표준 정규분포의 그래프와 유사하다. 즉 점 0을 중심으로 좌우 대칭인 표준 정규분포의 그래프와 거의 유사하다는 것이다.

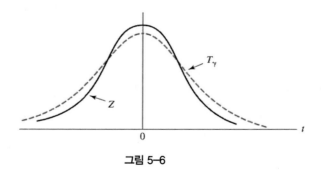

그림 5-6

모 집단으로부터 임의의 표본 값 $X_1, X_2, \cdots, X_n$는 평균 μ과 분산 σ^2을 갖는 정규분포로부터 임의 추출한 표본일 때, 확률변수 $\dfrac{\overline{X} - \mu}{s/\sqrt{n}}$ 는 자유도 $n-1$인 T 분포를 한다.

또한 모평균이 μ이고 모 분산 σ^2이 알려지지 않은 정규모집단에서 크기 n인 표본을 선정할 때, 표본평균에 관한 표본분포는 다음과 같이 자유도 $n-1$인 t 분포를 한다.

즉, 표본의 평균과 표준편차를 다음과 같이 정규화하게 되면 자유도 $n-1$인 t-분포를 한다는 것이다.

$$T = \frac{\overline{X} - \mu}{s/\sqrt{n}} \; : \; t(n-1)$$

위의 t-분포의 성질에서 자유도가 증가함에 따라 t-분포의 곡선이 표준 정규분포 곡선과 유사하다고 하였으므로, 표본의 크기가 크면 모집단의 분산을 알지 못해도 모집단의 표준편차 대신에 표본의 표준편차를 대신 사용하여 표본 평균의 분포가 표준정규분포를 한다는 것을 알 수 있다.

여기서 다음과 같이 t-분포를 표본 분포를 분석하는 데 사용할 수 있다.

만약에 표본의 크기가 크면 표본 평균의 분포는 표준 정규분포에 따른다고 할 수 있고, 표본의 크기가 작으면 정규화한 확률변수의 분포는 t-분포를 한다는 것이다.

예제 5.6

인터넷 포털 사이트의 검색 서버의 사용 시간이 하루 평균 15시간인 정규분포에 따른다고 한다. 임의로 12일 동안 서버의 일일 사용시간을 조사하였더니 아래와 같다.

14.5	16.5	14.5	13.5	17.5	15.5
15.5	16.5	16.0	15.0	16.5	14.5

(1) 표본평균과 관련된 표본분포를 구하시오.

(2) 표본평균이 상위 10%인 일일 사용시간을 구하시오.

풀이

(1) 표본으로 얻은 서버 일일이용시간 12개의 평균과 분산은 각각 다음과 같다.

$$\overline{x} = \frac{1}{12}\sum_{i=1}^{12} x_i = 15.5 \qquad s^2 = \frac{1}{11}\sum_{i=1}^{n}(x_i - 15.5)^2 = 1.3182$$

그러므로 표본 표준편차는 $s = 1.15$이다. 그리고 정규모집단 $N(15, \sigma^2)$으로부터 크기 12인 표본을 선정하여 표본 표준편차가 $s = 1.15$이므로 다음을 얻는다.

$$T = \frac{\overline{x} - 15}{1.15/\sqrt{11}} \quad => t(11)$$

(2) 상위 10%인 일일사용시간을 $\overline{x}_0$라 하면 $P(\overline{x} \geq \overline{x}_0) = 0.1$이고

$$T = \frac{\overline{x} - 15}{1.15/\sqrt{11}} \quad => t(11) \text{이므로}$$

다음 식을 얻는다.

$$P(\overline{x} \geq \overline{x}_0) = P(T \geq \frac{\overline{x}_0 - 15}{0.3467}) = P(T \geq t_{0.1}(11)) = 0.1$$

$$1 - P(T \leq t_{0.1}(11)) = 0.1$$

한편 자유도 11인 t-분포에서 $t_{0.1}(11) = 1.363$이므로 구하고자 하는 $\overline{x}_0$는 다음과 같다.

$$\frac{\overline{x}_0 - 15}{0.3467} = 1.363 \ , \ \overline{x}_0 = 15 + 0.3467 * 1.363 = 15.472$$

따라서 표본평균이 상위 10%인 일일 사용시간은 15.472시간 이상이다.

예제 5.7

한국 고등학교 남학생의 몸무게의 분포는 분산은 잘 모르나 $N(70, \sigma^2)$ 분포를 한다고 한다. 임의로 선정한 20명의 남자 고등학생을 선정하여 몸무게를 분석한 결과 평균이 69Kg이고, 표준편차가 3kg이라고 한다. 몸무게가 68kg에서 72kg일 학생들의 비율은 얼마인가?

풀이

정규모집단 $N(70, \sigma^2)$으로부터 크기 20인 표본을 선정하여 분석한 표본의 평균과 표준편차가 $\overline{x}_i = 69$, $s = 3$이다. 표본의 평균의 분포는 표준화한 T 확률변수는

$$T = \frac{\overline{x} - 70}{3/\sqrt{19}} \quad => t(19)$$

여기서 $3/\sqrt{19} = 0.688$ 이다.

따라서 구하고자 비율은

$$P(68 \leq \overline{x} \leq 72) = P(\frac{68-70}{0.688} \leq T \leq \frac{72-70}{0.688})$$
$$= P(-2.907 \leq T \leq 2.907)$$
$$= 0.995 - (1-0.995) = 0.99$$

따라서 전체 학생 중 몸무게가 68에서 72 kg인 학생의 비율은 99%라고 할 수 있다.

5.5　표본비율의 분포

확률이 p인 이항 분포를 하는 모집단에서 임의로 추출한 표본의 표본 비율의 분포 역시 확률이 p인 이항분포를 한다.

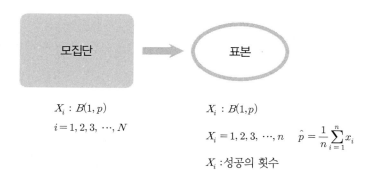

모집단

표본

$X_i : B(1, p)$
$i = 1, 2, 3, \cdots, N$

$X_i : B(1,p)$

$X_i = 1, 2, 3, \cdots, n$　$\hat{p} = \dfrac{1}{n}\sum_{i=1}^{n} x_i$

X_i : 성공의 횟수

그림 5-7 확률 p인 이항분포의 모집단과 표본과의 관계

(1) 표본비율의 분포

표본 비율의 분포는 아래와 같다.

$$\left.\begin{array}{l} X_i \sqsubset B(1,\, p) \\ X_i : \text{독립}, i = 1, 2, \cdots, n \end{array}\right\} \;\; \Rightarrow \;\; X = \sum_{i=1}^{n} X_i \sqsubset B(n,\, p)$$

제 2장에서 공부한 바와 같이 이항분포에서 시행 횟수 n이 충분히 크면 이항분포는 정규분포에 근사하게 된다고 하였다. 따라서 충분히 큰 시행을 한 표본의 비율은 아래와 같은 정규분포를 하게 된다.

$$\left.\begin{array}{l} E\left(\hat{P}\right) = E\left(\dfrac{X}{n}\right) = \dfrac{1}{n} E(X) = \dfrac{1}{n}(np) = p \\[2mm] Var\left(\hat{P}\right) = Var\left(\dfrac{X}{n}\right) = \dfrac{1}{n^2} Var(X) = \dfrac{1}{n^2}(npq) = \dfrac{pq}{n} \end{array}\right]$$

n이 충분히 크면 $\longrightarrow$ $\boxed{\hat{P} \approx N\left(p,\, \dfrac{pq}{n}\right)}$

또한 이항분포의 시행이 충분이 크고 확률 또는 비율이 크지 않다면 다음과 같은 정규분포를 한다.

$$\left.\begin{array}{l} X_i : B(1,\, p) \\ X_i : \text{독립} \\ i = 1, 2, \text{L}\,, n \end{array}\right]$$

n이 충분히 크고, p 가 작지 않다면 $\longrightarrow$ X 는 N(np, np(1-p))

즉, 모수 n과 p인 이항분포에 대하여 $np \geq 5$, $nq \geq 5$인 경우, n이 커질수록 이항분포 $B(n,\, p)$는 정규분포 $N(np,\, npq)$에 근사하며, 이것을 이항분포의 정규근사(normal approximation)라 한다.

예제 5.8

휴대폰 정밀나사를 제조하는 회사에서 생산한 나사의 5%가 불량품인 것으로 알려져 있다. 이 회사에서 생산한 나사 100개를 임의로 선정하여 조사했을 때, 다음을 구하시오.

(1) 선정된 나사 중에 불량품이 없을 확률

(2) 선정된 나사 중에 10%이상이 불량품일 확률

풀이

(1) 모비율이 $p = 0.05$이므로 100개의 나사 중에서 불량품의 수를 X라 하면, $np = 5$, $npq = 4.75$이므로 $X \approx N(5, 4.75)$이다. 따라서 구하고자 하는 확률은 다음과 같다.

$$\begin{aligned} P(X = 0) = P(-0.5 \leq X \leq 0.5) &= P\left(\frac{-0.5 - 5}{\sqrt{4.75}} \leq Z \leq \frac{0.5 - 5}{\sqrt{4.75}} \right) \\ &= P(-2.52 \leq Z \leq -2.06) \approx \Phi(-2.06) - \Phi(-2.52) \\ &= \Phi(2.52) - \Phi(2.06) = 0.9941 - 0.9803 = 0.0138 \end{aligned}$$

(2) $p = 0.05$, $n = 100$이므로 표본 비율의 확률분포는 $\hat{P} \approx N(0.05, 0.0218^2)$이다. 그러므로 구하고자 하는 확률은 다음과 같다.

$$\begin{aligned} P(\hat{P} \geq 0.1) = P\left(Z \geq \frac{0.1 - 0.05}{0.0218} \right) &= P(Z \geq 2.29) \\ &\approx 1 - \Phi(2.29) = 1 - 0.9890 = 0.011 \end{aligned}$$

연습문제

1. 다음의 확률을 정규근사 방법으로 구하시오.

   (1) $P(X \geq 8)$, $X \sim B(10, 0.7)$

   (2) $P(2 \leq X \leq 7)$, $X \sim B(15, 0.3)$

   (3) $P(X \leq 4)$, $X \sim B(9, 0.4)$

   (4) $P(8 \leq X \leq 11)$, $X \sim B(14, 0.6)$

2. 부록의 표를 이용하여 아래의 값을 구하시오.

   (1) $P(t_{21} \leq 2.3)$

   (2) $P(t_{10} \leq -1.9)$

   (3) $P(t_7 \geq -2.7)$

   (4) $P(t_{16} \geq 1.9)$

   (5) $P(t_{16} \leq 1.7)$

   (6) $P(\chi_6^2 \leq 12)$

   (7) $P(\chi_{12}^2 \leq 23.3)$

   (8) $P(\chi_{25}^2 \geq 36.02)$

3. 감기약의 무게는 분산이 0.00066 g인 정규분포를 따른다고 한다. 시중에서 판매되는 감기약 20개를 임의로 수거하여 무게를 측정한 결과가 다음과 같다.

4.33	4.23	4.24	4.29	4.21	4.25	4.23	4.18	4.30	4.27
4.20	4.26	4.23	4.24	4.27	4.19	4.26	4.23	4.25	4.24

(1) 표본분산과 관련된 통계량 V의 분포를 구하라.

(2) 관찰된 표본분산의 값 s_0^2을 구하라.

(3) 이 표본을 이용하여 통계량의 관찰값 $v_0 = \dfrac{(n-1)s_0^2}{\sigma^2}$ 을 구하라.

(4) 표본분산 S^2이 (2)에서 구한 s_0^2보다 클 근사확률을 구하라.

4. 어느 제조회사에서 생산한 배터리의 5%가 불량품인 것으로 알려져 있다. 이 회사에서 생산한 배터리 100개를 임의로 선정하여 조사했을 때, 다음을 구하라.

(1) 선정된 배터리 중에 불량품이 없을 확률

(2) 선정된 배터리 중에 10%이상이 불량품일 확률

5. 제철회사에서 생산되는 콘크리트 보강용 강철봉의 강도는 평균 46psi인 정규분포를 따른다고 한다. 이 회사에서 생산된 강철봉 20개를 의의로 선정하여 강도를 측정한 결과가 다음과 같다.

45.6	43.6	40.3	44.2	42.5	41.0	49.1	44.3	49.3	44.1
45.1	48.7	43.9	48.7	47.4	45.4	42.6	42.1	44.6	44.9

(1) 표본평균과 관련된 표본분포를 구하라.

(2) 표본평균이 상위 5%인 강도를 구하라.

6. 아프리카에 서식하고 있는 코끼리의 몸무게가 평균 500kg이고 표준편차가 45kg 이라고 알려져 있다. 아프리카 코끼리 중에서 임의로 36마리를 선택하여 관측하고 자 한다. 선택한 코끼리의 평균 몸무게가 48kg보다 클 확률을 구하시오.

7. 어느 노트북 부품을 생산하는 회사에서 전체 부품 1,000개의 평균 무게가 100g이 고, 분산은 5g으로 알려져 있다. 임의로 30개의 부품을 표본으로 추출했을 때, 표 본 평균의 분산을 구하시오.

8. 어느 회사에서 생산하는 LED 전구의 수명의 평균이 2,000 시간이고 분산이 1202 시간인 정규분포를 따른다. 이 회사에서 생산한 LED 전구 중에서 임의로 표본 15개 를 추출할 때, 뽑혀진 전구의 평균 수명이 1,900 시간 미만이 될 확률을 구하시오.

9. 평균이 100이고 표준편차가 3인 정규분포로부터 5개의 표본을 임의로 추출하여 표 본 분산을 구했을 때, 그 분산 s^2이 12보다 크거나 같을 확률을 구하시오.

CHAPTER **6**

추 정

6.1 점 추정량

6.1.1 점 추정량

모집단의 특성을 파악하기 위해서는 모집단의 평균이나 분산과 같은 모수를 추정하는 것은 통계적 추론에서 가설 검정과 함께 중요한 과제중의 하나이다. 모집단으로부터 임의로 추출된 표본에서 얻은 통계량을 이용하여 모집단의 특성을 파악하는 것을 추정 (Estimation)이라고 한다. 모집단의 모수 Θ를 근사화하는 또는 추정하기 위해서 사용되는 통계량을 Θ의 점 추정량이라 하고 $\hat{\Theta}$로 표기한다.

예를 들어 표본의 평균 $\overline{X}$는 모집단의 평균 μ에 대한 점 추정량이고, $\hat{\mu} = \overline{X}$라고 쓴다.

모집단의 표본으로부터 추출한 표본으로부터 점 추정량 $\hat{\Theta}$에 대하여 $E[\hat{\Theta}] = \Theta$이면, 추정량 $\hat{\Theta}$를 모수 Θ의 불편 추정량(Unbiased Estimator)이라 한다. 불편 추정량이 아닌 추정량을 편의 추정량(Biased Estimator)이라 한다. 추정량 $\hat{\Theta}$가 Θ의 편의 추정량이면 $b(\hat{\Theta}) = E[\hat{\Theta}] - \Theta$를 편의(bias)라고 한다. 즉, 불편 추정량은 편의가 0이고 편의 추정량은 편의가 0이 아니다.

예를 들어, 표본의 평균 $\overline{X}$는 모평균 μ에 대하여 불편추정량이다.

또한 표본분산 S^2은 모 분산 σ^2에 대한 불편 추정량이다.

불편 추정량은 다음과 같은 의미를 가지고 있다.

• $\hat{\Theta}$이 통계량이므로 반복된 표본에서 생성된 추정치가 표본마다 다양하다.

• 통계량 $\hat{\Theta}$이 치우침이 없다(불편)는 것은 이 추정치가 거의 Θ에 가깝다는 것을 의미한다.

• 이들 추정치의 평균이 모수 Θ에 거의 근접한다는 것을 의미한다.

보통 불편 추정량에 대하여 잘못 이해하고 있을 수 있는데, 불편 추정량이 다음과 같은 것은 의미하지 않는다.

· 모든 추정치가 모두 추정할 모수에 아주 근접하지는 않는다.

· 통계적인 연구가 거듭 반복하여 시행되지 않으므로 추정치들을 평균화하기 어렵다.

· 이 추정치가 모수 Θ에 가깝다는 주장을 하기 위해서 사용되는 추정치가 치우침이 없어야 하고, 큰 표본에 대해서 그 분산이 작은 값은 가져야 한다.

6.1.2 표본 평균의 분산과 표준 오류

평균 $\overline{X}$는 평균이 μ이고 분산이 σ^2인 모집단으로부터 표본의 크기가 n인 임의 표본으로부터 얻는 표본의 평균이라 하면, 아래의 등식이 성립한다.

$$Var\,\overline{X} = \frac{\sigma^2}{n}$$

위 등식에서 σ^2은 상수이므로, 표본의 크기 n이 증가함에 따라 $\overline{X}$의 분산은 작아진다. 따라서 표본의 크기 n을 충분히 크게 하여 분산의 값을 가능한 작게 할 수 있다.

표본의 평균 $\overline{X}$의 표준편차가 모평균 μ의 참값을 추정하는데 있어서 중요한 역할을 한다. 표본으로부터 구한 추정량은 오류를 내포하고 있다.

표본 평균 $\overline{X}$의 표준편차가 $\sigma/\sqrt{n}$이고, 이를 평균의 표준오류라고 한다.

6.1.3 분산의 불편추정량

모집단의 표본으로부터 구한 표본의 평균을 $\overline{X}$라 할 때에 아래의 수식에 의하여 구한 S^2을 표본의 분산이라고 한다.

$$S^2 = \frac{1}{n-1} \sum_{i=1}^{n} (X_i - \overline{X})^2$$

평균이 μ이고 분산이 σ^2인 모집단으로부터 표본의 크기 n인 표본으로부터 계산한 표본 분산 S^2은 모집단의 분산 σ^2에 대한 불편 추정량이다. 하지만 표본의 표준편차 S는 모집단의 표준편차 σ의 불편 추정량이 아니다.

모집단으로부터 임의로 추출한 표본으로부터 모수를 추정하는데 있어서, 대부분의 통계학에서는 "σ^2을 알 수 있다"라는 가정을 하고 있다. 하지만 실제 현실에서는 분산을 알기란 아주 어렵다. 즉 비현실적이다. 따라서 실제 현장에서는 모수를 알 수 없는 경우에도 모집단의 평균과 분산에 대하여 추론할 수 있어야 한다.

예제 6.1

모평균이 μ인 모집단으로부터 크기 3인 X_1, X_2, X_3을 추출하였다. 다음 각 점 추정량에 대하여 각 추정량의 편의를 구하고, 불편 추정량과 편의 추정량을 구하시오.

$$P_1 = 1/3(X_1 + X_2 + X_3),\ P_2 = 1/6(3X_1 + 2X_2 + X_3)$$
$$P_3 = 1/6(2X_1 + 2X_2 + X_3)$$

풀이

각 점 추정량의 기댓값을 구하면

$$E[P_1] = 1/3 * E(X_1 + X_2 + X_3) = \mu$$

$$E[P_2] = 1/6 * E(3X_1 + 2X_2 + X_3) = \mu$$

$$E[P_3] = 1/6 * E(2X_1 + 2X_2 + X_3) = 5\mu/6$$

각 추정량의 편의를 구하면

$$b_1 = E[P_1] - \mu = 0$$

$$b_2 = E[P_2] - \mu = 0$$

$b_3 = E[P_3] - \mu = -1\mu/6$이다.

따라서 P_1과 P_2은 불편추정량이고 P_3은 편의 추정량이다.

6.1.4 비율의 점 추정량

모집단이 성공 확률(또는 비율) p를 갖는 경우에 이 모집단에서 임의로 추출한 표본으로부터 계산한 추정량은 모집단의 비율 p의 점 추정량이다.

모집단 p에 대한 점 추정량은 아래와 같이 계산한다. 사건의 성공 확률 p인 모집단에서 사건이 반복해서 발생했을 때 성공 횟수는 이항분포를 따른다는 것은 앞 장에서 배웠다. 그러나 사건의 반복 시행을 상당히 크게 하면 중심극한정리에 의해서 성공 횟수의 확률변수의 분포는 정규분포에 근사하게 된다. 이 성질을 이용하여 모집단의 비율을 추정할 수 있다.

$$\hat{p} = \frac{X}{n} = \frac{성공횟수}{표본의 크기}$$

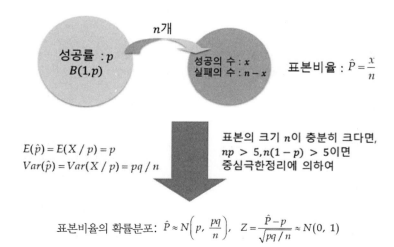

그림 6-1 표본 비율의 분포

6.2   구간 추정

앞 절에서 모집단의 모수의 값을 추정하는 점 추정 방법을 배웠다. 이제 모집단의 모수를 추정하는 다른 방법으로 구간추정 또는 신뢰구간 방법이 있다. 모집단의 점 추정 값이 모수를 정확히 입증한다는 것은 불가능하다. 따라서 확률적으로 인정하는 확률 범위 안에서 구간을 추정하는 방법이 많이 사용된다.

이 방법은 표본의 평균 $\overline{X}$의 분포에 기초한다. 여기서 확률변수 $\overline{X}$는 평균이 μ이고 분산이 σ^2/n인 정규분포에 따른다고 가정한다. 구간을 추정하는 범위를 신뢰구간이라 한다. 신뢰구간은 울타리 구간이라고도 한다.

모수 Θ에 대한 $100(1-\alpha)\%$ 신뢰구간은 Θ값에 관계없이 아래와 같은 임의 구간 $[L_1, L_2]$이다.

$$P[L_1 \leq \theta \leq L_2] \approx 1 - \alpha$$

신뢰구간을 이용하여 모집단의 평균과 분산 그리고 모 비율을 추정할 수 있다.

모평균과 분산의 구간을 추정하는 통계학에서 변수 X의 분포가 정규분포를 가정한다. 또한 모집단의 분포도 정규분포를 요구한다. 표본으로 추출하여 계산한 표본 평균과 모집단의 평균은 거의 가까운 근처에 분포해 있다. 현실적으로 모분산 σ^2이 알려져 있지 않으므로 모평균의 신뢰구간을 추정을 할 수 없다. 따라서 모 분산이 표본으로부터 추정되어야만 한다.

위와 같은 가정 하에 신뢰구간의 범위가 아래 3가지 요소에 의존한다.

• 요구되는 신뢰도 ($Z_{\alpha/2}$),

• X의 분산(σ^2),

• 표본의 크기(n)

모집단의 어떤 비율에 대한 추정을 위해서는 표본의 크기를 크게 하여 중심극한정리를 사용한다.

중심극한정리에 의하여, 표본비율 $\hat{p}$는 평균이 $\hat{p}$이고, 분산이 $p(1-p)/n$인 정규분포에 따른다.

• 모비율 p의 신뢰구간은

$$\hat{p} \pm z_{\alpha/2} \sqrt{\hat{p}(1-\hat{p})/n}$$

• 또한 $100(1-\alpha)\%$ 신뢰도에서 모수 p에 대한 오차한계는 아래의 수식과 같다.

$$P\left(\hat{P} - z_{\alpha/2} \sqrt{\frac{\hat{p}\hat{q}}{n}} < p < \hat{P} + z_{\alpha/2} \sqrt{\frac{\hat{p}\hat{q}}{n}} \right) \approx 1 - \alpha$$

6.3 평균의 구간추정

6.3.1 모 분산을 아는 경우에 모평균의 구간추정

모집단의 분산 σ^2은 알려져 있다고 가정하면, 모평균 μ에 대한 구간 추정을 하려고 할 때에 모집단이 정규분포인지 아닌지를 고려해야 한다.

모집단이 정규분포를 하는 경우 임의로 추출한 표본의 확률변수도 아래와 같이 정규분포를 한다.

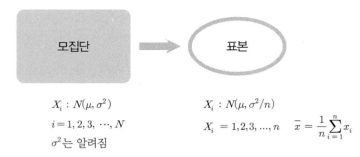

그림 6-2 정규모집단으로부터 추출한 표본

모집단이 정규분포인지 알 수 없는 경우에는 표본의 수를 크게 하여 중심극한정리에 의해 표본의 확률변수를 정규분포로 근사화가 가능하다.

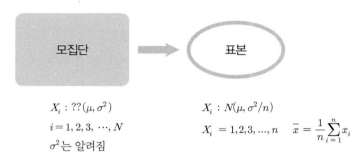

그림 6-3 정규분포가 아닌 모집단으로부터의 추출한 표본

모 분산을 아는 경우에 모평균 μ에 대한 점 추정량은 표본의 평균인 $\overline{X}$를 사용하고, 모평균 μ의 $100(1-\alpha)\%$ 신뢰구간은 아래와 같다.

$$\left(\overline{X} - z_{\alpha/2}\frac{\sigma}{\sqrt{n}}, \ \overline{X} + z_{\alpha/2}\frac{\sigma}{\sqrt{n}}\right)$$

예제 6.2

어느 회사에서 생산하는 휴대폰 배터리는 완전 충전후 방전까지 시간이 분산이 $\sigma^2 = 9$(시간)인 정규분포를 따른다고 한다. 25개의 배터리를 임의로 추출했을 때, 배터리의 방전까지의 시간의 평균값은 $\overline{X} = 35$(시간)이었다. 실제 모든 배터리의 평균 방전까지 시간에 대한 95% 신뢰구간을 구하라.

풀이

휴대폰 배터리 방전시간시간에 대한 모집단은 $N(\mu, 3^2)$에 따른다.

여기서 표본의 크기가 $n = 25$이고 표본 평균 $\overline{X} = 35$시간이므로

모집단의 배터리에 대한 방전까지의 시간에 대한 95% 신뢰구간은

$$\left(\overline{X} - z_{\alpha/2}\frac{\sigma}{\sqrt{n}},\ \overline{X} + z_{\alpha/2}\frac{\sigma}{\sqrt{n}}\right)$$
$$= (35 - 1.96*3/5,\ 35 + 1.96*3/5)$$
$$= (33.824,\ 36.176)$$

따라서 95% 신뢰구간은 33.824 시간에서 36.176 시간까지이다.

6.3.2 모 분산을 모를 때 대 표본으로 모평균의 구간추정

실제적으로 모집단의 분산 σ^2은 알려져 있지 않다. 이러한 모집단에서 임의로 추출한 표본으로부터 통계량을 계산하여 모집단의 평균을 추정하는 것을 쉽게 해주는 방법이 중심극한정리이다.

중심극한정리는 모집단이 정규분포를 하든 안하든 상관없이 표본의 크기가 상당히 클 때에는 이 정리를 적용할 수 있다.

따라서 모집단의 모 분산을 모르더라도 임의로 상당히 큰 표본으로 평균값을 계산하여 다음과 같은 식으로, 모집단의 평균에 대한 $100(1-\alpha)\%$ 신뢰구간을 구한다.

신뢰구간: $\left(\overline{X} - z_{\alpha/2} \dfrac{S}{\sqrt{n}}, \ \overline{X} + z_{\alpha/2} \dfrac{S}{\sqrt{n}} \right)$

이 식에서 S는 모집단의 분산을 알 수 없으므로 모 분산의 불편 추정량인 표본의 분산 S^2을 계산하여 이 값의 양의 제곱근을 의미한다.

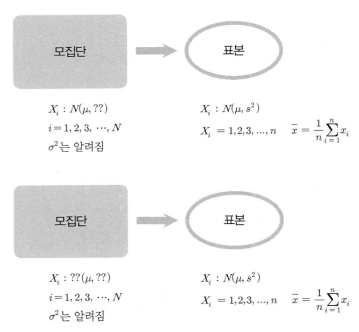

그림 6-4 모 분산이 알려지지 않은 모집단으로부터 추출한 표본의 분포

예제 6.3

노트북을 사용하는 모든 사용자가 노트북을 교환하는 시기에 대한 어떠한 통계 자료도 없다. 임의로 노트북 사용자 30명을 선정하여 노트북에 대한 교체 시기를 조사하여 아래와 같은 자료를 얻었다(단위 개월).

64 58 70 68 64 55 48 75 70 65 60 62 59 66 68

59 72 78 66 59 50 60 65 66 72 77 80 62 58 59

이 자료를 사용하여 모든 노트북 사용자들의 교환 시기에 대한 평균을 확률 95% 신뢰구간을 추정하시오.

풀이

이 문제에서 모든 노트북 사용자의 노트북 교체 시기에 대한 모집단의 분포도 알 수 없고 모 분산도 알 수 없다.

임의로 추출한 표본의 크기가 30이므로 상당히 큰 표본에 해당하므로 노트북 교체시기에 대한 확률 분포는 근사하게 정규분포에 따른다고 할 수 있다.

즉, 표본의 교체시기에 대한 평균 분포가 $N(\overline{X},\ S^2)$이라 할 수 있다.

위 30개의 표본으로부터 표본 평균과 분산을 구하자.

$$\overline{x} = \frac{1}{30}\sum_{i=1}^{30}x_i = 64.5 \qquad s^2 = \frac{1}{29}\sum_{i=1}^{n}(x_i - 64.5)^2 = 59.5$$

표본의 표준편차는 $s = 7.714$이다.

구하는 신뢰구간은 $(\overline{X} - z_{\alpha/2}\frac{S}{\sqrt{n}},\ \overline{X} + z_{\alpha/2}\frac{S}{\sqrt{n}})$에 의해서

$(64.5 - 1.96*7.714/\sqrt{29},\ 64.5 + 1.96*7.714/\sqrt{29})$
$= (64.5 - 2.808,\ 64.5 + 2.808)$
$= (61.692,\ 67.308)$

따라서 모든 사용자의 노트북 교환 시기는 95% 신뢰구간으로

61개월 20일 정도에서 67개월 10일 정도라고 할 수 있다.

6.3.3 모 분산을 모를 때 소 표본으로 모평균의 구간추정

앞에서 실제적으로 모집단의 분산 σ^2은 알려져 있지 않다고 하였다. 이 경우에 표본의 크기를 크게 하여 모집단으로부터 임의 추출하여 조사한 자료를 바탕으로 통계량을 계산하여 모집단의 평균의 신뢰구간을 구하는 것이 쉬운 방법임을 배웠다.

하지만 현실 세계에서 어떤 모집단은 표본을 많이 선정하여 조사하는 일이 쉽지 않은 경우가 있다. 예를 들어 공군의 F-15 전투기의 내용년수를 평가하는 모집단의 경우에는 전투기 25대의 내용 연수를 조사하기란 대단히 어려운 일이다. 참고로 한국에 F-15 전투기가 15대 밖에 없다면 말이다.

모집단으로부터 대규모 표본을 추출할 수 없는 경우에는 어쩔 수 없이 작은 수의 표본으로 모집단의 평균을 추정하여야 한다. 이 때 사용되는 통계학 이론이 중심극한정리가 아니라 t-분포 개념이다. 표본의 크기 n이 소표본($n < 30$)일 경우에는 모집단이 정규분포를 따를 때에도 모 분산 σ^2 대신에 표본의 분산 S^2을 대입한 표본의 분포는 정규분포와는 크게 다를 수 있다. 따라서 정규분포의 Z-통계량 계산식에서 σ 대신 S를 대입한 t-통계량을 사용한다. 이 t-통계량은 자유도 $(n-1)$인 t-분포를 따른다.

$$T = \frac{\overline{X} - \mu}{S/\sqrt{n}} : t(n-1)$$

모집단으로부터 소 표본을 추출하여 모집단의 모평균의 신뢰구간은 t-분포를 사용한다. 모평균 μ와 모 분산 σ^2(알 수 없음)인 정규분포로부터 임의 추출한 표본에서 모평균 μ의 $100(1-\alpha)\%$ 신뢰구간은 아래의 수식과 같다.

$$\left(\overline{x} - t_{\alpha/2}(n-1)\frac{s}{\sqrt{n}}, \overline{x} + t_{\alpha/2}(n-1)\frac{s}{\sqrt{n}} \right)$$

아래 **그림 6-5**는 $t=0$을 중심으로 좌우대칭인 t-분포 곡선으로, 중심확률 $1-\alpha$인 임계값: $\pm t_{\alpha/2}(n-1)$을 나타내고 있다.

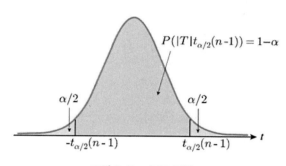

$$P(|T| t_{\alpha/2}(n\text{-}1)) = 1-\alpha$$

그림 6-5 t-분포 곡선

그림 6-5에서 알 수 있듯이 임의의 정수 $\alpha(0<\alpha<1)$에 대하여

$$P\left(\overline{X}- t_{\alpha/2}(n-1)\frac{s}{\sqrt{n}} < \mu < \overline{X}+ t_{\alpha/2}(n-1)\frac{s}{\sqrt{n}}\right) = 1-\alpha$$가 성립한다.

t-분포에서 표준오차는 $S.E(\overline{X}) = \dfrac{s}{\sqrt{n}}$이고, $P(|T| < t_{\alpha/2}(n-1)) = 1-\alpha$이다. 많이 사용되는 신뢰도에 따른 오차한계는 아래와 같다.

$|\overline{X}-\mu|$에 대한 90% 오차한계: $e_{90\%} = t_{0.05}(n-1)\dfrac{s}{\sqrt{n}}$

$|\overline{X}-\mu|$에 대한 95% 오차한계: $e_{95\%} = t_{0.025}(n-1)\dfrac{s}{\sqrt{n}}$

$|\overline{X}-\mu|$에 대한 99% 오차한계: $e_{99\%} = t_{0.005}(n-1)\dfrac{s}{\sqrt{n}}$

양쪽 꼬리확률이 0.1, 0.05, 0.01인 임계값에 대하여 다음을 얻을 수 있다.

$$P\left(\left|\frac{\overline{X}-\mu}{s/\sqrt{n}}\right| < t_{0.05}(n-1)\right) = P\left(|\overline{X}-\mu| < t_{0.05}(n-1)\frac{s}{\sqrt{n}}\right) = 0.90$$

$$P\left(\left|\frac{\overline{X}-\mu}{s/\sqrt{n}}\right| < t_{0.025}(n-1)\right) = P\left(|\overline{X}-\mu| < t_{0.025}(n-1)\frac{s}{\sqrt{n}}\right) = 0.95$$

$$P\left(\left|\frac{\overline{X}-\mu}{s/\sqrt{n}}\right| < t_{0.005}(n-1)\right) = P\left(|\overline{X}-\mu| < t_{0.005}(n-1)\frac{s}{\sqrt{n}}\right) = 0.99$$

따라서 모 분산 σ^2을 알 수 없는 모집단의 평균 μ에 대한 90%, 95%, 99% 신뢰구간은 아래와 같다.

모수 μ에 대한 90% 신뢰구간: $\left(\overline{x} - t_{0.05}(n-1)\frac{s}{\sqrt{n}}, \overline{x} + t_{0.05}(n-1)\frac{s}{\sqrt{n}}\right)$

모수 μ에 대한 95% 신뢰구간: $\left(\overline{x} - t_{0.025}(n-1)\frac{s}{\sqrt{n}}, \overline{x} + t_{0.025}(n-1)\frac{s}{\sqrt{n}}\right)$

모수 μ에 대한 99% 신뢰구간: $\left(\overline{x} - t_{0.005}(n-1)\frac{s}{\sqrt{n}}, \overline{x} + t_{0.005}(n-1)\frac{s}{\sqrt{n}}\right)$

예제 6.4

한국의 공군은 전투력 향상을 위해서 F-15 전투기를 약 20대 가지고 있다. 전투기의 가득한 연료로 비행 시간을 조사하기 위해서 임의로 8대를 선정하여 연료탱크에 가득 채운 후 비행 시간을 조사하여 아래와 같은 자료를 얻었다(단위: hour).

52.5, 62.2, 56.5, 61.8, 63.7, 66.0, 70.0, 67.3

이 자료를 근거하여 공군이 보유한 F-15 전투기의 평균 비행 시간을 확률 95% 신뢰구간을 추정하시오.

풀이

모집단의 분포나 모 분산을 알 수 없다. 또한 표본으로 소 표본인 8대의 F-15 전투기를 선정하였으므로 t-분포를 사용하면 된다.

먼저 표본으로 평균과 분산을 구하자.

$$\bar{x} = \frac{1}{8}\sum_{i=1}^{8} x_i = 62.5 \qquad s^2 = \frac{1}{7}\sum_{i=1}^{n}(x_i - 62.5)^2 = 32.794$$

표본의 표준편차는 $s = 5.727$이다. t-분포에서 $t_{0.025}(7) = 2.365$이다.

구하는 신뢰구간은 $\left(\bar{x} - t_{\alpha/2}(n-1)\dfrac{s}{\sqrt{n}},\ \bar{x} + t_{\alpha/2}(n-1)\dfrac{s}{\sqrt{n}}\right)$에 의해서

$$= (62.5 - 2.365*5.727/\sqrt{7},\ 62.5 + 2.365*5.727/\sqrt{7})$$
$$= (62.5 - 5.12,\ 62.5 + 5.12)$$
$$= (57.38,\ 67.62)$$

따라서 한국 공군이 보유한 F-15 전투기의 비행시간은 95% 신뢰구간으로

약 57시간 20분에서 67시간 36분 정도라고 할 수 있다.

예제 6.5

[예제 6.4]에서 한국의 공군이 보유한 F-15 전투기의 평균 비행 시간에 대한 99% 신뢰구간을 구하시오.

풀이

신뢰구간 0.99를 사용하기 위해서 자유도가 7인 t-분포에서 $1-\alpha = 0.99$인 t 값을 찾아야 한다. 이 값은 양쪽 꼬리부분에서 $\alpha/2 = 0.005$를 가지므로 t-분포에서 $t_{0.005}(7) = 3.499$이다. 표본에서 구한 평균과 분산이

평균은 62.5 분산은 32.794이고 표준편차는 5.727이다.

따라서 99% 신뢰구간은

$$\left(\bar{x} - t_{\alpha/2}(n-1)\frac{s}{\sqrt{n}},\ \bar{x} + t_{\alpha/2}(n-1)\frac{s}{\sqrt{n}}\right)$$
$$= (62.5 - 3.499 * 5.727/\sqrt{7},\ 62.5 + 3.499 * 5.727/\sqrt{7})$$
$$= (62.5 - 7.57,\ 62.5 + 7.57)$$
$$= (54.93,\ 70.07)$$

6.4 분산의 구간추정

모평균이 μ이고 모 분산이 σ^2인 모집단으로부터 크기 n인 임의 표본을 $x_1, x_2, ..., x_n$이라 할 때, 모 분산의 추정량인 표본 분산 S^2은 다음과 같이 정의한다.

$$S^2 = \frac{1}{n-1}\sum_{i=1}^{n}(X_i - X)^2$$

모집단으로부터 임의 추출한 표본 분산의 기댓값은 모 분산과 같다는 성질을 가지고 있다.

$$E(S^2) = \sigma^2$$

즉, 표본 분산은 모집단의 모 분산의 불편 추정량이다.

따라서 모집단의 모 분산 σ^2을 추정하기 위해서 불편 추정량인 S^2의 값을 사용하면 되는데, 모집단의 모 분산과 표본의 표본 분산을 다음과 같은 수식으로 쓸 때 변수 V는 자유도가 $n-1$인 카이제곱 분포를 하게 된다.

$$V = \frac{(n-1)S^2}{\sigma^2} : \quad \chi^2(n-1)$$

자유도가 $(n-1)$인 카이제곱 분포 곡선의 아래 **그림 6-6**과 같다.

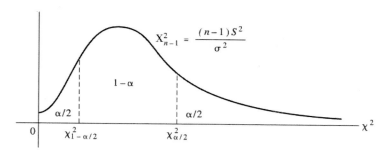

그림 6-6 카이제곱 분포 곡선

위의 카이 제곱분포 곡선을 보면 확률 값을 갖는 임의의 양수 $\alpha\,(0<\alpha<1)$에 대하여 X축 위의 두 변수 $\chi^2_{\alpha/2}$과 $\chi^2_{1-\alpha/2}$와 카이제곱 곡선으로 둘러싸인 부분의 면적은 $1-\alpha$라는 것을 알 수 있다. 즉, 부등식으로 표현하면 다음과 같다.

$$P[X^2_{1-\alpha/2}\leqq(n-1)S^2/\sigma^2\leqq X^2_{\alpha/2}]=1-\alpha$$

이 부등식을 변형하면

$$P[(n-1)S^2/X^2_{\alpha/2}\leqq\sigma^2\leqq(n-1)S^2/X^2_{1-\alpha/2}]=1-\alpha$$를 얻는다.

위 확률 부등식은 모 분산이 두 구간 사이에 있을 확률이 $1-\alpha$를 의미한다.

그러므로 어떤 모집단에서 임의로 n개의 표본을 추출하여 표본의 표본분산 S^2을 계산하여 모집단의 분산 σ^2이 $100(1-\alpha)$%에 있을 신뢰구간은 아래와 같은 범위에 있다. 여기서 모집단이 정규분포이거나 아니더라도 중심극한정리에 의해서 정규분포로 근사화되기 때문에 위 신뢰구간을 사용하는 데 아무런 문제가 없다.

$$((n-1)S^2/\chi^2_{\alpha/2},\ (n-1)S^2/\chi^2_{1-\alpha/2})$$

예제 6.6

어떤 모집단에서 임의로 25개의 $X_1, X_2, ..., X_{25}$을 추출한 결과의 데이터가 아래와 같다. 이 데이터를 이용하여 모 분산을 95% 확률의 신뢰구간을 구하시오.

> 3.4 3.6 4.0 2.4 2.0 3.0 3.1 4.1 2.4 2.5 3.9 3.0 3.4
>
> 2.0 3.1 2.8 2.6 3.5 2.5 2.7 4.5 2.7 4.2 3.5 3.0

풀이

먼저 표본으로 표본의 평균과 분산을 구하자.

$$\overline{x} = \frac{1}{25}\sum_{i=1}^{25} x_i = 3.116 \qquad s^2 = \frac{1}{24}\sum_{i=1}^{n}(x_i - 3.116)^2 = 0.4656$$

$1-\alpha = 0.95$, $\alpha = 0.05$이다

따라서 자유도 24인 χ^2 분포 곡선에서

$$\chi_{\alpha/2}^2 = 39.3641 \qquad \chi_{1-\alpha/2}^2 = 12.4011 이다.$$

따라서 95% 신뢰구간은

$$((n-1)S^2/\chi_{\alpha/2}^2, \ (n-1)S^2/\chi_{1-\alpha/2}^2)$$
$$= (24*0.4656/39.3641, \ 24*0.4656/12.4011)$$
$$= (0.284, \ 0.901)$$

예제 6.7

스마트폰 배터리의 평균 수명을 알아보기 위해 임의로 선정한 배터리 12개를 측정하여 다음의 결과를 얻었다. 단, 배터리 수명은 정규분포를 따르고, 단위는 년이다.

> 2.5 2.9 2.2 3.3 2.8 2.7 1.8 2.4 2.5 3.1 2.7 2.3

(1) 모분산 σ^2에 대한 99% 신뢰구간을 구하라.

(2) 모표준편차 σ에 대한 99% 신뢰구간을 구하라.

풀이

(1) 표본평균과 표본분산을 구한다.

$$\bar{x} = \frac{1}{12}\sum_{i=1}^{12} x_i = 2.6, \qquad s^2 = \frac{1}{11}\sum_{i=1}^{12}(x_i - 2.6)^2 = \frac{1.84}{11} = 0.167$$

$1-\alpha = 0.99$이므로, $\alpha/2 = 0.005$, $1-\alpha/2 = 0.995$이다.

자유도 11인 x^2-분포에서 $x^2_{0.005}(11) = 26.7569$, $x^2_{0.995}(11) = 2.60321$이므로

모 분산 σ^2에 대한 99% 신뢰구간은 다음과 같다.

$$\left(\frac{11 \times 0.167}{26.7569}, \frac{11 \times 0.167}{2.60321}\right) = (0.0687, 0.7057)$$

(2) 모 표준편차 σ에 대한 99% 신뢰구간은 다음과 같다.

$$(\sqrt{0.0687}, \sqrt{0.7057}) = (0.262, 0.840)$$

6.5 비율의 구간추정

모집단의 모 비율 p의 신뢰 구간을 구하기 위해서, 표본비율 $\hat{p}$는 중심극한정리에 의하여 평균이 $\hat{p}$이고, 분산이 $p(1-p)/n$인 정규분포에 따른다.

중심극한정리를 사용하기 위해서는 모집단에서 표본의 크기를 상당히 크게 하면 된다. 성공 비율이 p이면 실패일 비율은 $1-p$가 된다. 표본비율 $\hat{p}$가 정규분포를 하므로 $100(1-\alpha)\%$ 신뢰도로 모수 p에 대한 확률은 아래와 같은 수식을 만족한다.

$$P\left(\hat{P} - z_{\alpha/2}\sqrt{\frac{\hat{p}\hat{q}}{n}} < p < \hat{P} + z_{\alpha/2}\sqrt{\frac{\hat{p}\hat{q}}{n}}\right) \approx 1 - \alpha$$

따라서 $100(1-\alpha)\%$ 신뢰도로 모집단의 모 비율 p의 신뢰구간은 다음과 같다.

$$\left(\widehat{P}-z_{\alpha/2}\sqrt{\frac{\widehat{p}\widehat{q}}{n}}, \ \ \widehat{P}+z_{\alpha/2}\sqrt{\frac{\widehat{p}\widehat{q}}{n}}\right)$$

예제 6.8

어느 제조회사에서 생산한 휴대폰 배터리의 불량률을 알아보기 위해 생산한 500개를 임의로 선정하여 조사한 결과 3개가 불량품이었다. 이 회사에서 생산한 배터리의 불량률에 대한 95% 신뢰구간을 구하라

풀이

500개의 배터리 중에서 3개가 불량이므로 $\widehat{p}=\dfrac{3}{500}=0.006, \widehat{q}=0.994$이고, 표준오차는 다음과 같다.

$$S.E(\widehat{P})=\sqrt{\frac{0.006\times0.994}{500}}=0.003$$

95% 신뢰구간의 오차한계: $e=1.96\times S.E(\widehat{P})=1.96\times0.003=0.00588$

모 비율 p에 대한 95% 신뢰구간은

$$(0.006-0.00588, \ 0.006+0.00588)$$
$$=(0.00012, \ 0.01188)$$

예제 6.9

대통령 후보의 지지도를 알아보기 위해 전국 유권자의 성별, 나이, 지역들을 고려하여 1024명에게 설문조사한 결과 후보 A는 390명이, 후보 B는 312명이 지지하고 나머지는 지지후보가 없다고 하였다. 후보 A와 B의 지지율을 95% 신뢰구간으로 추정하시오.

풀이

A 후보에 대한 지지율은 $P_A = \dfrac{390}{1024}$, B 후보는 $P_B = \dfrac{312}{1024}$ 이다.

전체 유권자인 모집단의 분포는 알 수 없지만 중심극한정리에 의하여, A 후보에 대한 지지율에 대한 분포나 B 후보에 대한 분포 역시 정규분포에 따른다고 할 수 있다.

따라서 A 후보의 평균은 0.381, 분산은 0.381*(1-0.381)/1024이고,

　　　　B 후보의 평균은 0.305, 분산은 0.305*(1-0.305)/1024이다.

　　　A 후보의 지지율 분포 $N(0.381,\ 0.015^2)$
　　　B 후보의 지지율 분포 $N(0.305,\ 0.014^2)$

각 후보 지지율에 대한 95% 신뢰구간은

$$\text{수식} \left(\hat{P} - z_{\alpha/2} \sqrt{\frac{\hat{p}\hat{q}}{n}},\ \ \hat{P} + z_{\alpha/2} \sqrt{\frac{\hat{p}\hat{q}}{n}} \right) \text{에 의해서}$$

A 후보: (0.381 - 1.96*0.015, 0.381 + 1.96*0.015)
　　　　=(0.3516, 0.4104)이고,

B 후보: (0.305 - 1.96*0.0.014, 0.305 + 1.96*0.014)
　　　　=(0.2776, 0.3324)이다.

따라서 A 후보의 신뢰구간은 (0.3516, 04104)이고,

　　　　B 후보의 신뢰구간은 (0.2776, 0.3324)이다.

결론적으로 95% 신뢰 구간에서 A 후보가 B 후보보다 높은 지지율을 가지고 있다고 말할 수 있다.

6.6 　표본의 크기

모집단의 모 비율 p를 추정하기 위한 표본의 크기를 정하여 표본 조사를 하여야 한다.

모집단의 모 비율 p에 대한 확률 $100(1-\alpha)$%를 갖는 신뢰구간의 오차한계 e는 아래 수식과 같다.

$$e = z_{\alpha/2} \sqrt{\frac{\hat{p}\,\hat{q}}{n}}$$

모집단에 대한 모 비율의 오차한계를 d 이하로 추정하기 위한 표본의 크기 n을 구하는 방법은 위의 수식을 정리한 아래와 같다.

$$z_{\alpha/2} \sqrt{\frac{\hat{p}\,\hat{q}}{n}} \leqq d \;\Rightarrow\; n \geqq \left(\frac{z_{\alpha/2}}{d}\right)^2 \hat{p}\,\hat{q}$$

여기서 $\hat{p}$는 모집단에서 임의로 추출한 표본의 표본 비율이다. 표본 비율 $\hat{p}$은 표본을 선정해야만 알 수 있는 수치이므로 다음과 같은 방법에 의해 근사적으로 표본의 크기를 결정한다.

(1) 과거 조사결과 p^*를 알고 있는 경우에 $\hat{p} = p^*$를 사용한다.

(2) 과거 조사 결과가 없는 경우에 크기 $n \geq 30$인 표본을 선정하여 예비로 얻은 $\hat{p}$를 사용한다.

하지만 대부분의 현실 세계에서는 과거의 조사 결과가 없는 경우가 많다. 따라서 과거 조사 결과가 없거나 선행 실험이 불가능할 때에는 $\hat{p}(1 - \hat{p})$ 대신에 1/4을 사용하여 표본의 크기 n을 정한다.

즉, 과거 조사 결과가 없는 경우에 부등식 $n \geq \left(\dfrac{z_{\alpha/2}}{2d}\right)^2$ 을 사용하여 표본의 크기를 정한다.

예제 6.10

대통령 후보의 지지도에 대한 최대 오차범위 ±2%에서 신뢰도 95%인 신뢰구간을 구하기 위해 조사해야 하는 유권자 수를 구하라.

풀이

$d=0.02$이고 $z_{0.025}=1.96$이므로 조사해야 할 유권자의 수는 다음과 같다.

$$n \geq \left(\frac{1.96}{2 \times 0.02}\right)^2 = 49^2 = 2401,$$ 따라서 표본의 수는 $n=2401$이다.

또한 모집단의 모평균 μ에 대한 확률 $100(1-\alpha)\%$를 갖는 신뢰구간의 오차한계 e는 아래 수식과 같다.

$$e = z_{\alpha/2}\frac{\sigma}{\sqrt{n}}$$

모집단에 대한 모 평균의 오차한계를 d 이하로 추정하기 위한 표본의 크기 n을 구하는 방법은 위 수식을 정리하여 아래의 수식을 얻을 수 있다.

$$z_{\alpha/2}\frac{\sigma}{\sqrt{n}} \leq d \Rightarrow n \geq \left(z_{\alpha/2}\ \frac{\sigma}{d}\right)^2$$

예제 6.11

$\sigma=0.25$인 정규모집단의 모평균에 대한 95% 신뢰구간을 얻기 위한 표본의 크기를 구하라. 이때 최대 오차한계는 $d=0.050$이다.

풀이

$\sigma=0.25$, $d=0.05$이므로 모평균에 대한 95% 신뢰구간을 얻기 위한 표본의 크기는 다음과 같다.

$$n \geq \left(1.96 \times \frac{0.25}{0.05}\right)^2 = 96.4,$$

따라서 $n=97$명이다.

연습문제

1. 한 환경학자는 북극해 주변에서 발견되는 북극곰에 대한 연구를 하고 있다. 지구온 난화에 의해 북극곰의 서식지가 파괴되어 곰의 생존을 위협하고 있으며 백년 안에 멸종될 수 있다. 북극곰의 몸무게에 대한 표준편차는 45 kg으로 알려져 있다. $N=$ 50마리의 북극곰 임의 표본을 추출하여 통계 처리한 결과 평균 몸무게가 445 Kg이 었다. 이 정보를 이용하여 모든 북극곰의 평균 몸무게를 추정하시오.

2. 하나의 주사위를 던지는 실험을 한다.

    (1) 이론적인 평균과 분산을 구하시오.

    (2) 주사위를 임의로 30회 던져서 나온 평균이 3.35이었다. 모집단의 평균에 대한 95% 신뢰구간은 얼마인가?

3. 제철회사에서 생산되는 콘크리트 보강용 강철봉의 평균 강도를 알아보기 위해 강철 봉 20개를 임의로 선정하여 측정한 결과가 다음과 같았다. 단, 강철봉의 강도는 정 규분포를 따른다고 알려져 있다.

45.6	43.6	40.3	44.2	42.5	41.0	49.1	44.3	49.3	44.1
45.1	48.7	43.9	48.7	47.4	45.4	42.6	42.1	44.6	44.9

    (1) 표본평균과 표본표준편차를 구하라.

    (2) 모평균에 대한 95% 신뢰구간을 구하라.

4. 부록의 표준 정규분포 표를 이용하여 아래의 값을 구하시오.

(1) $P(0.3 < Z < 1.56)$

(2) $P(-0.3 < Z < 0.3)$

(3) $P(Z_0 < Z) = 0.5$인 Z_0의 값은?

(4) $P(-Z_0 < Z < Z_0) = 0.5$인 Z_0의 값은?

5. 부록의 카이제곱분포 표를 이용하여 아래의 값을 구하시오.

(1) 자유도 5이고, $\alpha = 0.05$인 $\chi^2_{\alpha/2}$

(2) 자유도 8이고, $\alpha = 0.01$인 $\chi^2_{\alpha/2}$

(3) 자유도 18이고, $\alpha = 0.05$인 $\chi^2_{1-\alpha/2}$

(4) 자유도 30이고, $\alpha = 0.01$인 $\chi^2_{1-\alpha/2}$

6. 부록의 t-분포 표를 이용하여 아래의 t-값을 구하시오.

(1) 자유도 5인 $t_{0.05}$

(2) 자유도 8인 $t_{0.025}$

(3) 자유도 18인 $t_{0.10}$

(4) 자유도 30인 $t_{0.025}$

CHAPTER **7**

가설검정

7.1   통계적 가설 검정

통계적 추론은 한 모집단에 대한 모수를 추정하거나 추정된 모수 값을 사용하여 의사 결정을 하는 것을 말한다. 예를 들어 고령화 사회가 됨에 따라 보험회사에서는 국민들의 평균 수명을 파악하여 다양한 보험 상품을 설계한다. 어느 보험회사에서 우리나라 남성의 평균 수명이 80세라고 주장하고자 한다면, 이 회사에서는 임의로 표본을 추출하여 계산한 평균 수명을 바탕으로 전체 남성들의 평균 수명을 추론할 수 있다.

이 회사에서는 표본에서 산출한 표본의 평균 수명 값을 가지고 아래의 두 가지 가설을 검증할 것이다.

하나는 남성의 평균 수명이 80세 이상이다.

다른 하나는 남성의 평균 수명이 80세 미만이다.

위와 같이 모집단의 표본으로 산출한 통계량에 근거하여 모집단의 모수를 추정하여 의사를 결정하는 과정을 통계적 가설 검정(statistical test of hypothesis)이라고 한다.

7.1.1 통계적 가설 검정

어느 기관이나 조직은 통계적 가설 검정 방법을 사용하여 주장하고자 하는 내용들을 검증하게 된다. 예를 들어 다음과 같은 주장들을 검증하기를 원할 것이다.

- 정부에서는 현재 고용률이 증가하고 있다.
- 우리 제품은 평균 수명이 얼마 이상이다.
- 우리가 생산한 제품은 불량률이 3% 미만이다.
- 건설업체 A가 건설하는 아파트가 경쟁사가 건설하는 아파트와 고객들의 만족도가 좋다.

이러한 주장들이 참인지 거짓인지 표본을 이용하여 검정한다. 가설 검정(hypothesis test)은 표본으로부터 얻은 통계량을 이용하여 모집단의 모수에 대한 주장의 진위를 검정하는 과정으로, 가설 검정에서 모집단의 매개변수에 대한 실재적인 값에 대한 선입견이 있다.

(1) 대립가설(alternative hypothesis)

일반적으로 실험자가 주장하고 싶은 가설로서, H_1로 나타낸다.

(2) 귀무가설(null hypothesis)

대립가설과 반대되는 가설로서, H_0으로 나타낸다.

실험자는 귀무가설이 거짓이라는 것을 증명함으로써 대립 가설이 참이라는 것을 주장할 것이다. 따라서 통계학자들은 항상 귀무가설이 참이라고 가정하고, 표본으로부터 얻은 통계량에 근거하여 귀무가설의 가정이 틀리다는 것을 증명한다.

가설 검정의 결과는 다음의 두 가지 중에서 한 가지로 정한다.

(a) 귀무가설 H_0를 기각하고 대립가설 H_1이 참이다.

(b) 귀무가설 H_0를 채택하고(기각하지 않음), 귀무가설 H_0이 참이다.

예제 7.1

영업용 택시 기사들이 자신들의 월별 급여 수준이 정부가 고시한 도시 노동자의 평균 월 급여 수준인 220만원과 다르다고 주장을 한다. 이 주장을 위한 대립가설과 귀무가설은 다음과 같다.

대립가설 $H_1 : \mu \neq 220$

귀무가설 $H_0 : \mu = 220$

여기서 귀무가설은 기각한다는 것은 영업용 택시 기사들의 시간당 급여 수준이 정부 고시 최저임금과 다르다 것을 의미한다.

또한 귀무가설은 기각하지 않는다(채택한다) 것은 영업용 택시 기사들의 시간당 급여 수준이 정부 고시 최저임금과 동일하다는 것을 의미한다.

귀무가설은 항상 등호(=)를 사용하고, 대립가설에는 등호를 사용하지 않는다. 즉, 모수 θ에 대한 귀무가설은 반드시 다음과 같이 $\geq$, $=$, $\leq$를 사용한다.

$$H_0 : \theta \leq \theta_0, H_0 : \theta = \theta_0, H_0 : \theta \geq \theta_0$$

이에 대한 대립가설은 각각 다음과 같다.

$$H_1 : \theta < \theta_0, \ H_1 : \theta \neq \theta_0, \ H_1 : \theta > \theta_0$$

통계적 가설 검정을 위해서 아래와 같은 용어들의 의미를 알아야 한다.

(3) 검정통계량(test statistic)

귀무가설 H_0의 진위여부를 판정하기 위해 표본으로부터 얻은 통계량을 말한다.

(4) 채택(accept) 또는 기각(reject)

검정 결과로 H_0이 참인 결과를 얻으면 귀무가설을 채택한다고 한다. 그리고 검정 결과 H_0이 거짓인 결과를 얻으면 귀무가설을 기각한다고 한다.

(5) 채택영역(acceptance region)

귀무가설 H_0을 채택하는 검정통계량의 영역을 말한다.

(6) 기각영역(rejection region)

귀무가설 H_0을 기각하는 검정통계량의 영역을 말한다.

다음 **그림 7-1**은 검정 통계량 값이 채택영역 또는 기각영역에 있음에 따라 귀무가설을 기각 또는 채택하는 지를 나타내고 있다.

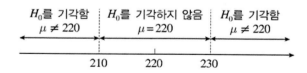

그림 7-1 통계량의 값에 따른 기각영역과 채택영역

표본으로부터 계산한 통계량의 값에 따른 귀무가설의 채택과 기각을 결정하여 검정 결과를 얻는다. 이 때 검정 결과 실제 환경에서의 결과와 차이가 있을 수 있고 같을 수도 있다. 이를 **표 7-1**과 같이 정리할 수 있다.

표 7-1 검정 결과와 실제 상황과의 관계

검정 결과 ＼ 실제 상황	H_0가 참	H_0가 거짓
H_0를 채택	옳은 결정	제2종 오류
H_0를 기각	제1종 오류	옳은 결정

위 표 7-1의 의미를 좀 더 자세히 살펴보면 다음 4가지 검정 가능한 결과가 나온다.

① 제 1종 오류: H_0를 기각하였는데 실제 상황에서는 그 가설이 사실이었다. (실제 H_0이 참이지만 H_0을 기각함으로써 발생하는 오류)

② H_0을 기각하는 정확한 결론을 도출. 즉, H_1이 사실이었다.

③ 제 2종 오류: H_0를 기각하지 않았는데 실제 상황에서는 대립가설 H_1이 사실이었다. (실제 H_0이 거짓이지만 H_0을 채택함으로써 발생하는 오류)

④ H_0를 기각하지 않은 정확한 결론 도출. 즉, H_0가 사실이었다.

7.1.2 유의수준과 검정력

위 표 7-1의 검정 결과와 실제 상황과의 관계에서 제 1종 오류를 범할 확률을 유의수준 α로 표시한다. 이 유의수준(significance level)은 보편적으로 0.01, 0.05, 0.1을 많이 사용한다.

구간추정의 신뢰도와 비슷하게 유의수준이 $\alpha = 0.05$라는 것은 원칙적으로 기각할 것을 예상하여 설정한 가설을 기각한다고 하더라도 그것에 의한 오차는 최대 5% 이하임을 나타낸다. 다시 말해서, 유의수준 $\alpha = 0.05$는 귀무가설 H_0이 참이지만 H_0을 기각함으로써 발생하는 오류를 범할 위험이 20회의 검정에서 최대 1회까지만 허용하는 것을 의미하며, 추정에서 사용하는 신뢰도 95%와 반대되는 개념으로 생각할 수 있다.

α가 제 1종 오류를 범할 확률인 반면에, 제 2종 오류를 범할 확률을 β라고 한다. 즉, β는 H_0를 기각하지 않았는데 H_1이 사실일 확률이다.

한편 H_1이 사실인데 H_0를 기각할 확률을 검정력이라 하고, $1 - \beta$ 값을 갖는다.

7.1.3 검정의 유형과 절차

검정하는 순서는 아래와 같은 절차에 따라서 한다.

① 먼저 대립가설 H_1을 설정한다. 그리고 이와 반대되는 귀무가설을 설정한다. 이때 등호는 항상 귀무가설에서 사용한다.

② 유의수준 α를 정한다.

③ 적당한 검정통계량을 선택한다.

④ 유의수준 α에 대한 기각 영역을 구한다.

⑤ 표본으로부터 검정통계량의 관찰 값을 구한다.

⑥ 관찰 값이 기각 영역 안에 들어 있으면 귀무가설 H_0을 기각시키고, 그렇지 않으면 H_0을 기각시키지 않는다.

대립가설과 귀무가설을 설정하기 위해서는 실험자의 주장을 어떤 방법으로 증명할 것인지를 결정해야 한다. 가설 검정의 유형에는 귀무가설과 대립가설을 어떻게 정하느냐에 따라서 양측검정, 상단 측 검정, 그리고 하단 측 검정 세 가지 형태가 있다.

모집단의 모수 $\theta = \theta_0$에 대한 세 가지 유형의 귀무가설과 대립가설은 아래와 같다.

$$\text{(a)} \begin{cases} H_0 : \theta = \theta_0 \\ H_1 : \theta > \theta_0 \end{cases} \quad \text{(b)} \begin{cases} H_0 : \theta = \theta_0 \\ H_1 : \theta \neq \theta_0 \end{cases} \quad \text{(c)} \begin{cases} H_0 : \theta = \theta_0 \\ H_1 : \theta < \theta_0 \end{cases}$$

또는

$$\text{(a)} \begin{cases} H_0 : \theta \leq \theta_0 \\ H_1 : \theta > \theta_0 \end{cases} \quad \text{(b)} \begin{cases} H_0 : \theta = \theta_0 \\ H_1 : \theta \neq \theta_0 \end{cases} \quad \text{(c)} \begin{cases} H_0 : \theta \geq \theta_0 \\ H_1 : \theta < \theta_0 \end{cases}$$

위의 (a) 형태와 같은 검정을 상단측 검정이라고 하고, (b) 형태와 같은 검정을 양측 검정이라고 하고, 그리고 (c) 형태와 같은 검정을 하단 측 검정이라고 한다.

먼저 양측 검정을 설명하고 이어서 상단 측 검정과 하단 측 검정을 설명한다.

(1) 양측검정

위 (b)에서와 같이 귀무가설 $H_0 : \theta = \theta_0$에 대한 대립가설 $H_1 : \theta \neq \theta_0$인 검정하는 방법이다. 유의수준을 α라 하면, 양쪽 꼬리확률이 각각 $\alpha/2$가 되는 두 임계값 $\pm z_{\alpha/2}$에 의해 아래 **그림 7-2**와 같이 세 영역으로 분리된다.

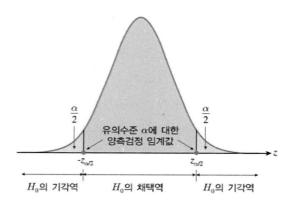

그림 7-2 양측 검정의 형태

그림 7-2에서 보는 바와 같이 양쪽 꼬리 부분은 귀무가설 H_0을 기각시키는 기각영역이고, 중심 부분은 H_0을 기각시키지 아니하는 채택영역이다.

즉, 검정통계량의 관찰 값(여기서는 z_0)이 채택영역 안에 놓이면 H_0을 채택하고(그림 7-3의 오른쪽 그림), 기각영역 안에 놓이면 H_0을 기각한다(그림 7-3의 왼쪽 그림).

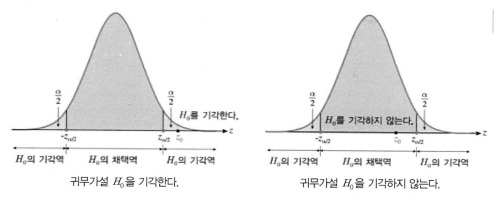

그림 7-3 관찰 값의 위치에 따른 양측 검정

(2) 상단 측 검정

가설 검정 형태의 (a)와 같이 귀무가설 $H_0 : \theta \leq \theta_0$에 대한 대립가설 $H_1 : \theta > \theta_0$인 검정을 하는 것을 상단 측 검정이라 한다.

아래 **그림 7-4**와 같이 유의수준을 α라 하면, 위쪽 꼬리확률이 α가 되는 임계값 z_α에 의해 두 영역으로 분리된다.

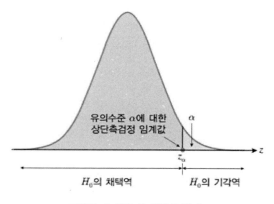

그림 7-4 상단 측 검정의 형태

위 **그림 7-4**에서 위쪽 꼬리 부분은 귀무가설 H_0을 기각시키는 기각영역이고, 아래쪽 부분은 H_0을 기각시키지 아니하는 채택영역이다. 구체적으로 검정통계량의 관찰 값

(여기서 z_0)이 채택 영역 안에 놓이면 H_0을 채택하고(**그림 7-5**의 왼쪽 그림), 기각영역 안에 놓이면 H_0을 기각한다(**그림 7-5**의 오른쪽 그림).

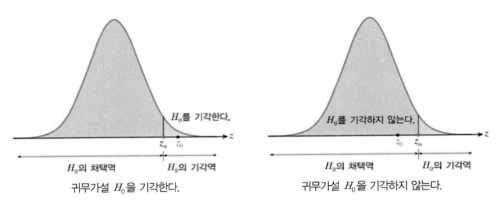

그림 7-5 관찰 값의 위치에 따른 상단 측 검정

(3) 하단 측 검정

가설 검정 형태의 (a)와 같이 귀무가설 $H_0 : \theta \geq \theta_0$에 대한 대립가설 $H_1 : \theta < \theta_0$인 검정을 하는 것을 하단 측 검정이라 한다.

아래 **그림 7-6**과 같이 유의수준을 α라 하면, 아래쪽 꼬리확률이 α가 되는 임계값 z_α에 의해 두 영역으로 분리된다.

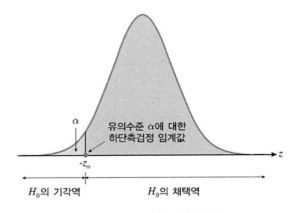

그림 7-6 하단 측 검정의 형태

위 **그림 7-6**에서 왼쪽 꼬리 부분은 귀무가설 H_0을 기각시키는 기각영역이고, 오른쪽 부분은 H_0을 기각시키지 아니하는 채택영역이다. 구체적으로 검정통계량의 관찰 값 (여기서 z_0)이 채택영역 안에 놓이면 H_0을 채택하고(**그림 7-7**의 오른쪽 그림), 기각영역 안에 놓이면 H_0을 기각한다(**그림 7-7**의 왼쪽 그림).

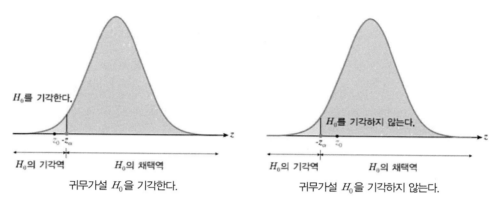

그림 7-7 관찰 값의 위치에 따른 하단 측 검정

| 7.2 | 대 표본으로 모평균 가설검정 |

모집단의 모평균을 가설 검정하기 위해서는 모집단의 분포를 알고 있는 경우와 모르는 경우, 그리고 모 분산을 알고 있는 경우와 모르는 경우에 따라 다른 방법을 사용해야 한다.

7.2.1 가설 검정 과정

모 분산 σ^2이 알려진 정규모집단의 모평균을 μ이라 하면, 크기 n인 표본 평균의 표준화한 Z 변량은 표준정규분포에 따른다.

$$Z = \frac{\overline{X} - \mu}{\sigma / \sqrt{n}} \sim N(0, 1)$$

위의 수식에서 모 분산 σ^2을 알고 있는 경우보다는 대부분의 현실 세계에서는 모 분산을 알지 못하는 경우가 많다. 이 때에는 표본의 분산인 모집단이 정규분포가 아니더라도 표본 수가 상당히 크면 중심극한정리에 의해서 표본의 평균의 분포는 정규분포에 따른다. 따라서 모 분산의 불편 추정량인 표본의 분산 s^2을 사용할 수 있다. 또한 모집단의 분포가 정규분포인지 아닌지 모르더라도 임의로 추출한 표본의 크기가 크면 중심극한정리에 의해서 표본의 평균 역시 정규분포에 따른다.

그러므로 모집단의 모 분산을 모르고 대 표본을 추출한 경우에는 표준화 변수인 Z 값을 계산할 때에 모 표준편차를 표본 표준편차로 대치하면 표준 정규분포를 따른다.

$$Z = \frac{\overline{X} - \mu}{s / \sqrt{n}} \sim N(0, 1)$$

모평균 μ에 대한 귀무가설과 대립가설의 형태 역시 아래의 3가지로 나눌 수 있다.

$$\text{(a)} \begin{cases} H_0 : \mu = \mu_0 \\ H_1 : \mu \neq \mu_0 \end{cases} \quad \text{(b)} \begin{cases} H_0 : \mu \leq \mu_0 \\ H_1 : \mu > \mu_0 \end{cases} \quad \text{(c)} \begin{cases} H_0 : \mu \geq \mu_0 \\ H_1 : \mu < \mu_0 \end{cases}$$

(a)의 형태는 양측 검정이고, (b)의 형태는 상단 측 검정이고, 그리고 (c)의 형태는 하단 측 검정이다.

검정 통계량 값으로 모평균 μ에 대한 귀무가설을 검정하기 위해 표본 평균 $\overline{X}$를 이용한다. 지금까지 언급한 내용들을 요약하면 표본평균의 확률분포와 검정통계량 $\overline{X}$는 아래와 같다.

$$\sigma^2 \text{을 아는 경우} \qquad \overline{X} : N\left(\mu, \frac{\sigma^2}{n}\right), \ Z = \frac{\overline{X} - \mu}{\sigma/\sqrt{n}} \sim N(0,1)$$

$$\sigma^2 \text{을 모르는 경우(대표본)} \quad \overline{X} : N\left(\mu, \frac{s^2}{n}\right), \ Z = \frac{\overline{X} - \mu}{s/\sqrt{n}} \sim N(0,1)$$

(1) 양측검정 방법

가설검정의 진위여부를 명확히 밝히기 전까지 귀무가설에 대한 주장을 정당한 것으로 간주한다. 따라서 모 평균은 $\mu = \mu_0$으로 생각한다.

표본으로부터 얻은 검정통계량과 확률분포는 다음과 같다.

$$Z = \frac{\overline{X} - \mu_0}{\sigma/\sqrt{n}} \sim N(0,1)$$

양측 검정에서는 미리 주어진 유의수준 α에 대한 $H_0 : \mu = \mu_0$의 기각영역은 $Z \leq -z_{\alpha/2}$, $Z \geq z_{\alpha/2}$이다.

양측검정은 아래와 같은 순서에 따라 증명해 간다.

① 대립가설과 귀무가설 설정한다.

$$H_1 : \mu \neq \mu_0 \qquad H_0 : \mu = \mu_0$$

② 유의수준 $\alpha = 5\%$ 또는 1% 정한다.

③ 적당한 검정통계량, 확률분포

$$Z = \frac{\overline{X} - \mu_0}{\sigma/\sqrt{n}} \sim N(0,1) \text{ 또는 } Z = \frac{\overline{X} - \mu_0}{s/\sqrt{n}} \sim N(0,1)$$

④ 유의수준 α에 대한 기각 영역을 구한다. 정규분포표로부터 임계값을 찾는다.

⑤ 검정통계량의 관찰 값이 표준정규분포 곡선 상에서 기각영역 또는 채택영역에 있는지 파악한다(그림 7-8을 그려서 위치 파악).

$H_0 : \mu = \mu_0$의 기각영역

$$Z_0 = \frac{\overline{\chi} - \mu_0}{\sigma/\sqrt{n}} \leq - z_{\alpha/2}, \quad Z_0 = \frac{\overline{\chi} - \mu_0}{\sigma/\sqrt{n}} \geq z_{\alpha/2}$$

또는

$$Z_0 = \frac{\overline{\chi} - \mu_0}{s/\sqrt{n}} \leq - z_{\alpha/2}, \quad Z_0 = \frac{\overline{\chi} - \mu_0}{s/\sqrt{n}} \geq z_{\alpha/2}$$

⑥ 결론 진술

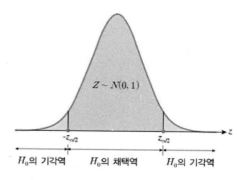

그림 7-8 정규분포곡선에서 채택영역과 기각영역

예제 7.2

$\sigma^2 = 4$인 정규모집단의 모평균을 추정하기 위해 크기 25인 표본을 추출하여 $\bar{x} = 7$을 얻었다.

(a) 모평균에 대한 95% 신뢰구간을 구하라.

(b) 유의수준 5%에서 $H_0 : \mu = 6.3$, $H_1 : \mu \neq 6.3$을 검정하라.

(c) 유의수준 5%에서 $H_0 : \mu = 6.1$, $H_1 : \mu \neq 6.1$을 검정하라.

풀이

(a) $n = 25$, $\bar{x} = 7$, $\sigma^2 = 4$이므로 $\left(\bar{x} - z_{\alpha/2} \dfrac{\sigma}{\sqrt{n}}, \ \bar{x} + z_{\alpha/2} \dfrac{\sigma}{\sqrt{n}} \right)$을 계산하면,

$$\left(7 - 1.96 \times \frac{2}{\sqrt{25}}, \ 7 + 1.96 \times \frac{2}{\sqrt{25}} \right) = (6.216, \ 7.784)$$이다.

(b) 대립가설 $H_1 : \mu \neq 6.3$, 귀무가설 $H_0 : \mu = 6.3$, 유의수준 5%이므로 $\alpha = 0.05$이다.

검정통계량 $z = \dfrac{\bar{x} - \mu_0}{\sigma / \sqrt{n}}$ 이므로 이 문제에서 검정통계량 값은

$$\frac{7 - 6.3}{2 / \sqrt{25}} = \frac{0.7}{0.4} = 1.75$$이다.

이 문제의 대립가설은 양측검정이므로 기각영역이 $|z| \geq 1.96$, 채택영역이 $|z| \leq 1.96$이다. 검정통계량 z의 값이 기각영역에 포함되지 않고 채택영역에 포함되므로 귀무가설 $\mu = 6.3$은 채택한다.

(c) 대립가설 $H_1 : \mu \neq 6.1$, 귀무가설 $H_0 : \mu = 6.1$, 유의수준 5%이므로 $\alpha = 0.05$이다.

검정통계량 $z = \dfrac{\bar{x} - \mu_0}{\sigma / \sqrt{n}}$ 이므로 이 문제에서 검정통계량 값은

$$\frac{7 - 6.1}{2 / \sqrt{25}} = \frac{0.9}{0.4} = 2.25$$이다.

이 문제의 대립가설은 양측검정이므로 기각영역이 $|z| \geq 1.96$, 채택영역이 $|z| \leq 1.96$이다. 검정통계량 z의 값이 채택영역에 포함되지 않고 기각영역에 포함되므로 귀무가설 $\mu = 6.1$은 기각한다.

7.2.2 신뢰구간과 가설검정의 관계

유의수준 α와 신뢰구간 $100(1-\alpha)\%$는 서로 상반되는 개념이다. 앞 장에서 모 분산 σ^2이 알려진 정규모집단의 모평균 μ에 대한 $100(1-\alpha)\%$ 신뢰구간은 아래와 같음을 알았다.

$$\bar{x}_0 - z_{\alpha/2}\frac{\sigma}{\sqrt{n}} < \mu < \bar{x}_0 + z_{\alpha/2}\frac{\sigma}{\sqrt{n}}$$

그런데 모 분산 σ^2이 알려진 정규모집단의 모평균 μ에 대한 $H_0 : \mu = \mu_0$에 대한 검정 과정에서 기각 영역과 채택 영역은 아래와 같다.

(1) 기각 영역

$$|z_0| = \left| \frac{\bar{x}_0 - \mu_0}{\sigma/\sqrt{n}} \right| \geq z_{\alpha/2}$$

(2) 채택 영역

$$|z_0| = \left| \frac{\bar{x}_0 - \mu_0}{\sigma/\sqrt{n}} \right| < z_{\alpha/2} \Rightarrow \bar{x}_0 - z_{\alpha/2}\frac{\sigma}{\sqrt{n}} < \mu_0 < \bar{x}_0 + z_{\alpha/2}\frac{\sigma}{\sqrt{n}}$$

위에서 알 수 있듯이 귀무가설에서 주장하는 $\mu = \mu_0$이 모평균에 대한 $100(1-\alpha)\%$ 신뢰구간 안에 놓이면 귀무가설을 채택한다.

7.2.3 p-값에 의한 검정

다음은 유의수준에 의한 검정 방법과 다른 p-값에 의한 검정 방법을 설명한다. 여기서

p-값(p-value)의 의미는 귀무가설 H_0이 참이라고 가정할 때, 관찰 값에 의해 H_0을 기각시킬 가장 작은 유의수준을 말한다.

(1) p-값에 의한 검정 순서

① 대립가설 H_1과 귀무가설 H_0 설정한다. 등호는 항상 귀무가설에서 사용한다.

② 유의수준 α를 정한다.

③ 적당한 검정통계량을 선택한다.

④ p-값을 구한다.

⑤ p-값 $\leq \alpha$이면 귀무가설 H_0을 기각시키고, p-값 $> \alpha$이면 H_0을 기각시키지 않는다.

검정통계량의 관찰 값이 z_0인 양측검정에 대한 p-값은 다음과 같다.

$$p\text{-값} = P(|Z| > |z_0|) = 2[1 - P(Z < |z_0|)]$$

계산한 p-값 $\leq \alpha$이면 H_0을 기각하고, p-값 $> \alpha$이면 H_0을 채택한다.

아래 **그림 7-9**는 p-값에 의한 기각영역을 나타내고 있다.

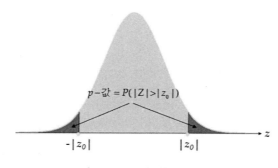

그림 7-9 p-값에 의한 기각영역

> ### 예제 7.3
>
> 어떤 모 분산이 $\sigma^2 = 9$인 모집단으로부터 임의로 추출된 64개의 관측 값들의 평균이 23.1이고, 표본 표준편차가 7.84였다. 모평균이 24와 다른지의 여부를 p−값을 이용하여 가설 검정하시오.

풀이

① 대립가설 $H_1 : \mu \neq 24$, 귀무가설 $H_0 : \mu = 24$

② 유의수준 α를 5%, 1%로 하면 $\alpha = 0.05$, 0.01이다.

③ 검정통계량을 계산하자.

$$z = \frac{\bar{x} - \mu_0}{\sigma / \sqrt{n}}$$ 의 수식으로 구하면 된다.

$$z = \frac{23.1 - 24}{3 / \sqrt{64}} = -\frac{0.9}{0.375} = -2.4$$

④ p−값을 구하면,

$z = -2.4$이고 양측 검정이므로, H_0를 기각할 수 있는 최소 기각영역은

$|Z| > 2.4$이다. 이 기각영역에 대한 p−값은

p−값$= P(Z > 2.4) + P(Z < -2.4) = (1 - 0.9918) + 0.0082 = 0.0164$

⑤ p−값과 α 값을 비교하면

$0.0164 \geq 0.01$이고, $0.0164 \leq 0.05$이다.

그러므로 유의수준 1%에서는 H_0을 기각시키지 않고, 유의수준 5%에서는 귀무가설 H_0을 기각시킨다.

> ### 예제 7.4
>
> [예제 7.3]에서 모 분산을 모르는 집단이라고 하자. 즉, 이 모집단으로부터 임의로 추출된 64개의 관측 값들의 평균이 23.1이고, 표본 표준편차가 7.4였다. 모평균이 24와 다른지의 여부를 p−값을 이용하여 가설 검정하시오.

풀이

① 대립가설 $H_1 : \mu \neq 24$, 귀무가설 $H_0 : \mu = 24$

② 유의수준 α를 5%, 1%로 하면 $\alpha = 0.05$, 0.01이다.

③ 검정통계량을 계산하자.

$z = \dfrac{\overline{x} - \mu_0}{\sigma / \sqrt{n}}$ 의 수식으로 구할 수 없으므로 모 표준편차 대신에 표본의 표준편차를 사용하여야 한다.

$$z = \frac{23.1 - 24}{2.72 / \sqrt{64}} = -\frac{0.9}{0.34} = -2.65$$

④ p-값을 구하면,

$z = -2.65$이고 양측 검정이므로, H_0를 기각할 수 있는 최소 기각영역은 $|Z| > 2.65$이다. 이 기각영역에 대한 p-값은

p-값$= P(Z > 2.65) + P(Z < -2.65) = (1 - 0.9960) + 0.0040 = 0.0080$

⑤ p-값과 α 값을 비교하면

$0.0080 \leq 0.01$이고, $0.0080 \leq 0.05$이다.

그러므로 유의수준 1%와 5%에서 모두 귀무가설 H_0을 기각시킨다.

7.2.4 모평균의 가설검정

본 장의 앞부분에서 양측 검정 방법을 설명하였으므로, 여기서는 상단 측 검정과 하단 측 검정 방법을 설명한다.

(1) 상단 측 검정

상단 측 검정은 대립가설 $H_1 : \mu > \mu_0$과 귀무가설 $H_0 : \mu \leq \mu_0$에 대한 가설을 검정하는 방법이다. 모집단이 정규분포이거나 표본의 크기가 크면 다음의 검정 통계량을 사용하면서 기각영역과 채택영역을 정규분포 표로부터 구한다.

$$Z = \frac{\overline{X} - \mu_0}{\sigma / \sqrt{n}} \sim N(0,1)$$

따라서 표본으로부터 얻은 다음 검정통계량의 관찰 값을 계산한다.

$$z_0 = \frac{\overline{x} - \mu_0}{\sigma / \sqrt{n}}$$

검정통계량의 관찰값 z_0이 채택영역 안에 놓이는지 기각영역 안에 놓이는지 판단한다. 상단 측 검정이므로(**그림 7-5** 참조) 주어진 유의수준 α에 대한 기각영역은

$$z_0 = \frac{\overline{x} - \mu_0}{\sigma / \sqrt{n}} \geq z_\alpha$$

또한 p-값 검정에서는 검정통계량의 관찰 값이 z_0인 상단 측 검정에 대한 p-값

p-값$= P(Z > z_0)$을 계산하여, p-값$\leq \alpha$이면 H_0을 기각하고, p-값$> \alpha$이면 H_0을 채택한다.

(2) 하단 측 검정

하단 측 검정은 대립가설 $H_1 : \mu < \mu_0$과 귀무가설 $H_0 : \mu \geq \mu_0$에 대한 가설을 검정하는 방법이다. 하단 측 검정은 상단측 검정과 동일하게 표본으로부터 검정 통계량과 p-값을 계산한다.

그러나 하단 측 검정은 상단 측 검정과는 기각영역과 채택영역이 다르다. 하단 측 검정에서는 미리 주어진 유의수준 α에 대한 검정통계량의 관찰 값 z_0이

$$z_0 = \frac{\overline{x} - \mu_0}{\sigma / \sqrt{n}} \leq - z_\alpha$$

이면, 귀무가설 $H_0 : \mu \geq \mu_0$를 기각하고, 그렇지 않으면 귀무가설을 채택한다.

또한 검정통계량의 관찰값이 z_0인 하단 측 검정에 대한 $p-$값

$p-$값$= P(Z < -z_0)$이 $p-$값$\leq \alpha$이면 H_0을 기각하고, $p-$값$> \alpha$이면 H_0을 채택한다.

예제 7.5

$\sigma = 1.8$인 정규모집단에 대해 $H_0 : \mu = 13.5$, $H_1 : \mu > 13.5$를 검정하기 위해 크기 36인 표본을 추출하여 $\overline{x} = 14$를 얻었다.

(a) 유의수준 5%에서 귀무가설을 검정하시오.

(b) $p-$값을 이용하여 유의수준 5%와 1%에서 귀무가설을 검정하시오.

풀이

(a) 다음 순서에 따라 가설을 검정한다.

① 기각영역을 구한다.

유의수준 $\alpha = 0.05$에 대한 상단 측 검정의 기각영역은

$Z > z_{0.05} = 1.645$이다.

② 검정통계량을 계산한다.

모 표준편차가 $\sigma = 1.8$이므로 검정통계량은 $Z = \dfrac{\overline{X} - 13.5}{1.8/\sqrt{36}}$이다.

③ 통계량의 관찰 값을 구한다.

표본평균이 $\overline{x} = 14$이므로 관찰값은 $Z_0 = \dfrac{14 - 13.5}{1.8/\sqrt{36}} = 1.667$이다.

④ 검정통계량의 관찰 값과 기각영역을 비교

$z_0 = 1.667 \geq z_{0.05} = 1.645$이므로 귀무가설 H_0의 기각을 결정한다.

(b) 검정통계량의 관측값이 $z_0 = 1.667$이므로 $p-$값은 다음과 같다.

$p-$값$= P(Z > 1.667) = 0.0479$

따라서 p-값$=0.0479<\alpha=0.05$이다. 즉 p-값이 $\alpha=0.05$보다 작으므로 유의수준 5%로 귀무가설 $H_0 : \mu=13.5$을 기각한다. 그리고 p-값$=0.0479>\alpha=0.01$이다. 따라서 p-값이 $\alpha=0.01$보다 크므로 귀무가설 $H_0 : \mu=13.5$을 기각하지 않는다.

예제 7.6

$\sigma=1.8$인 정규모집단에 대해 $H_0 : \mu=13.5$, $H_1 : \mu<13.5$를 검정하기 위해 크기 36인 표본을 추출하여 $\bar{x}=12.8$를 얻었다.

(a) 유의수준 5%에서 귀무가설을 검정하시오.

(b) p-값을 이용하여 유의수준 5%와 10%에서 귀무가설을 검정하시오.

풀이

(a) 다음 순서에 따라 가설을 검정한다.

① 기각영역을 구한다. 유의수준 $\alpha=0.05$에 대한 하단 측 검정의 기각영역은

$$Z<-z_{0.05}=-1.645$$이다.

②③ 검정통계량의 관찰 값을 구하면

$$Z=\frac{\bar{X}-13.5}{1.8/\sqrt{36}}$$

표본평균이 $\bar{x}=12.8$이므로 관찰값은 $Z_0=\dfrac{12.8-13.5}{1.8/\sqrt{36}}=-2.333$이다.

④ 검정통계량의 관찰 값과 기각영역을 비교

$z_0=-2.333 \leq z_{0.05}=1.645$이므로 귀무가설 H_0을 기각한다.

(b) 검정통계량의 관측값이 $z_0=-2.333$이므로 p-값은 다음과 같다.

$$p\text{-값}=P(Z<-2.333)=0.0098$$

따라서 p-값$=0.0098<\alpha=0.05$이므로 귀무가설 $H_0 : \mu=13.5$을 유의수준 5%로 기각한다. 또한 p-값$=0.0098<\alpha=0.01$이므로 귀무가설 $H_0 : \mu=13.5$을 유의수준 1%로 기각한다.

7.3   대 표본으로 모 비율 가설검정

모 비율 p인 모집단에서 크기 n인 표본을 선정할 때, n이 충분히 크면 표본비율은 다음 분포에 따른다. 여기서 $\hat{P}$는 표본 비율이다.

$$Z = \frac{\hat{P} - p}{\sqrt{pq/n}} \approx N(0,1)$$

모 비율 p에 대한 귀무가설과 대립가설은 다음과 같다.

(a) $\begin{cases} H_0 : p \leq p_0 \\ H_1 : p > p_0 \end{cases}$ (b) $\begin{cases} H_0 : p = p_0 \\ H_1 : p \neq p_0 \end{cases}$ (c) $\begin{cases} H_0 : p \geq p_0 \\ H_1 : p < p_0 \end{cases}$

이때 진위여부를 명확히 밝히기 전까지 귀무가설에 대한 주장을 정당한 것으로 간주하므로 모 비율은 $p = p_0$으로 생각한다. 따라서 표본비율에 대해 다음 분포를 얻는다.

$$Z = \frac{\hat{P} - p_0}{\sqrt{p_0 q_0/n}} \approx N(0,1)$$

* 유의수준을 α라 하고, $\hat{\theta}$를 가설의 검정통계량이라 할 때, 각각의 기각영역은 다음과 같다. 아래 **그림 7-10**은 가설 검정 방법에 따른 기각영역과 채택영역을 나타내고 있다.

- 상단 측 검정일 때의 기각영역: $\hat{\theta} > c_1$
- 하단 측 검정일 때의 기각영역: $\hat{\theta} < c_2$
- 양측 검정일 때의 기각영역: $\hat{\theta} > c_3$ 또는 $\hat{\theta} < c_4$

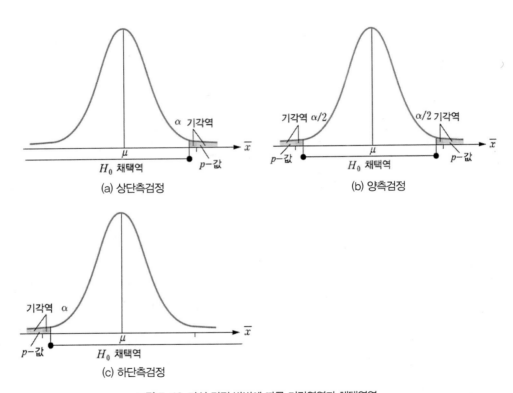

그림 7-10 가설 검정 방법에 따른 기각영역과 채택영역

예제 7.7

전깃줄의 단선은 여러 가지 요인에 의해 생긴다. 단선의 70% 이상은 번개에 의해 발생하는 것으로 한전은 주장하고 있다. 연 단위로 데이터를 수집한 결과 200회의 단선 중에 151회가 번개에 의해서 발생하는 것으로 파악했다.

유의수준 $\alpha = 0.05$에서 단선의 70% 이상이 번개에 의한 주장을 검정하시오.

풀이

이 문제에서 귀무가설은 $H_0 : p = 0.7$이고, 대립가설은 $H_1 : p > 0.7$이다.

$\hat{P} = \dfrac{151}{200}$, $p_0 = 0.7$, $n = 200$이므로

검정통계량은 $Z = \dfrac{\dfrac{151}{200} - 0.7}{\sqrt{0.7 \times 0.3 / 200}} = \dfrac{0.055}{0.0324} = 1.697$이다.

유의수준 $\alpha = 0.05$에서 상단 측 검정의 임계값이 1.645이므로 검정통계량(1.697)이 임계값을 넘는 기각영역에 있다. 따라서 귀무가설 $H_0 : p = 0.7$을 기각한다.

지금까지 모비율 가설 검정을 위한 전제 조건으로 "모집단에서 추출한 표본이 상당히 크다"라고 했다. 하지만 어떤 모집단에서는 표본의 크기를 충분히 크게 할 수 없을 경우가 있다. 즉, 모 비율 p인 모집단에서 크기 n인 표본을 선정할 때, n이 충분히 크지 않으면 표본비율은 이항 분포 $B(n, p)$에 따른다.

$$f(x) = \begin{cases} \dbinom{n}{x} p^x (1-p)^{n-x}, & x = 0, 1, 2, \dots, n \\ 0 & , \ \text{다른 곳에서} \end{cases}$$

표본의 크기가 작으면 추출된 표본에 따라서 표본으로부터 얻은 비율과 분산이 아주 상이하다. 즉, 표본에 따라서 값의 치우침이 아주 심하다. 따라서 소 표본인 경우에는 많은 오류를 가지고 있으므로 추론 및 가설 검정은 하지 않는다. 왜냐하면 표본에 따라서 치우침이 심하므로 의미있는 결과를 산출하지 않는다.

7.4   소 표본으로 모평균 가설검정

소 표본인 경우에 모 분산 σ^2이 알려지지 않은 정규모집단(정규모집단이 아닌 경우에도 마찬가지임)의 모평균 μ에 대한 $100(1-\alpha)$% 신뢰구간은 다음과 같다. 대표본인 경우와는 다르다는 것을 알 수 있다. 소 표본인 경우에 표본의 평균의 분포는 t–분포에 따르기 때문이다.

$$\left(\overline{x} - t_{\alpha/2}(n-1)\frac{s}{\sqrt{n}}\ ,\ \overline{x} + t_{\alpha/2}(n-1)\frac{s}{\sqrt{n}}\right)$$

또한 모 분산 σ^2이 알려지지 않은 경우에 표본평균 $\overline{X}$에 대해 다음 수식으로 변환한 T 변수는 자유도 $(n-1)$인 t–분포에 따른다. 모분산을 알 수 없기에 모분산의 불편추정 값인 표본 분포의 분산을 사용한다. 즉 모분산 σ^2대신에 표본분포의 분산인 s^2을 사용한다(p119-120 참조 바람).

$$T = \frac{\overline{X} - \mu}{s/\sqrt{n}} \sim t(n-1)$$

모 분산 σ^2이 알려지지 않은 정규모집단의 모평균 μ에 대한 귀무가설 $\mu = \mu_0$, 또는 $\mu \leq \mu_0$, 또는 $\mu \geq \mu_0$ (대립가설은 각각 $H_1 : \mu \neq \mu_0$, $H_1 : \mu > \mu_0$, $H_1 : \mu < \mu_0$이다)을 검정은 다음 순서에 따라 한다.

① 대립가설 H_1을 설정한다. 이때 등호는 항상 귀무가설에서 사용한다.

② 유의수준 α를 정한다.

③ 적당한 검정통계량 $T = \dfrac{\overline{X} - \mu_0}{s/\sqrt{n}}$ 을 선택한다.

④ 유의수준 α에 대한 기각영역을 구한다.

⑤ 표본으로부터 검정통계량의 관찰 값 t_0을 구하여 H_0의 기각 여부를 결정한다.

(1) 양측검정

양측 검정은 귀무가설 $H_0 : \mu = \mu_0$에 대한 대립가설 $H_1 : \mu \neq \mu_0$으로 구성된 가설을 검정한다.

가설 검정에 사용할 검정통계량과 확률분포는 다음과 같다.

$$T = \frac{\overline{X} - \mu_0}{s / \sqrt{n}} \sim t(n-1)$$

양측 검정의 경우에 미리 주어진 유의수준 α에 대한 귀무가설 $H_0 : \mu = \mu_0$의 기각영역은 다음과 같다.

$$T \leq - t_{\alpha/2}(n-1), \ T \geq t_{\alpha/2}(n-1)$$

표본으로부터 계산할 검정통계량의 관찰 값은 다음과 같다.

$$t_0 = \frac{\overline{x} - \mu_0}{s / \sqrt{n}}$$

검정통계량의 관찰 값 t_0이 채택영역 안에 놓이는지 기각영역 안에 있는지 여부는 아래 **그림 7-11**의 기각영역과 채택영역을 참조하면 된다.

p-값$= P(|T| > |t_0|)$을 사용하여 가설 검정하는 경우에는 다음의 판단 기준을 사용한다.

---

p-값$\leq \alpha$이면 H_0을 기각하고, p-값$> \alpha$이면 H_0을 채택한다.

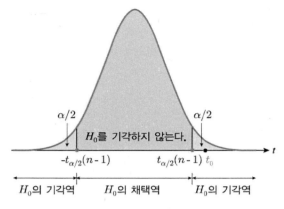

그림 7-11 양측 검정에서 기각영역과 채택영역

(2) 상단 측 검정과 하단측 검정

상단 측 검정은 귀무가설 $H_0 : \mu \leq \mu_0$에 대한 대립가설 $H_1 : \mu > \mu_0$으로 구성된 가설을 검정한다.

상단 측 검정에 사용할 검정통계량과 확률분포은 $T = \dfrac{\overline{X} - \mu_0}{s/\sqrt{n}} \sim t(n-1)$이다.

미리 주어진 유의수준 α에 대한 $H_0 : \mu \leq \mu_0$의 기각영역은 다음과 같다.

$$T \geq t_\alpha (n-1)$$

표본으로부터 계산할 검정통계량의 관찰 값은 다음과 같다.

$$t_0 = \frac{\overline{x} - \mu_0}{s/\sqrt{n}}$$

상단 측 검정은 아래 **그림 7-12**와 같이 검정통계량의 관찰 값 t_0이 채택영역 안에 놓이는지 기각영역 안에 놓이는지 판단한다.

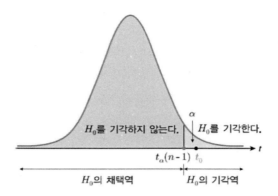

$$H_0를 \text{ 기각하지 않는다.} \qquad H_0를 \text{ 기각한다.}$$

$$t_\alpha(n-1) \quad t_0$$

$$H_0의 \text{ 채택역} \qquad H_0의 \text{ 기각역}$$

그림 7-12 상단 측 검정에서 기각영역과 채택영역

p−값$=P(T>t_0)$을 사용하여 가설 검정하는 경우에는 다음의 판단 기준을 사용한다.

---

p−값$\leq \alpha$이면 H_0을 기각하고, p−값$> \alpha$이면 H_0을 채택한다.

예제 7.8

정규모집단의 모평균이 24가 아니라는 주장을 검정하기 위해 크기 15인 표본을 추출하였다. 그 결과 $\overline{x}=26$, $s^2=16$을 얻었다.

(a) 귀무가설과 대립가설을 설정하라.

(b) 유의수준 5%에서 기각영역을 구하라.

(c) 유의수준 5%에서 가설 검정하라.

풀이

(a) 귀무가설은 $H_0 : \mu =24$이고, 대립가설은 $H_1 : \mu \neq 24$이다.

(b) $n=15$이므로 유의수준 $\alpha =0.05$에 대한 양측검정의 기각영역은

$$|T| > t_{0.025}(14)=2.145$$이다.

(c) $s = 4$, $\overline{x} = 26$이므로 검정통계량은 $T = \dfrac{\overline{X} - 24}{4/\sqrt{15}}$ 이고, 관찰 값은

$$t_0 = \frac{26 - 24}{4/\sqrt{15}} = 1.936 \text{이다.}$$

관찰 값 $t_0 = 1.936$은 기각영역에 존재하지 않으므로 귀무가설 $H_0 : \mu = 24$을 기각할 수 없다.

예제 7.9

인체 위해도 때문에 가장 논란이 되고 있는 질소산화물(NO_x) 배출허용기준이 경유차의 경우 0.080 g/Km이다. 일부 국민들은 국내에 수입된 폭스바겐의 질소화합물은 이 기준치를 초과하고 있다고 주장한다. 이 주장을 가설 검정하기 위하여 폭스바겐 차량 25대를 임의로 선정하여 질소산화물 배출량을 조사하였다.

조사 결과 $\overline{x} = 0.095$, $s = 0.03$을 얻었다.

(a) 유의수준 5%에서 위의 주장을 검정하시오.

(b) p-값을 이용하여 유의수준 5%와 유의수준 10%에서 가설 검정하시오.

풀이

(a) 다음 순서에 따라 검정한다.

① 대립가설은 $H_1 : \mu > 0.08$이고, 귀무가설은 $H_0 : \mu \leq 0.08$이다.

② $n = 25$, $\alpha = 0.05$에 대한 상단 측 검정의 기각영역은 $T \geq t_{0.05}(24) = 1.711$이다.

③ $s = 0.03$이므로 검정통계량은 다음과 같다.

$$T = \frac{\overline{X} - 0.08}{0.03/\sqrt{25}} = \frac{\overline{X} - 0.08}{0.006}$$

④ $\overline{x} = 0.095$이므로 통계량의 관찰값은 $t_0 = \dfrac{0.095 - 0.08}{0.006} = 2.5$이다.

⑤ 관찰 값 $t_0 = 2.5$는 기각영역 안($T \geq t_{0.05}(24) = 1.711$)에 놓여 있으므로 유의수준 5%에서 $H_0 : \mu \leq 0.08$을 기각한다. 따라서 국내에 수입된 폭스바겐의 질소화합물은 유의수준 5%에서 허용기준치를 초과하고 있다 라고 할 수 있다.

(b) 자유도 24인 t-분포에서 p-값= $P(T > t_0) = P(T > 2.5) = 0.0098$이다.

p-값=$0.0098 < 0.01 < 0.05$

따라서 유의수준 5%와 1%에서 모두 $H_0 : \mu \leq 0.08$을 기각한다.

결론적으로 국내에 수입된 폭스바겐의 질소화합물은 유의수준 5%와 1% 모두에서 허용기준치를 초과하고 있다 라고 할 수 있다.

7.5 모분산에 가설 검정

모 분산에 대한 가설 검정은 확률분포로 카이제곱 분포를 사용한다. 세 가지 검정 방법, 즉 양측 검정, 상단 측 검정, 하단 측 검정에 대하여 설명한다.

(1) 양측 검정

양측 검정은 귀무가설 $H_0 : \sigma^2 = \sigma_0^2$에 대하여 대립가설 $H_1 : \sigma^2 \neq \sigma_0^2$으로 구성되는 가설을 검정하는 방법이다.

가설 검정에 사용할 검정통계량과 확률분포는 다음과 같다.

$$V = \frac{(n-1)S^2}{\sigma_0^2} \sim \chi^2(n-1)$$

미리 주어진 유의수준 α에 대한 $H_0 : \sigma^2 = \sigma_0^2$의 기각영역은 다음과 같다.

$$V \leq \chi_{1-(\alpha/2)}^2(n-1), \ \ V \geq \chi_{\alpha/2}^2(n-1)$$

표본으로부터 계산할 검정통계량의 관찰 값은 다음과 같다.

$$v_0 = \frac{(n-1)s^2}{\sigma_0^2}$$

양측 검정은 아래 **그림 7-13**과 같이 검정통계량의 관찰 값 v_0이 채택영역 안에 놓이는지 기각영역 안에 놓이는지 판단한다.

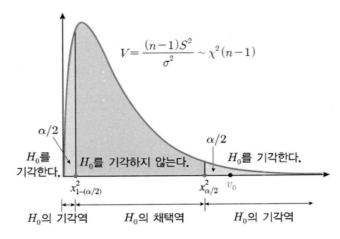

그림 7-13 양측 검정에서 채택영역과 기각영역

(2) 상단 측 검정

상단 측 검정은 귀무가설 $H_0 : \sigma^2 \leq \sigma_0^2$에 대하여 대립가설 $H_1 : \sigma^2 > \sigma_0^2$으로 구성되는 가설을 검정하는 방법이다.

가설 검정에 사용할 검정통계량과 확률분포는 다음과 같다.

$$V = \frac{(n-1)S^2}{\sigma_0^2} \sim \chi^2(n-1)$$

미리 주어진 유의수준 α에 대한 $H_0 : \sigma^2 = \sigma_0^2$의 기각영역은 다음과 같다.

$$V \geq \chi_\alpha^2 (n-1)$$

표본으로부터 계산할 검정통계량의 관찰 값은 다음과 같다.

$$v_0 = \frac{(n-1)s^2}{\sigma_0^2}$$

상단 측 검정은 아래 **그림 7-14**와 같이 검정통계량의 관찰 값 v_0이 채택영역 안에 놓이는지 기각영역 안에 놓이는지 판단한다.

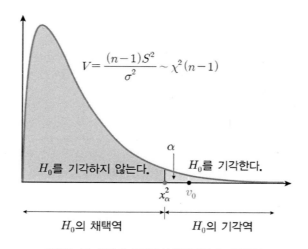

그림 7-14 상단 측 검정에서 채택영역과 기각영역

(3) 하단 측 검정

하단 측 검정은 귀무가설 $H_0 : \sigma^2 \geq \sigma_0^2$에 대하여 대립가설 $H_1 : \sigma^2 < \sigma_0^2$으로 구성되는 가설을 검정하는 방법이다.

가설 검정에 사용할 검정통계량과 확률분포는 다음과 같다.

$$V = \frac{(n-1)S^2}{\sigma_0^2} \sim \chi^2(n-1)$$

미리 주어진 유의수준 α에 대한 $H_0 : \sigma^2 = \sigma_0^2$의 기각영역은 다음과 같다.

$$V \leq \chi_{1-\alpha}^2(n-1)$$

표본으로부터 계산할 검정통계량의 관찰 값은 다음과 같다.

$$v_0 = \frac{(n-1)s^2}{\sigma_0^2}$$

하단 측 검정은 검정통계량의 관찰 값 v_0이 채택영역 안에 놓이는지 기각영역 안에 놓이는지 판단한다.

예제 7.10

초정밀 나사를 제조하는 회사는 생산한 나사의 분산이 0.012 mm보다 작다고 주장한다. 이 회사에서 생산한 나사를 임의로 20개 선정하여 조사하였더니, $\bar{x} = 4.245$, $s^2 = 0.006$을 얻었다. 이 표본 데이터를 사용하여 유의수준 $\alpha = 0.05$와 0.01을 각각 가정하고 이 회사의 주장을 검정하시오.

풀이

① 대립가설은 $H_1 : \sigma^2 < 0.012$이고, 귀무가설은 $H_0 : \sigma^2 \geq 0.012$이다.

② $n = 20$, 유의수준 $\alpha = 0.05$에 대한 하단 측 검정의 기각영역은

$$V \leq \chi_{1-\alpha}^2(n-1) = 10.117$$이다.

또한 $n=20$, 유의수준 $\alpha=0.01$에 대한 하단 측 검정의 기각영역은

$$V \leq \chi_{1-\alpha}^2 (n-1) = 7.63273$$ 이다.

③ $s^2 = 0.006$이므로 검정통계량과 관찰 값은 다음과 같다.

검정통계량 $V = \dfrac{19 \times S^2}{0.012}$ 이고,

관찰 값은 $V_0 = \dfrac{19 \times S^2}{0.012} = \dfrac{19 \times 0.006}{0.012} = 9.5$ 이다.

④ 여기서 유의수준 1% 기각영역에서는 $7.63273 < V_0 = 9.5$ 이므로

$H_0 : \sigma^2 \geq 0.012$은 기각하지 않는다.

유의수준 5% 기각영역에서는 $V_0 = 9.5 < 10.117$ 이므로,

$H_0 : \sigma^2 \geq 0.012$은 기각한다.

결론적으로 유의수준 5%에서는 생산한 나사의 분산이 0.012 mm보다 작다고 할 수 있고, 유의수준 1%에서는 생산한 나사의 분산이 0.012 mm보다 작다고 할 수 없다.

연습문제

1. 모 분산 $\sigma^2 = 16$인 정규모집단에 대해 $H_1 : \mu \neq 24$라는 주장을 검정하기 위해 크기 50인 표본을 추출하였다.

   (a) 양측검정을 위한 귀무가설과 대립가설을 설정하라.

   (b) 유의수준 5%에서 기각 영역을 구하라.

   (c) $\bar{x} = 25$일 때, 유의수준 5%에서 귀무가설을 검정하라.

   (d) $\bar{x} = 25$일 때, $p-$값을 구하라.

   (e) (d)에서 구한 $p-$값을 이용하여 유의수준 5%에서 귀무가설을 검정하라.

   (f) (d)에서 구한 $p-$값을 이용하여 유의수준 10%에서 귀무가설을 검정하라.

2. 임의로 선정한 표본의 표본평균 $\bar{x}$에 대하여 검정 통계량 $z_0 = 2.24$ 값을 얻었다. 유의수준 $\alpha = 0.05$와 0.01에서 귀무가설 $H_0 : \mu \leq 10$을 검정하시오. 또한 $p-$값을 구하시오.

3. 어느 회사에서 수입 부품을 구입하려고 한다. 납품 서에 의하면 부품의 지름 평균이 12.5cm로 되어 있다. 부품의 지름이 납품 서에 적혀 있는 수치와 같은지를 검사하기 위하여 10개의 부품을 임의로 추출하여 지름을 측정한 결과로, 표본평균 12.6, 표본표준편차 0.163을 얻었다. 부품의 지름이 정규분포 $N(\mu, \sigma^2)$을 따른다고 한다.

   (a) 양측검정을 위한 귀무가설과 대립가설을 설정하라.

   (b) 유의수준 5%에서 가설 검정하시오.

(c) 유의수준 1%에서 가설 검정하시오.

(d) p-값을 이용하여 유의수준 10%와 1%로 가설 검정하시오.

4.　A 회사는 제조업체 B에 직경이 60mm인 금속 베어링 제작을 주문했다. A 회사의 품질관리부는 제조업체 B가 생산한 베어링의 직경이 60mm가 안 된다고 주장한다. 이러한 주장에 대하여 베어링 제조업체 B에서는 생산제품의 직경이 60mm라고 주장하며, 50개의 베어링을 표본 조사하였고, 표본평균 59.092mm, 표본표준편차 3.077mm의 결과를 얻었다.

(a) 베어링 제조업체 B의 주장을 Z-검정 법을 이용하여 유의수준 5%에서 검정하라.

(b) 베어링 제조업체 B의 주장을 t-검정 법을 이용하여 유의수준 5%에서 검정하라.

(단위: mm)

56.7	64.0	58.2	60.4	63.7	58.0	55.1	54.3	57.8	63.1
61.6	63.2	54.3	54.2	56.2	63.4	57.7	54.2	55.4	60.3
60.2	54.1	60.1	57.1	57.2	61.9	63.2	59.6	60.1	62.1
61.2	56.0	55.9	54.8	58.1	61.5	61.7	61.2	55.8	59.0
62.9	63.9	59.3	60.9	59.0	58.7	61.4	61.8	54.9	57.7

5.　어느 정밀 핀 제조회사에서 표본 20개의 길이를 측정한 결과 아래와 같은 데이터 (밀리미터)를 얻었다. 핀 설계자는 표준편차가 1.5보다 작다고 주장한다. 이 표본 데이터는 설계자의 주장을 지지하는가? 유의수준 $\alpha=0.05$를 가정한다.

6.2	1.9	4.4	4.9	3.5	4.6	4.2	1.1	1.3	4.8
4.1	3.7	2.5	3.7	4.2	1.4	2.6	1.5	3.9	3.2

위 표본으로부터 얻은 표준편차는 1.41이다.

6. 어느 휴대폰 배터리 제조회사는 인건비 절감을 위해서 해외에 새로운 공장을 신설하였다. 어떤 공장이든지 제품의 불량률이 0.5% 이하이면 그 공장은 성공적이라고 한다. 새로 신설한 해외 공장에서 생산한 휴대폰 배터리의 불량률을 알아보기 위해 생산한 500개를 임의로 선정하여 조사한 결과 3개가 불량품이었다. 신설한 공장이 성공적인지 여부를 유의수준 5%로 검정하시오. 또한 $p-$값을 이용하여 검정하시오.

7. 현재 대통령의 국정 수행 능력의 지지율이 55% 이상이라면 훌륭한 대통령이라고 한다. 전국의 성인 유권자를 성별, 나이, 지역들을 고려하여 1024명에게 설문조사한 결과 590명이 긍정적인 응답을 하였다. 유의수준 5%로 가설 검정하시오.

두 자료의 적합도 검정

8.1   두 자료의 선형성

8.1.1 산점도

실생활에서 어떠한 관측 값은 다른 요인에 영향을 받기도 하고 전혀 받지 않기도 한다. 아래에 요인들 간에는 서로 관련성이 있다고 할 수 있다.

- 보통 사람의 몸무게는 키에 비례한다.
- 공산품은 시간이 감에 따라 그 가치가 감소한다.
- 교통비는 이동하는 거리에 비례한다.
- 부동산은 시간이 감에 따라 가격이 오른다.

하지만 아래에 요인들 간에는 서로 관련성이 있다고 말할 수 없다.

- 궁도 선수들의 실력은 선수들의 키와 연관성이 있다.
- 음식의 판매량은 음식의 짠 맛과 관련이 있다.

어떤 요인들 간의 관련성을 수치로 표현하여 이를 그림으로 나타내는 것을 산점도 (scatter diagram)라고 한다. 이 때 원인이 되는 요인을 반응변수라 하고, 이 요인에 대응되는 변수를 응답변수라고 한다.

> **예제 8.1**
>
> 아래 표는 어느 데이터베이스 시스템에서 버퍼수와 복잡한 질의 처리 속도를 관측한 표이다 (속도는 msec이다).
>
> (a) R 언어를 사용하여 이 자료를 산점도로 나타내시오.
>
> (b) 이 산점도에 적합한 직선을 그리시오.
>
> (단위: 만원)
>
> | 버퍼수 | 1 | 2 | 3 | 3 | 4 | 4 | 5 | 5 | 6 | 6 | 7 | 8 |
> |---|---|---|---|---|---|---|---|---|---|---|---|---|
> | 속도 | 112 | 95 | 78 | 75 | 68 | 65 | 62 | 58 | 42 | 38 | 32 | 25 |

풀이

(a) R 언어로 프로그래밍한 결과

```
> vPx <- c(1,2,3,3,4,4,5,5,6,6,7,8)
> vPy <- c(112,95,78,75,68,65,62,58,42,38,32,25)
> (dData <- data.frame(vPx,vPy))
   vPx vPy
1    1 112
2    2  95
3    3  78
4    3  75
5    4  68
6    4  65
7    5  62
8    5  58
9    6  42
10   6  38
11   7  32
12   8  25
> plot(dData$vPx, dData$vPy, xlab="No of Buffers", ylab="Time of Searching")
```

실행한 결과 그림은 아래 **그림 8-1**과 같다.

(b) 이 산점도에 적합한 직선은 아래 **그림 8-2**와 같다.

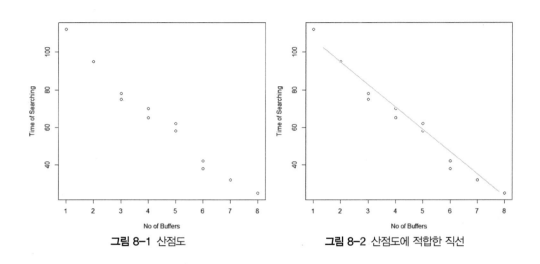

그림 8-1 산점도   **그림 8-2** 산점도에 적합한 직선

산점도는 다음과 같은 특성이 있다.

- 두 변수 사이의 관계에 대한 형태, 방향 그리고 밀접관계의 강도 등을 알 수 있다.
- 반응변수와 응답변수의 관계를 갖는 자료점이 어떤 적합선에 의하여 설명될 수 있으며, 모든 자료 점(x, y)가 이 직선에 가까우면 선형적 관계가 강하고 자료 점들이 직선을 중심으로 폭넓게 나타나면 선형적관계가 약하다고 한다. 이때 이 직선을 회귀직선이라 한다.

8.1.2 공분산

상호 관련이 있는 두 요인간의 관계를 나타내는 방법으로 공분산 개념을 사용한다. 두 요인의 모집단에 대한 모 공분산(population covariance)은 독립변수의 평균편차와 응답변수의 평균편차의 곱에 대한 평균으로 아래와 같이 구할 수 있다.

$$\sigma_{xy} = \frac{1}{N} \sum (x_i - \mu_x)(y_i - \mu_y)$$

두 모집단의 모든 값들에 대해서 관측하기가 곤란하기에, 그 표본으로부터 표본 공분산(sample covariance)을 사용한다. 표본 공분산은 독립변수의 평균 편차와 응답변수의 평균편차의 곱을 $n-1$로 나눈 값으로, 아래와 같다.

$$s_{xy} = \frac{1}{n-1} \sum (x_i - \overline{x})(y_i - \overline{y})$$

예제 8.2

[예제 8.1]의 자료를 사용하여 데이터베이스 시스템에서 버퍼수와 복잡한 질의 처리 속도와의 공분산을 구하시오.

풀이

데이터의 버퍼수를 x_i, 복잡한 질의 처리 속도를 y_i라 하면 평균 버퍼수와 평균 속도 그리고 표본 편차 곱의 합은 아래 표와 같이 정리할 수 있다.

x_i	y_i	$(x_i - \overline{x})$	$(y_i - \overline{y})$	$(x_i - \overline{x})(y_i - \overline{y})$
1	112	−3.5	49.5	−173.25
2	95	−2.5	32.5	−81.25
3	78	−1.5	15.5	−23.25
3	75	−1.5	12.5	−18.75
4	68	−0.5	5.5	−2.75
4	65	−0.5	2.5	−1.25
5	62	0.5	−0.5	−0.25
5	58	0.5	−4.5	−2.25
6	42	1.5	−20.5	−30.75
6	38	1.5	−24.5	−36.75
7	32	2.5	−30.5	−76.25
8	25	3.5	−37.5	−131.25
합계				−578

여기서 $\overline{x} = 4.5$이고 $\overline{y} = 62.5$이다.

따라서 공분산은 다음과 같다.

$$s_{xy} = -\frac{578}{11} = -52.545$$

계산한 공분산의 값이 양이면 두 요인 사이에는 양의 상관관계가 있으며, 직선으로 표현하면 우 상향한다. 즉 X 변수의 값이 증가함에 따라 변수 Y의 값도 증가함을 말한다. 반대로 계산한 공분산의 값이 음이면 두 요인 사이에는 음의 상관관계가 있으며, 직선으로 표현하면 우 하향한다. 즉 X 변수의 값이 증가함에 따라 변수 Y의 값은 감소함을 말한다.

8.1.3 상관계수

위의 공분산은 관계에 따라 양 또는 음의 값을 가지나, 단위에 무관한 상관관계를 나타내는 척도로 상관계수(correlation coefficient)가 있다.

모집단의 모 상관계수(population correlation coefficient)는 모집단의 공분산을 두 자료집단의 표준편차의 곱으로 나눈 값을 말하며, 아래와 같다.

$$\rho_{xy} = \frac{\sigma_{xy}}{\sigma_x \sigma_y}$$

모집단으로부터 임의 추출한 표본 사이의 표본상관계수(sample correlation coefficient)는 표본의 공분산을 두 자료집단의 표준편차의 곱으로 나눈 값으로, 아래와 같이 나타낸다.

$$\gamma_{xy} = \frac{s_{xy}}{s_x s_y}$$

상관계수는 아래와 같은 특성을 가지고 있다.

① $-1 \leq r_{xy} \leq 1$

② $r_{xy} > 0$이면 양의 상관관계를 가지며, 양의 기울기를 갖는 적합선이 존재한다.

③ $r_{xy} < 0$이면 음의 상관관계를 가지며, 음의 기울기를 갖는 적합선이 존재한다.

④ $r_{xy} = 0$이면 두 자료집단은 무상관이다.

⑤ $r_{xy} = 1$이면 두 자료집단은 완전 양의 상관관계를 갖는다.

⑥ $r_{xy} = -1$이면 두 자료집단은 완전 음의 상관관계를 갖는다.

두 모집단의 일부 그룹에 대한 여러 가지 자료가 있을 수 있다. 이때에는 자료를 그룹화하여 통계 처리하여야 한다. 그룹화 자료의 분산과 표준편차는 아래와 같다.

$$s^2 = \frac{1}{n-1} \sum_{i=1}^{n} (x_i - \overline{x})^2 f_i, \quad s = \sqrt{\frac{1}{n-1} \sum_{i=1}^{n} (x_i - \overline{x})^2 f_i}$$

예제 8.3

[예제 8.2]의 결과를 다시 정리하여 자료의 상관계수를 구하시오.

풀이

버퍼수와 처리 속도에 대한 분산과 표준편차는 각각 다음과 같다.

$$s_x^2 = \frac{1}{11} \sum (x_i - \overline{x})^2 = 4.273, \quad s_x = \sqrt{4.273} = 2.07$$

$$s_y^2 = \frac{1}{11} \sum (y_i - \overline{y})^2 = 665.182, \quad s_y = \sqrt{665.182} = 25.79$$

공분산이 $s_{xy} = -52.545$이므로 구하고자 하는 상관계수는 다음과 같다.

$$r_{xy} = \frac{s_{xy}}{s_x s_y} = \frac{-52.545}{2.07 \times 25.79} = -0.984$$

8.2 적합도 검정

단일 모 비율에 대한 주장 또는 두 모 비율이 동등하다는 비율의 등가성, 즉 $p_1 = p_2$에 대한 주장을 검정하기 위하여 정규분포를 사용한다.

그러나 여러 개의 범주에 대한 등가성, 즉 $p_1 = p_2 = p_3 = ... = p_k = p$에 대한 주장을 검정하기 위하여 카이제곱분포를 사용한다. 적합도 검정에서 사용되는 용어의 의미는 다음과 같다.

- 기대도수(expected frequency): 이론적으로 각 범주에 대한 기대되는 도수
- 관측도수(observed frequency): 실험이나 관측에 의하여 실제로 얻어진 각 범주의 도수
- 적합도(goodness of fit): 실험 또는 관찰로부터 얻은 관측도수와 기대도수가 어느 정도로 일치하는가를 나타내는 값
- 적합도 검정(goodness-of-fit test): 관측 값들이 어느 정도로 이론적인 분포에 따르고 있는가를 보이는 검정.

적합도 검정에서 귀무가설을 채택하거나 기각하는 결정을 위하여 카이제곱분포를 사용하며, i번째 범주의 도수 n_i에 대한 특정한 성질을 갖는 성분의 관측도수 o_i와 기대도수 e_i에 대하여 다음과 같은 χ^2-통계량을 이용한다.

$$x^2 = \sum_{i=1}^{k} \frac{(o_i - e_i)^2}{e_i}$$

이때 범주의 수 k에 대하여 자유도 $k-1$인 카이제곱분포를 사용하며, 적합도 검정은 항상 상단 측 검정을 이용한다.

(1) 적합도 검정 방법은 다음 순서에 따라 한다.

① 귀무가설 H_0과 대립가설 H_1을 설정한다.

② 유의수준 α에 대한 기각영역을 구한다.

③ 표본으로부터 검정통계량의 관찰 값 x_0^2을 구한다.

④ 관찰값 x_0^2이 기각영역 안에 들어 있으면 귀무가설 H_0을 기각시키고, 그렇지 않으면 H_0을 기각시키지 않는다.

귀무가설 $H_0 = p_1 = p_2 = p_3 = \ldots = p_k = p$의 동등한 비율 p의 값이 주어지지 않는 경우에 다음 합동표본비율을 사용한다.

$$\hat{p} = \frac{x_1 + x_2 + \cdots + x_k}{n}$$

이때 x_i는 i번째 범주의 관찰도수이고 기대도수는 $e_i = n_i\hat{p}$, $n = n_1 + n_2 + \ldots + n_k$이다.

예제 8.4

주사위의 각 눈이 나올 확률은 동일해야 한다. 하지만 각 면이 완전히 평평하지 않거나, 주사위의 중심에서 각 면에 이르는 부분의 밀도가 다름에 따라 확률이 다를 수 있다. 주사위를 던져서 주사위 눈 i가 나온 비율 p_i가 동등한지 검정하기 위해서 어떤 주사위를 30번 던져서 다음 결과를 얻었다고 하자. 이 자료를 사용하여 주사위의 눈이 나올 비율이 동일한지를 유의수준 5%로 가설 검정하시오.

주사위 눈	1	2	3	4	5	6
기대도수	5	5	5	5	5	5
관측도수	3	5	6	7	6	3

풀이

① 귀무가설과 대립가설을 설정한다.

　귀무가설: $H_0 = p_1 = p_2 = p_3 = p_4 = p_5 = p_6 = 1/6$

　대립가설: $H_1 = H_0$이 아니다.

② 범주의 수가 6이므로 자유도 5인 카이제곱분포에서 유의수준 $\alpha = 0.05$에 대한 상단 측 검정의 기각영역은 $x_0^2 \geq x_{0.05}^2(5) = 11.07$

③ 검정통계량의 관찰 값을 아래 표에 의해서 구한다.

$$x^2 = \sum_{i=1}^{k} \frac{(o_i - e_i)^2}{e_i}$$

$x_0^2 = 2.8$을 구했다.

④ 검정통계량의 관찰값 $x_0^2 = 2.8$은 기각영역 안에 놓이지 않으므로 귀무가설을 기각하지 않는다. 즉, 주사위는 공정하게 만들어졌다고 할 수 있다.

범주	관측도수(o_i)	비율(p_i)	기대도수 ($e_i = np_i$)	$o_i - e_i$	$(o_i - e_i)^2$	$\dfrac{(o_i - e_i)^2}{e_i}$
1	3	1/6	5	−2	4	0.8
2	5	1/6	5	0	0	0
3	6	1/6	5	1	1	0.2
4	7	1/6	5	2	4	0.8
5	6	1/6	5	1	1	0.2
6	3	1/6	5	−2	4	0.8
합계	−					2.8

예제 8.5

새로운 의약품이 개발되면 임상실험을 한다. 당뇨병에 좋은 치료약을 개발한 K 제약사는 임상 실험을 실험용 쥐와 국내 당뇨환자와 해외 당뇨 환자에 대해 임상 실험을 하였다. 세 실험 군에 대해서 실시한 임상 결과는 아래 표와 같다. 세 실험 군에서 동일한 치료 효과를 얻는다고 할 수 있는지 유의수준 5%로 가설을 검정하시오.

	임상 환자수	완치한 환자수
실험용 쥐(A)	215	185
국내환자(B)	186	145
해외환자(C)	148	110

풀이

① 각 실험군의 완치율을 p_1, p_2, p_3이라 하고, 귀무가설과 대립가설을 설정한다.

귀무가설 $H_0 : p_1 = p_2 = p_3$
대립가설 $H_1 : H_0$이 아니다.

② 범주의 수가 3이므로 자유도 2인 카이제곱분포에서 유의수준 $\alpha = 0.05$에 대한 상단 측 검정의 기각영역은 $x^2 \geq x_{0.05}^2(2) = 5.99$

③ 각 집단의 모비율을 알 수 없으므로 합동표본비율을 사용한다.

합동표본비율을 구하면 다음과 같다.

$$\hat{p} = \frac{185 + 145 + 110}{215 + 186 + 148} = 0.8015$$

④ 검정통계량 $x_0^2 = \sum_{i=1}^{k} \frac{(o_i - e_i)^2}{e_i}$ 의 관찰 값을 아래의 표와 같이 계산한다.

범주	관측도수(o_i)	비율(p_i)	기대도수 ($e_i = np_i$)	$o_i - e_i$	$(o_i - e_i)^2$	$\frac{(o_i - e_i)^2}{e_i}$
1	185	0.8015	172.3	12.7	161.29	0.9361
2	145	0.8015	149.1	−4.1	16.81	0.1127
3	110	0.8015	118.6	−8.6	73.96	0.6236
합계	−					1.6724

⑤ 검정통계량의 관찰값 $x_0^2 = 1.6724$는 기각영역 안에 놓이지 않으므로 귀무가설을 기각하지 않는다. 즉, 세 실험군의 완치율은 동일하다고 할 수 있다.

연습문제

1. 한 연구자가 사람의 연령(X)과 최대 맥박수와의 관계를 알아보기 위해서 임의로 선정한 사람들로부터 아래와 같은 관측 결과를 얻었다. 연령과 최대 맥박수 간의 상관도를 R 언어를 이용하여 그리시오.

연령(X)	25	35	46	23	18	48	56	67	65	45	38
최대맥박수(Y)	208	192	175	213	215	172	165	160	162	170	185

2. 국내의 닭 중에서 여름에 조류독감의 감염률은 전체 조류중 약 13% 정도라고 한다. 여름에 3개의 지역에서 닭 사육 농가를 임의로 선정하여 조사한 결과, 아래와 같이 조류독감에 감염된 상태를 파악하였다. 세 지역의 조류 독감 감염률이 유의수준 5% 하에서 차이가 있다고 할 수 있는가? 가설 검정하시오.

지역	조류독감 감염농가	선정한 농가 수
A	42	100
B	23	100
C	22	100

3. 운전자들이 고속도로 차선에 대한 선호도가 있는지 여부를 판단하고자 한다. 4차선 고속도로에서 어느 날 아침에 전체 차량 1000대를 관측하여 아래와 같은 차선 운행 차량수를 파악하였다. 유의수준 0.05로 운전자들이 차선에 대한 선호도가 동일한지 여부를 가설 검정하시오.

차선	1	2	3	4
관측도수	294	276	238	192

4. 의학 통계에 의하면 네 개의 주요한 질병 A, B, C, D로 인한 갑작스런 죽음이 각각 15%, 21%, 18%, 14%를 차지한다는 것을 보여준다. 병원에서 행해진 308건의 갑작스런 죽음의 원인을 조사한 결과 아래와 같은 통계를 얻었다. 이 병원에서 질병 A, B, C, D로 인해 죽은 사람들의 비율이 대규모 집단에서 얻은 비율과 다르다고 할 수 있는가를 가설 검정하시오.

병명	A	B	C	D	기타
사망자수	44	75	84	22	83

5. 통계청에 의하면 한국인의 혈액형 A, B, AB, 그리고 O형의 비율이 각각 0.34, 0.27, 0.11, 0.28이라고 한다. 어느 대학의 학생들을 임의로 200명 선정하여 혈액형을 조사한 결과 아래의 표와 같다. 이 학교의 학생들은 한국인 전체의 모집단의 혈액형형 비율과 동일하다고 할 수 있는가? 이를 가설 검정하시오.

혈액형	A	B	AB	O
학생수	66	62	20	52

CHAPTER **9**

빅 데이터 처리와 R 언어

9.1   빅 데이터 개념

9.1.1 빅 데이타의 의미

데이터 양이 매우 크고 데이터 구조가 복잡하여 일반적인 데이터베이스 관리도구나 기존 데이터 분석 툴로는 처리하기 어려운 데이터 세트의 집합

9.1.2 빅 데이터의 크기

명 칭	요타 (yotta)	제타 (zetta)	엑사 (exa)	페타 (peta)	테라 (tera)	기가 (giga)	메가 (mega)	킬로 (kilo)	헥토 (hecto)	데카 (deka)
기 호	Y	Z	E	P	T	G	M	k	h	da
10^n	10^{24}	10^{21}	10^{18}	10^{15}	10^{12}	10^9	10^6	10^3	10^2	10^1
명 칭	데시 (deci)	센티 (centi)	밀리 (milli)	마이크로 (micro)	나노 (nano)	피코 (pico)	펨토 (femto)	아토 (atto)	젭토 (zepto)	욕토 (yocto)
기 호	d	c	m	μ	n	p	f	a	z	y
10^n	10^{-1}	10^{-2}	10^{-3}	10^{-6}	10^{-9}	10^{-12}	10^{-15}	10^{-18}	10^{-21}	10^{-24}

9.1.3 빅 데이터의 특성

① 데이터 양 (Volume)

② 처리속도 (velocity)

③ 다양성 (Variety)

9.1.4 데이터 구조

구조화된 데이터, 준구조화된, 구조화가 가능한, 비구조적

9.1.5 빅 데이터 분석 업무 흐름

(1) 문제점 분석

(2) 데이터 파악

(3) 데이터 수집

(4) 데이터 저장

(5) 데이터 처리

(6) 데이터 분석

(7) 결과 평가

(8) 업무 반영

9.1.6 데이터 분석 방법론

(1) KDD

① Selection

분석을 위한 data set을 편성하거나 sampling 또는 필요한 변수를 선택하는 과정

② Pre Processing

일관성 있는 데이터 분석을 위하여 데이터를 정제하거나 선처리하는 과정

③ Transformation

데이터의 차원을 축소하거나 파생 데이터를 생성하여 분석용 data set 생성

④ Data Mining

다양한 분석기법을 사용하여 데이터의 패턴을 찾고 모델링화

⑤ Interpretation / evaluation

분석된 데이터의 패턴 및 모델을 해석하거나 평가

(2) SEMMA

① Sample

- 분석 data 생성 (통계적 추출, 조건 추출)
  - 모델링 및 모델 평가를 위한 Data 준비

② Exploration

- 분석 data 탐색, Data 조감을 통한 data 오류 검색, data 현황 이해 및 integrity 확보

③ Modification

- 분석 데이터의 수정 및 변환 – 수량화, 표준화, 계층화, 그룹화
- 데이터가 지닌 정보의 표현 극대화
- 최적의 모델이 구축되도록 변수를 생성, 선택, 변경

④ Modeling

- 모델 구축 (신경망, 결정트리, 로지스틱 회귀분석 등)

- 데이터의 숨겨진 패턴 발견
- 복수의 모델과 알고리즘 적용

⑤ Assessment

- 모델 검증 및 평가
- 서로 다른 모델을 동시에 비교

(3) CRISP-DM

1999, Cross Industry Standard Process for Data Mining

① Business Understanding

- 비즈니스 관점에서 프로젝트의 목적과 요구사항을 이해하는 단계
- 도메인 지식을 데이터 분석을 위한 문제 정의로 변경
- 초기 프로젝트 계획을 수립
- 세부적으로 업무 목적 파악, 상황 파악, 데이터 마이닝 목표 설정, 프로젝트 계획 수립

② Data 이해

- 분석에 필요한 초기 데이터를 수집하고 데이터 속성을 이해하기 위한 과정
- 데이터 품질에 대한 문제점을 식별
- 데이터에 숨겨져 있는 insight를 발견
- 세부적으로 초기 데이터 수집, 데이터 기술 분석, 데이터 탐색, 데이터 품질 확인
- 필요시 전단계인 비즈니스 이해 단계 피드백하여 실행

③ data 준비단계

• 분석을 위하여 수집된 데이터에서 분석툴에 적합한 데이터셋을 편성

• 데이터 준비 과정에 많은 시간이 소요

• 데이터 준비는 모델링과 연계하여 반복 수행

• 세부적인 일로는 분석용 데이터셋 선택, 데이터 정제, 분석용 데이터 셋 편성
  데이터 통합, 데이터 형식화

• 데이터는 내부데이터, 외부 데이터, 그리고 오픈 데이터(공공부문)

④ 모델링

• 다양한 분석 기법과 알고리즘을 선택하고 모델을 최적화

• 모델링 과정에 데이터 셋이 추가로 필요한 경우 데이터 준비 단계를 반복

• 모델은 테스트 데이터 셋으로 평가하여 overfitting 문제 해결

• 세부적인 일로는 모델링 기법 선택, 모델링 계획 설계, 모델 작성, 모델 평가

⑤ Evaluation

• 모델링을 통한 최적의 모델을 찾고 모델이 프로젝트의 목적에 부합되는 평가

• 데이터 마이닝의 결과를 수용할 것인지 최종 판단

• 필요시 처음 단계인 비즈니스 이해 단계부터 다시 실행

• 세부적인 일로는 분석결과 평가, 모델링 과정 평가, 모델 적용성 평가

⑥ deployment

• 모델링과 평가를 통해 완성된 모델을 실 운영환경에 적용

• 모델의 모니터링 및 유지보수 방안 마련

• 프로젝트 종료 프로세스 진행

- 세부적인 일로는 전개 계획 수립, 모니터링과 유지보수 계획수립, 프로젝트 종료 보고서 작성, 프로젝트 리뷰

9.1.7 빅 데이터의 활용 사례

(1) IT 기술 활용

NewYork Times의 과거 뉴스 정보를 하둡으로 저장

(2) 온라인 공유 서비스

- 1억여명의 사용자가 입력한 데이터를 수집 분석
- LinkedIn의 Inmaps 구현 일자리 추천 및 채용 등의 서비스 개발

(3) 생명공학

- 인간 게놈 지도 작성

(4) 공공서비스

- 지역적 바이러스 발생 빈도, 서울 지하철 노선 변경

9.2 R 설치와 사용자 환경

9.2.1 R의 설치

- R 사이트에 접속 후 모듈 다운로드

  - CRAN (Comprehensive R Archive Network)
  - http://www.cran.r-project.org/index.html

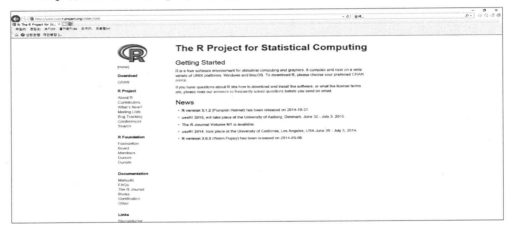

- 왼쪽 위 Download 아래 CRAN 클릭

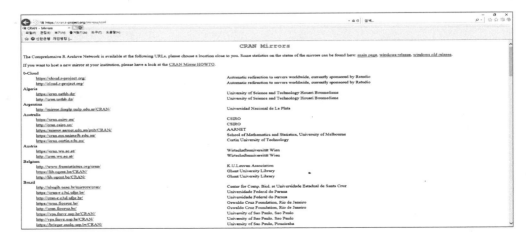

- Korea mirror 사이트 목록 중 선택하여 다운로드

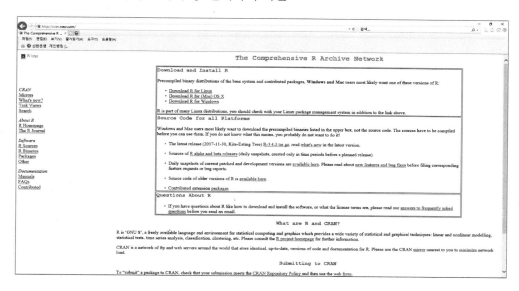

- Download R for Windows 선택

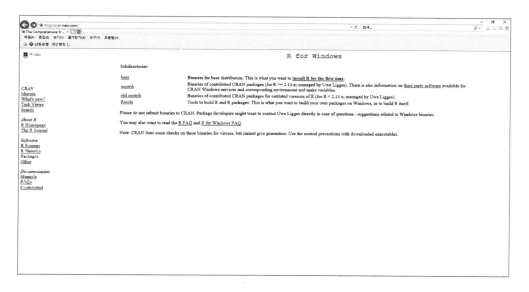

• install R for the first time.

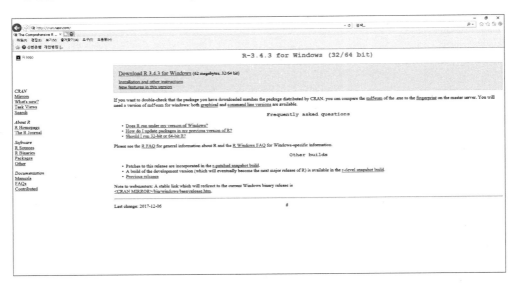

• Download R 3.4.3 for Windows (79 megabytes, 32/64 bit) 선택하여 설치

※ 다른 방법으로는 구글 포탈사이트 (http://www.google.co.kr)에서 cran r을 입력
한 후 The Comprehensive R Archive Network 웹문서를 클릭해서 설치 가능

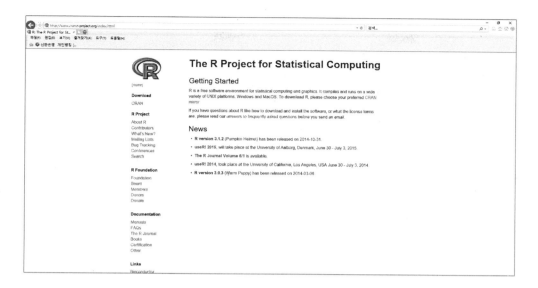

– 설치 파일(R-3.4.3-win.exe)을 실행하여 엔터 입력 후 설치 완료

– R 프로그램 실행은 시작프로그램에서 [R x64 3.4.3] 프로그램 선택하여 실행

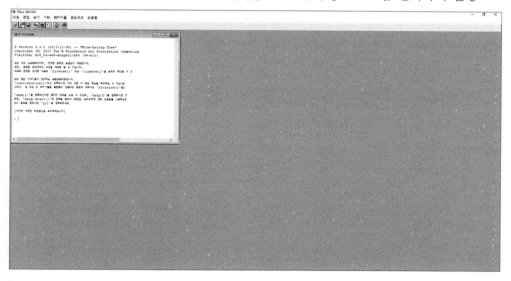

9.2.2 작업공간

(1) 사용자 인터페이스

- 명령어 방식: 대화식으로 프롬프트(〉)에서 명령어 입력

- 그래픽 환경: 메뉴 이용 또는 GUI 기반의 R을 별도로 설치 사용 (현재 30가지 정도)

(2) GUI R

- RStudio

- R Commander

■ RStudio 설치

1. 구글에서 RStudio download를 입력

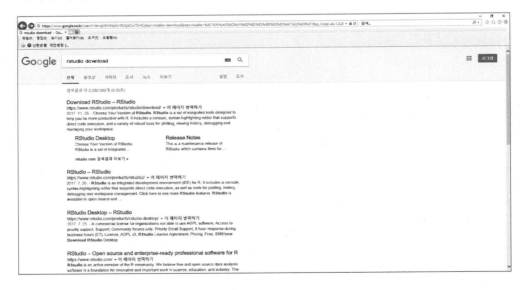

2. Download RStudio - RStudio을 클릭하면 아래와 같은 화면이 나옴

3. 이 화면의 왼쪽 처음에 있는 [RStudio Desktop Open Source License] 아래의
   download를 클릭하여

4. Installers for Supported Platforms 목록에서 설치하려는 컴퓨터 사양에 따른 파
   일을 다운받아서 설치

■ RStudio 실행 화면

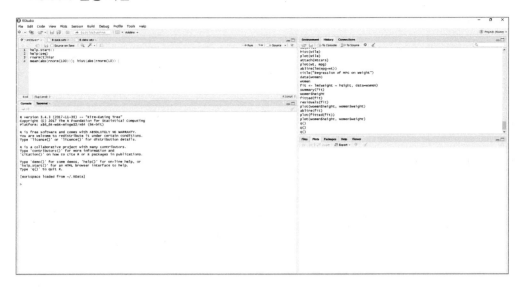

■ R 스튜디오의 화면: 4개의 영역으로 구성

• 왼쪽 위부터 명령을 입력시키는 에디터 화면

• 아래에 입력한 명령이 인터프리터 방식으로 실행되는 Console 화면

• 오른쪽 위는 지금까지 입력한 명령들의 리스트를 보여주는 History 화면

• 명령어 실행 결과를 보여주는 plots 화면

(3) R의 편리한 기능 – 대소문자 구별하여 사용하여야 함

① 주석 (comment): #를 사용

② 도움말 기능

• help.start()　# 도움말 화면

• help(plot)　　# plot 함수에 대한 도움말

• ?plot　　　　# plot 함수에 대한 도움말

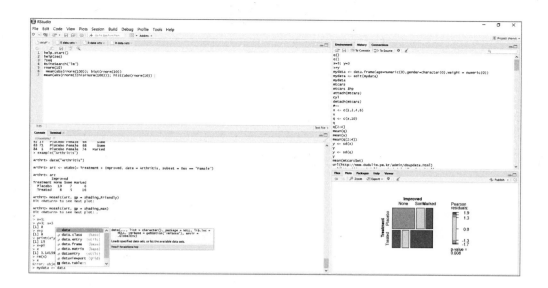

③ History 기능

• history() # 디폴트로 최근 사용된 25 명령어 리스트

• savehistory(file="myfile") # 작업내역을 myfile에 저장 (디폴트는 ".Rhistory")

• loadhistory(file= "myfile") # 저장된 myfile 내용을 이용

④ 이전 입력한 명령문 가져오기

• 윗(아래) 화살표로 명령 가져오기

⑤ 계산기 기능 등: 난수 생성

• rnorm(10)

[실행 예]

```
> rnorm(10)
 [1] 1.16800551 −0.16131109 −0.77581077 −1.18100355 −0.81224190 −0.25083335
−1.45094322  0.08016623  0.29035141  0.69780582
```

- mean(abs(rnorm(100))

```
> mean(abs(rnorm(100)))
[1] 0.7526579
```

- hist(rnorm(10))

```
> hist(rnorm(10))
> getwd()
[1] "c:/example"
> setwd("c:/example")
```

⑥ 많은 예제 데이터를 가져와서 사용 가능

```
> data()
> help(BOD)
```

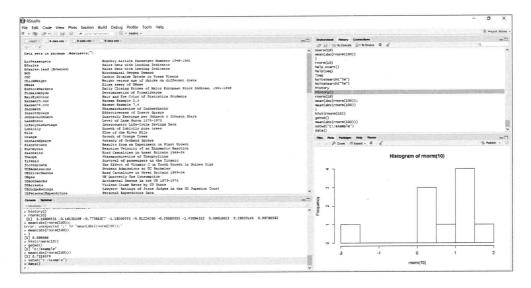

9.2.3 입출력

■ 입력: source() 함수 이용

• source("myfile.R") # script 파일의 적용 (.R or .r)

  : 현재 디렉토리 내의 myfile.R의 스크립트 파일을 수행

■ 출력

• 출력 결과를 화면에 출력 – 화면에 출력되지만 저장되지 않음

  : lm(mpg~wt, data=mtcars)

• 출력 결과를 별도의 object에 저장

  : fit 〈– lm(mpg~wt, data=mtcars) # 결과는 fit 변수에 저장하고 화면에 출력 안 됨

  : lm(mpg~wt, data=mtcars)에서 mpg~wt의 의미는 mpg가 wt에 어떤 영향을 주는냐? 즉 ~ 의 의미는 (according to)

• 출력결과의 내역 정보

  : str(fit) # fit 리스트 변수에 대한 관련 정보를 알려 줌, str은 structure 의미

```
> mtcars    #예제 데이터셋 mtcars를 호출
                   mpg cyl disp  hp drat   wt  qsec vs am gear carb
Mazda RX4          21.0   6 160.0 110 3.90 2.620 16.46  0  1    4    4
Mazda RX4 Wag      21.0   6 160.0 110 3.90 2.875 17.02  0  1    4    4
Datsun 710         22.8   4 108.0  93 3.85 2.320 18.61  1  1    4    1
Hornet 4 Drive     21.4   6 258.0 110 3.08 3.215 19.44  1  0    3    1
Hornet Sportabout  18.7   8 360.0 175 3.15 3.440 17.02  0  0    3    2
> hist(rnorm(10))
```

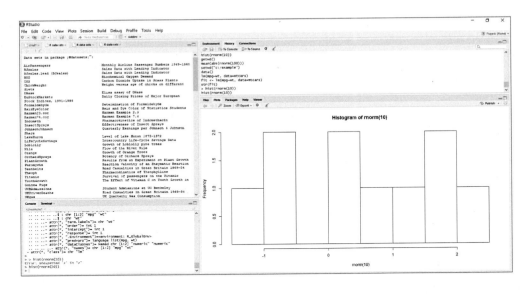

- sink() 함수: 출력 방향을 특정 파일로 지정

  : sink("myfile", append=FALSE, split=FALSE) # 출력을 파일 myfile 로 지정

  : sink() #출력을 터미널 화면으로 복구

  : 옵션 append – 덮어 쓸지 또는 추가할지 지정 (디폴트는 overwrite)

      split – 출력 파일과 함께 화면 출력도 할지 지정

  : sink("c:/example/output.txt") #출력을 특정 파일로 지정(해당 이름의 파일을
  엎어 씀)

  : sink("output.txt", append = TRUE, split=TRUE) #출력을 특정 파일로 지정
  (파일에 내용 추가하고, 화면에도 출력 됨)

  * 단 그래픽 출력 방향을 바꿀 때에는 pdf("mygraph.pdf")

9.2.4 패키지(Package)

(1) package – R 함수, 데이터 및 컴파일된 코드의 모음

(2) Package 추가

① 다운로드 설치 (한번만 수행): install.package (package 명)

② CRAN Mirror 사이트 선택 (e.g. Korea)

③ 현재의 session에 load (session당 한번만 실시): library (package명)

(3) Library

• package가 저장된 디렉토리로써 load 시켜야 사용 가능

  – library() # library 내에 존재하는 package 목록
  – search() # 현재 load 되어 있는 package 목록
• package에 대한 도움말: help (package = "패키지명")
  : 현재 패키지가 약 5000개 이상이 제공되고 있음

9.2.5 작업 시작환경 설정

• R은 항상 Rprofile.site 파일을 먼저 수행

  – c:/Program Files/R/R-n.n.n/etc 디렉토리에 존재
  – Rprofile 파일은 홈 디렉토리나 별도 디렉토리에 저장 가능
• Rprofile.site 파일에는 2개의 함수를 지정 가능

  – .First: R session이 시작될 때 수행
  – .Last: R session이 종료할 때 수행

9.2.6 Batch 처리

- 일괄처리 방식으로 처리

  - MS Window: "c:/Program Files/R/R-3.2.3/R.exe" CMD BATCH
    "C:/Example/a.R"
  - Linux: R CMD BATCH a.R

9.2.7 R 끝내기: 〉q() or quit()

| 9.3 | R에서의 데이터 관리 |

9.3.1 데이터 입출력

(1) 할당(Assignment)

- 변수에 값을 배정하는 것

- – = 〈– 〈–– 어느 것을 사용해도 됨

- 할당된 객체는 메모리를 차지

- rm(): 불필요한 객체를 메모리에서 제거

```
> x=5;
> y=3; x+3
[1] 8
> x+y
[1] 8
> print(x*y)
[1] 15
> x=pi
> x
[1] 3.141593
> rm(x)  #remove x
> x
Error: object 'x' not found
> mydata <- data.frame(age=numeric(0), gender = character(0), weight= numeric(0))
> mydata <- edit(mydata)
```

	age	gender	weight	var4	var5	var6	var7
1	22	male	65				
2	25	male	68				
3	23	female	55				
4							
5							
6							
7							
8							
9							
10							
11							
12							
13							
14							
15							
16							
17							
18							
19							

```
> mydata
   age   gender   weight
1   22     male       65
2   25     male       68
3   23   female       55
```

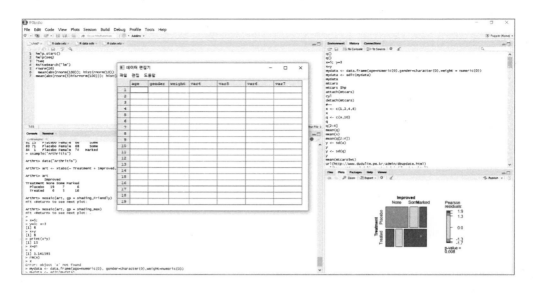

> mtcars

	mpg	cyl	disp	hp	drat	wt	qsec	vs	am	gear	carb
Mazda RX4	21.0	6	160.0	110	3.90	2.620	16.46	0	1	4	4
Mazda RX4 Wag	21.0	6	160.0	110	3.90	2.875	17.02	0	1	4	4
Datsun 710	22.8	4	108.0	93	3.85	2.320	18.61	1	1	4	1
Hornet 4 Drive	21.4	6	258.0	110	3.08	3.215	19.44	1	0	3	1
Hornet Sportaut	18.7	8	360.0	175	3.15	3.440	17.02	0	0	3	2
Valiant	18.1	6	225.0	105	2.76	3.460	20.22	1	0	3	1
Duster 360	14.3	8	360.0	245	3.21	3.570	15.84	0	0	3	4
Merc 240D	24.4	4	146.7	62	3.69	3.190	20.00	1	0	4	2
Merc 230	22.8	4	140.8	95	3.92	3.150	22.90	1	0	4	2
Merc 280	19.2	6	167.6	123	3.92	3.440	18.30	1	0	4	4
Merc 280C	17.8	6	167.6	123	3.92	3.440	18.90	1	0	4	4
Merc 450SE	16.4	8	275.8	180	3.07	4.070	17.40	0	0	3	3
Merc 450SL	17.3	8	275.8	180	3.07	3.730	17.60	0	0	3	3
Merc 450SLC	15.2	8	275.8	180	3.07	3.780	18.00	0	0	3	3
CadillacFleetwood	10.4	8	472.0	205	2.93	5.250	17.98	0	0	3	4
Lincoln Continental	10.4	8	460.0	215	3.00	5.424	17.82	0	0	3	4
Chrysler Imperial	14.7	8	440.0	230	3.23	5.345	17.42	0	0	3	4
Fiat 128	32.4	4	78.7	66	4.08	2.200	19.47	1	1	4	1
Honda Civic	30.4	4	75.7	52	4.93	1.615	18.52	1	1	4	2

```
Toyota Corolla        33.9    4  71.1  65 4.22 1.835 19.90 1 1    4    1
Toyota Corona         21.5    4 120.1  97 3.70 2.465 20.01 1 0    3    1
…
```

```
> mtcars$mpg
 [1] 21.0 21.0 22.8 21.4 18.7 18.1 14.3 24.4 22.8 19.2 17.8 16.4 17.3 15.2 10.4
10.4 14.7 32.4 30.4 33.9 21.5 15.5 15.2 13.3 19.2 27.3
[27] 26.0 30.4 15.8 19.7 15.0 21.4
> mtcars$disp
 [1] 160.0 160.0 108.0 258.0 360.0 225.0 360.0 146.7 140.8 167.6 167.6 275.8
275.8 275.8 472.0 460.0 440.0  78.7  75.7  71.1 120.1 318.0
[23] 304.0 350.0 400.0  79.0 120.3  95.1 351.0 145.0 301.0 121.0
> attach(mtcars)
> mpgarray <- mpg
> mpgarray
 [1] 21.0 21.0 22.8 21.4 18.7 18.1 14.3 24.4 22.8 19.2 17.8 16.4 17.3 15.2 10.4
10.4 14.7 32.4 30.4 33.9 21.5 15.5 15.2 13.3 19.2 27.3
[27] 26.0 30.4 15.8 19.7 15.0 21.4
> mydata <- data.frame(name =character(0), age=numeric(0), x1=numeric(0),
x2=numeric(0), sum=numeric(0), mean=numeric(0))
> mydata <- edit(mydata)
Warning message:
In edit.data.frame(mydata) : 'name'에 요인의 수준이 추가되었습니다
> mydata
  name age x1 x2 sum mean
1 kim   24 56 87  NA   NA
2 lee   27 66 67  NA   NA
3 ch    29 45 89  NA   NA
4 lim   24 80 90  NA   NA

> mydata <- transform(mydata, sum = x1+x2, mean = (x1+x2)/2 )
> mydata
  name age x1 x2 sum mean
1 kim   24 56 87 143 71.5
2 lee   27 66 67 133 66.5
```

```
3 ch    29 45 89 134 67.0
4 lim   24 80 90 170 85.0
>
> x <- c(1,2,5,7)
> # c : combine
> x
[1] 1 2 5 7
> q <- c(x, 11)
> q
[1]  1  2  5  7 11
> q[2:4]        # subsetting, sub-vector
[1] 2 5 7
> mean(x)    #평균
[1] 3.75
> y <- sd(x)  #표준편차
> y
[1] 2.753785

> mean(mtcars$mpg)
[1] 20.09062
> attach(mtcars)
> mean(mpg)
[1] 20.09062
> mean(disp)
[1] 230.7219
> attach(mtcars)
The following objects are masked from mtcars (pos = 3):

    am, carb, cyl, disp, drat, gear, hp, mpg, qsec, vs, wt

> detach(mtcars)
```

9.3.2 데이터 입력하는 방법

(1) 키보드에서 입력

```
> age <- c(25,20,35) # 처음부터 새로 데이터 프레임 생성
```

(2) R의 자체 편집기를 이용

```
> mydata <- data.frame(age=numeric(0), gender = character(0), weight= numeric(0))
> mydata <- edit(mydata)
```

(3) 각종 파일을 불러 읽어 들임

- file(), url()

- 패키지를 이용: Excel, 데이터베이스, XML파일, SPSS, SAS 등

(4) csv 텍스트 파일 입력(importing)

- mydata <- read.table("c:/example/mydata.csv",
  header=TRUE, sep=",",
  row.names="id")

(5) 데이터 보내기(exporting)

- tab으로 단어가 분리시킨 텍스트 파일
  : write.table(mydata, "c:/example/outtext.txt", sep="₩t")

```
> myfile <- read.table("c:/example/subway.csv", sep=",")
> myfile
           V1          V2          V3
1          역명      승차인원      하차인원
2          신창     3587800     3478900
3        온양온천     2287654     3353214
4          배방     2657654     2489753
5          아산     4567856     4532345
6          쌍용     4876666     3993453
7          봉명     4557654     5435321
8          천안    14965765    13489444
9          두정     6567856    64532345
10         직산     9878766    10993453
11         성환     3287777     3453214
12         평택     6765765     7772476
13         지체     5767856     5532345
14        서정리     9878766    10993453
15         송탄     5287654     5453214
16         진위     4957654     4889753
17         오산     5567856     5532345
18        오산대    10878766    11993453
19         세마     7878954     8893453
20         병점     4687654     4532143
21         세류     5880654     5489753
22         수원     8897856     8832345
23         화서     8890876     9099345
24       성균관대     5787654     5453214
25         의왕     4973624     4489753
26         당정     7654397     7532345
27         군포     9987876     8899345
28         금정     6907654     6453214
29         명학     7790735     7489753
```

30	안양	6766387	6453214
31	관악	6576545	5489753
32	석수	7650035	7532345
33	금천구청	9304766	10993453
34	독산	6598954	6893453
35	가산디지털단지	17287654	19453214
36	구로	18657654	18948975
37	신도림	19865467	19987653
38	영등포	9248766	8993453
39	신길	8287654	8453214
40	대방	8657654	8489753
41	노량진	9567856	10532345
42	용산	11878766	12993453
43	남영	7287654	7453214
44	서울역	22657654	22489753
45	시청	13287654	13453214
46	종각	11657654	11346752
47	종로3가	14567856	14532345
48	동대문	6787663	6993453
49	동묘앞	5287654	5453214
50	신설동	7657654	6767890
51	제기동	6738256	6532345
52	청량리	9878766	10993453

9.3.3 R에서 데이터 종류

(1) 용어의 문제

	행	열
데이터베이스	Records	Attributes(Fields)
통계	Observations	Variables
기계학습(Mining)	Examples	Attributes

(2) 변수의 종류

- 연속 수치형 – Continuous (nominal, ratio)

- 기수형 – Ordinal

- 명목형 – Nominal (categorical) – Factor 형

- 기타 – Factor 형
    - 식별자 (identifier), 날짜형 (date)

(3) 데이터 종류(mode)

- 숫자형 – numeric

- 문자형 – " ", ' '로 표시

- 논리형 – TRUE, FALSE(0)

- 복소수 – 허수

- Raw (byte)

(4) R에서 데이터 타입(data type, data structure)

- Vector, Matrix, Array, Data Frame, List, Class

(5) 데이터셋(dataset)

- 여러 관측값을 가지는 것

- 위 데이터를 data vector로 저장할 때 c()를 이용

```
> Rev_2016 = c(110,120, 117, 135)   #예 : 분기별 매출
> Rev_2017 = c(120,123, 115, 140)
> Revenue <- cbind(Rev_2016, Rev_2017)  #cbind은 column 중심으로 묶어주는 함수
> Revenue
     Rev_2016 Rev_2017
[1,]    110      120
[2,]    120      123
[3,]    117      115
[4,]    135      140
>
> Revenue <- rbind(Rev_2016, Rev_2017) #rbind은 row 중심으로 묶어주는 함수
> Revenue
          [,1] [,2] [,3] [,4]
Rev_2016 110  120  117  135
Rev_2017 120  123  115  140
```

(6) R의 데이터 타입

- Vectors (numerical, character, logical)

  - 1차원 배열로 데이터를 묶어 놓은 것
  - scalar는 한 개 항목을 가진 vector
  - 문자열은 문자 mode의 한 개의 vector

- Matrices

  - 2차원 배열로 데이터를 모아 놓은 것

- Arrays
  - 3차원 이상의 형태로 데이터를 모아 놓은 것
- Data frames
  - column마다 데이터 mode가 다른 형태의 데이터 (일종의 테이블)
- Lists
  - 서로 다른 데이터를 인위적으로 묶어 놓은 것

```
> x <- 5
> x
[1] 5
> mode(x)
[1] "numeric"
> y<- "Korea"
> y
[1] "Korea"
> mode(y)
[1] "character"
> z <- c("korea", "post-number", "135-654")
> mode(z)
[1] "character"
> z
[1] "korea"      "post-number" "135-654"
> #vector example
> y <- " a b c"
> length(y)
[1] 1
> mode(y)
[1] "character"
```

(7) 데이터 형태의 변환

- 데이터 형태 확인

  - is.numeric()
  - is.chracter()
  - is.vector()
  - is.matrix()
  - is.data.frame()

- 데이터 변환함수

~ 로 변환	변환함수	규칙
숫자형 (numeric) 데이터	as.numeric()	FALSE → 0 "1", "2" → 1,2
논리형 (logical) 데이터	as.logical()	0 –〉 FALSE
문자형 데이터	as.character()	1,2 → "1", "2" FALSE → "FALSE"
Factor	as.factor()	범주형 (factor) 형태로 변경
Vector	as.vector()	벡터 형태로 변화
Matrix	as.matrix()	Matrix 형태로 변환
데이터프레임	as.dataframe()	데이터프레임 형태로 변환

9.3.4 Vector 타입

(1) 같은 mode의 데이터를 가지는 여러 항목으로 이루어진 것

- 숫자 백터

```
> x <- c(1,3,5,7)
> x
[1] 1 3 5 7
```

• 문자 벡터

```
> family = c("아버지", "어머니", "딸", "아들")
> family
[1] "아버지" "어머니" "딸"     "아들"
```

• 논리 벡터

```
> c(T,T,F,T)
[1]  TRUE  TRUE FALSE  TRUE
```

(2) Vector indexing

• vector의 개별 항목은 첨자([])로 지정

   − 연산자: 연속 데이터 정의 시 사용

   − 비교연산자: 〈 (~보다 작다), 〉 (~보다 크다), 〈= (~보다 작거나 같다),

            〉= ~보다 크거나 같다,

            == (~과 동일하다), != (~과 동일하지 않다)

   − seq(): sequence 생성

   − rep(): vector 항목의 반복

```
> a <- c(1.0, 2.3, 3,4, -2.0, 7.0, 8.5)
> a
[1]  1.0  2.3  3.0  4.0 -2.0  7.0  8.5
> a[c(2,4)]   #2번째와 4번째 항목 값
[1] 2.3 4.0
> a[2] <- 3.3   #2번째 값을 3.3으로 변경
> a
[1]  1.0  3.3  3.0  4.0 -2.0  7.0  8.5
> new_a <- a[-2]   #2번째 값 제외
> new_a
```

```
[1]  1.0  3.0  4.0 -2.0  7.0  8.5
> x = -5:3
> x
[1] -5 -4 -3 -2 -1  0  1  2  3
> 1 < 2   # 논리연산자
[1] TRUE
> w = x < -2   # x 리스트의 각 원소에 대해서 -2보다 작은지 논리연산자로 검사
> w
[1]  TRUE  TRUE  TRUE FALSE FALSE FALSE FALSE FALSE FALSE
> a
[1]  1.0  2.3  3.0  4.0 -2.0  7.0  8.5
> a[c(2, 9)]
[1] 2.3  NA
> 5:1
[1] 5 4 3 2 1
> 5:12
[1]  5  6  7  8  9 10 11 12
> seq(12, 30, 3)  # 12부터 30사이의 정수 중 3씩 증가하는 값으로 벡터 생성
[1] 12 15 18 21 24 27 30
> x <- rep(6, 3)   #반복적인 값들의 벡터 생성
> x
[1] 6 6 6
> u <- c(5,3,6)
> v <- c(3,7,8)
> u > v
[1]  TRUE FALSE FALSE
> w <- function(x) return(x+1)   # 사용자 정의 함수 w
> w
function(x) return(x+1)
> u
[1] 5 3 6
> w(u)
[1] 6 4 7
>
> y <- c(2.2, 4.3, 5.6,7.3)
```

```
> round(y)   # 반올림
[1] 2 4 6 7
> # vector in, matrix out
> ans_sqd <- function(z) return(c(z,z^2))
> x <- 1:5
> ans_sqd(x)
 [1]  1  2  3  4  5  1  4  9 16 25
> matrix(ans_sqd(x),ncol=2)
     [,1] [,2]
[1,]   1   1
[2,]   2   4
[3,]   3   9
[4,]   4  16
[5,]   5  25
> ans_sqd2 <- function(z) return(c(z,z^2))
> sapply(x, ans_sqd2)
     [,1] [,2] [,3] [,4] [,5]
[1,]   1    2    3    4    5
[2,]   1    4    9   16   25
```

(3) vector 연산

• Recycling

- 예: 2개 vector 계산 시 개수를 맞춤

```
> c(1,2) + c(5,6,7)
[1] 6 8 8
Warning message:
In c(1, 2) + c(5, 6, 7) :
  longer object length is not a multiple of shorter object length
```

• Filtering

- 조건 충족되는 항목만 추출

```
> z <- c(5,3,-2)
> w <- z[z>0]
> w
[1] 5 3
```

- NA와 NULL

    - NA: 결측치 (missing value)

    - NNULL: undefined value (적절한 값이 존재하지 않음)

```
> x<- c(1, 2, NA, 3)
> x
[1]  1  2 NA  3
> mean(x)
[1] NA    # NA가 포함된 x에 대하여 계산 거부
> mean(x, na.rm=T)    # NA 값을 제외한 나머지 데이터 값들에 대한 평균
[1] 2

> x<- c(1, 2, NULL, 3)
> x
[1] 1 2 3
> mean(x)
[1] 2
```

- 행렬의 계산: vector 연산

    - 각 행렬은 vector로 지정하고 연산이 가능

    - 행렬의 곱셈은 %*%

    - 행렬의 덧셈은 +

    - 행렬의 합칠 때는 cbind() 또는 rbind()

    - 역행렬을 구할 때에는 library(MASS)를 부른 후 ginv()

    - t() -> 전치행렬(transpose)

```
> x <- matrix(1:6, nrow=3)
> x
    [,1] [,2]
[1,]   1    4
[2,]   2    5
[3,]   3    6

> t(x)    # 전치행렬
    [,1] [,2] [,3]
[1,]   1    2    3
[2,]   4    5    6

> x + c(1,2)  #recycling
    [,1] [,2]
[1,]   2    6
[2,]   4    6
[3,]   4    8
>
```

(4) 데이터 타입 - Matrices

• row와 column을 가지는 vector

  – 각 column은 같은 데이터 mode(숫자 또는 문자 등)의 데이터

  – 각 column 내 수록된 항목의 개수는 일정

  – 생성 시 미리 크기를 지정 (nrow= , ncol=)

• 일반형태

  – mymatrix <- matrix (vector, nrow=r, ncol=c, byrow = FALSE, dimnames = list (char_ vector_rownames, char_vector_colnames))

  – byrow=FALSE: column 우선으로 matrix 내용 채움

  – byrow=TRUE: row 우선으로 matrix 내용 채움

  – dimnames: 행과 열에 대한 optional labels 지정

```
> y <- matrix(1:20, nrow=5, ncol=4)        # 5*4 matrix 생성, column 우선
> y
     [,1] [,2] [,3] [,4]
[1,]  1    6   11   16
[2,]  2    7   12   17
[3,]  3    8   13   18
[4,]  4    9   14   19
[5,]  5   10   15   20

> y <- matrix(1:20, nrow=5, ncol=4, byrow=T)  # 5*4 matrix 생성, row  우선
> y
     [,1] [,2] [,3] [,4]
[1,]  1    2    3    4
[2,]  5    6    7    8
[3,]  9   10   11   12
[4,] 13   14   15   16
[5,] 17   18   19   20
```

- Matrix의 row와 column에 함수 적용하기

  - apply() 함수: apply(m, dimcode, f, fargs)

          m: matrix

          dimcode = 1: (row에 적용), 2(column)

          f: 적용할 함수

          fargs = optional args

```
> m <- matrix(c(1:10), nrow=5, ncol=2)
> m
     [,1] [,2]
[1,]  1    6
[2,]  2    7
[3,]  3    8
[4,]  4    9
```

```
[5,]  5   10
> apply(m, 1, mean)  # row 별 평균 구하기
[1] 3.5 4.5 5.5 6.5 7.5
> apply(m, 2, mean)  #column 별 평균
[1] 3 8
> # 각 항목을 2로 나눔
> apply(m, 1:2, function(x) x/2)
     [,1] [,2]
[1,]  0.5  3.0
[2,]  1.0  3.5
[3,]  1.5  4.0
[4,]  2.0  4.5
[5,]  2.5  5.0
>
> mydata <- matrix(rnorm(30), nrow =6)  #rnorm(30) 30개의 임의의 수 생성
> mydata
           [,1]        [,2]        [,3]        [,4]        [,5]
[1,]   0.5634930   0.8585039   1.7256196 -1.14797596   0.1486064
[2,]   1.1484515   0.9412695   1.6951692  1.15674437   0.4060826
[3,]   0.5717594   0.2294061   0.4635910 -2.28171672  -0.3654188
[4,]  -0.6367157   1.5659196   0.5158367  0.08195652  -1.2004946
[5,]  -1.0627479  -0.6109898  -0.2075672  1.55168940  -1.1949853
[6,]  -0.6601606   0.3113131   0.5864828  0.16532815  -0.1045386

> apply(mydata, 1, mean)
[1] 0.42964940 1.06954344 -0.27647581  0.06530049 -0.30492015 0.05968498
> apply(mydata, 2, mean)
[1] -0.01265340 0.54923707 0.79652203 -0.07899571 -0.38512471
> apply(mydata, 2, mean, trim=0.2)
[1] -0.04040600 0.58512317 0.81526994 0.06401327 -0.37908405
>
```

• Matrix의 변경

 – rbind(), cbind()를 이용한 변경

```
> x <- matrix(c(12,3,7,16,4))
> x
     [,1]
[1,]12
[2,] 3
[3,] 7
[4,]16
[5,] 4
> x <- c(x,15)
> x
[1] 12  3  7 16  4 15
> B = matrix(c(2,4,3,1,5,7), nrow=3, ncol=2)
> B
     [,1] [,2]
[1,]   2   1
[2,]   4   5
[3,]   3   7
> C = matrix(c(7,4,3), nrow=3, ncol=1)
> C
     [,1]
[1,]  7
[2,]  4
[3,]  3
> cbind(B,C)
     [,1] [,2] [,3]
[1,]   2   1   7
[2,]   4   5   4
[3,]   3   7   3
>
```

• Matrix와 Vector와의 관계

  – matrix는 vector + matrix의 고유한 성질

```
> z <- matrix(1:8, nrow=4)
> z
    [,1] [,2]
[1,]   1   5
[2,]   2   6
[3,]   3   7
[4,]   4   8
> length(z)
[1] 8
> class(z)
[1] "matrix"
> attributes(z)
$dim
[1] 4 2
```

(5) 데이터 타입 – Array

• Matrix와 동일하나 3차원 이상의 항목을 가진다.

  – 예: 4*3*2의 3차원 배열에 1–36의 값을 입력

```
> x <- array(1:36, c(4,3,3))
> x
,,1
    [,1] [,2] [,3]
[1,]   1   5   9
[2,]   2   6  10
[3,]   3   7  11
[4,]   4   8  12
, , 2
```

```
       [,1] [,2] [,3]
[1,]13   17   21
[2,]14   18   22
[3,]15   19   23
[4,]16   20   24
, , 3
       [,1] [,2] [,3]
[1,]25   29   33
[2,]26   30   34
[3,]27   31   35
[4,]28   32   36

> x[1,,]
       [,1] [,2] [,3]
[1,]  1   13   25
[2,]  5   17   29
[3,]  9   21   33
> x[,,1]
       [,1] [,2] [,3]
[1,]  1    5    9
[2,]  2    6   10
[3,]  3    7   11
[4,]  4    8   12
>
```

(6) 데이터 타입 – List

• 관련 없는 각종 객체를 함께 모으고자 할 때 사용

```
> n= c(2,3,5)
> s= c("aa","bbb", "cdc","ddd","ee")
> b= c(TRUE,FALSE,TRUE,FALSE,FALSE)
> x= list(n,s,b,3)  #x는 n,s,b의 내용을 포함
> x
```

```
[[1]]
[1] 2 3 5

[[2]]
[1] "aa"  "bbb" "cdc" "ddd" "ee"

[[3]]
[1]  TRUE FALSE  TRUE FALSE FALSE

[[4]]
[1] 3

> x[2]
[[1]]
[1] "aa"  "bbb" "cdc" "ddd" "ee"

> x[c(2,4)]
[[1]]
[1] "aa"  "bbb" "cdc" "ddd" "ee"

[[2]]
[1] 3

> x[[3]]
[1]  TRUE FALSE  TRUE FALSE FALSE
>
```

• List 항목의 추가 삭제

```
> z <- list(a="abc", b=12)
> z
$a
[1] "abc"
```

```
$b
[1] 12

> z$c <-"sailing"
> z
$a
[1] "abc"

$b
[1] 12

$c
[1] "sailing"

> z[[4]] <- 28
> z
$a
[1] "abc"
$b
[1] 12
$c
[1] "sailing"
[[4]]
[1] 28
```

- List에 함수(lapply(), sapply()) 적용하기

  - lapply함수: list + apply로 실행 결과가 리스트로 반환
  - sapply함수: 결과값으로 벡터 혹은 데이터 프레임으로 반환

```
> lapply(list(2:5,35:39),median) # list apply #median:중앙값
[[1]]
[1] 3.5

[[2]]
[1] 37
> sapply(list(2:5, 35:39), median)
[1]  3.5 37.0
```

(7) 데이터 타입 – Data Frame

• list의 특별한 경우

• column마다 다른 모드(숫자, 문자, factor 등)의 항목을 가짐

```
> d <- c(1,2,3,4)
> e <- c("red", "white", "red", NA)
> f <- c(T,T,F,T)
> mydata <- data.frame(d,e,f)
> mydata
  d     e     f
1 1   red  TRUE
2 2 white  TRUE
3 3   red FALSE
4 4  <NA>  TRUE
> names(mydata) <- c("ID", "color", "passed")
> mydata
  ID color passed
1 1   red   TRUE
2 2 white   TRUE
3 3   red  FALSE
4 4  <NA>   TRUE
```

• data frame의 항목 식별

```
> mydata[1:2]
  ID    color
1 1      red
2 2    white
3 3      red
4 4    <NA>
> mydata[c("ID","passed")]
  ID passed
1 1  TRUE
2 2  TRUE
3 3 FALSE
4 4  TRUE
> mydata$x1
NULL
> mydata$ID
[1] 1 2 3 4
>
```

• 기술적으로는 데이터프레임은 데이터베이스의 테이블 형태

• 데이터프레임의 merge

  − 2개의 데이터 프레임을 merge()

  − merge(data frames A, data frame B, by="ID")

```
> a<-data.frame(name = c('lim', 'kim', 'park', 'lee'),age = c(30, 31, 28, 35))
> b<-data.frame(name = c('kim', 'park', 'lee', 'choi'),gender=c('f', 'f', 'm', 'm'))
> a
   name age
1   lim   30
2   kim   31
3  park   28
4   lee   35
```

```
> b
  name gender
1  kim     f
2  park    f
3  lee     m
4  choi    m
> merge(a,b,by='name')   #inner join
  name age gender
1  kim   31      f
2  lee   35      m
3  park  28      f
> merge(a,b,by='name',all=FALSE)  #inner join
  name age gender
1  kim   31      f
2  lee   35      m
3  park  28      f
> merge(a,b,by='name',all.x =TRUE) # left outer join
  name age gender
1  kim   31      f
2  lee   35      m
3  lim   30  <NA>
4  park  28      f
> merge(a,b,by='name',all.y =TRUE)  #right outer join
  name age gender
1  kim   31      f
2  lee   35      m
3  park  28      f
4  choi  NA      m
> merge(a,b,by='name',all=TRUE) # full outer join
  name age gender
1  kim   31      f
2  lee   35      m
3  lim   30  <NA>
4  park  28      f
5  choi  NA      m
>
```

  − RDBMS의 join과 유사

• 함수의 적용 sapply(), apply()

  − List에서와 마찬가지로 적용됨

```
> weight <- c(65, 55, 60, 72, 51, 80)
>
> height <- c(170, 155, 160, 173, 161, 186)
>
> gender <- c("M", "F","M","M","F","F")
>
> mydata <- data.frame( weight = weight, height=height, gender=gender)
>
> apply(a[,c("weight","height")],2,mean)  #weight열, height열 값의 평균
   weight     height
 63.83333 167.50000
> lapply(a[,c("weight","height")],mean)  #weight열, height열 값의 평균(리스트형태로 출력)
$weight
[1] 63.83333

$height
[1] 167.5

> sapply(a[,c("weight","height")],mean)   #weight열, height열 값의 평균(벡터형태로 출력)
   weight     height
 63.83333 167.50000
> tapply(a$weight,a$gender,mean)        #M/F별 weight 평균
       F        M
62.00000 65.66667
>
```

(8) 데이터 타입 – Factor

- 변수가 명목변수(nominal 또는 categorical)일 때 사용

  - 각 항목은 [1,,, k] 범위의 숫자 vector로 인식
  - factor() 및 ordered() 함수의 option을 통해 문자와 순서 사이의 대응관계를 조절 가능

```
> x <- c(5,12,13,12)
> x
[1]  5 12 13 12
> xf <- factor(x)
> xf
[1] 5  12 13 12
Levels: 5 12 13
> str(xf)  #structure
 Factor w/ 3 levels "5","12","13": 1 2 3 2
> length(xf)
[1] 4
```

- factor를 이용해서 value label을 만들 수 있다.

- nominal 데이터는 factor(), ordinal 데이터는 ordered() 이용

```
> # 예 : "large", "medium", "small" 로 지정된 rating 이라는 변수
> rating <- c("large","medium","samll")
> rating
> rating_f <- factor(rating)
> rating_f
[1] large  medium samll
Levels: large medium samll
[1] "large"  "medium" "samll"
> rating_o <- ordered(rating)
> rating_o
[1] large  medium samll
Levels: large < medium < samll
```

• factor 데이터 구조 처리에 유용한 함수

  – tapply(): vector를 그룹별로 나눈 후 지정한 함수를 적용

```
> ages <- c(25,45,36,32,40)
> party <- c("nuri", "minju", "hap", "minju", "etc")
> tapply(ages, party, mean)
 etc  hap  minju  nuri
 40.0  36.0  38.5  25.0
```

  – split()

    split(x,f): x(분리할 벡터 또는 데이터 프레임)를 f(분리할 기준을 지정한 factor)
    별로 나눔(분리시킴)

```
> g <- c("m","F","M","I", "M", "F","I")
> g
[1] "m" "F" "M" "I" "M" "F" "I"
> split(1:7,g)
$F
[1] 2 6

$I
[1] 4 7

$m
[1] 1

$M
[1] 3 5
```

(9) 분할표(contingency table)

• 2-way 테이블을 통해 범주형 데이터를 분석

```
> trial <- matrix(c(34,11,9,32),ncol=2)
> trial
     [,1] [,2]
[1,] 34    9
[2,] 11   32
> colnames(trial) <- c('sick', 'healthy')
> rownames(trial) <- c('risk','no_risk')
> trial.table <- as.table(trial)
> trial.table
        sick healthy
risk     34      9
no_risk 11      32
```

(10) 기타 - 데이터세트에 대한 정보 출력

• ls()   # objects 목록 출력

• names(object)   #objects에 있는 변수 목록

• str(object)   #objects의 구조 출력

• levels(mydata$v1)   #objects의 v1 factor의 level

• dim(object)   #object의 차원(dimensions)

• class(object)   #object(numeric, matrix,dataframe 등)의 class

• object   #object 출력

• head(object, n=10)   #object의 맨 앞 10개 row 출력

• tail(object, n=5)   #object의 맨 뒤 5개 row 출력

```
> ls()              # objects 목록 출력
[1] "g"       "gender"  "height"  "mydata"  "rating"  "rating_f" "rating_o" "weight"
> mydata           #mydata 출력
   weight height gender
1    65    170      M
2    55    155      F
3    60    160      M
4    72    173      M
5    51    161      F
6    80    186      F
> head(mydata, n=3)  #mydata 의 맨 앞 3개 row 출력
   weight height gender
1    65    170      M
2    55    155      F
3    60    160      M
> tail(mydata, n=3)    #mydata 의 맨 뒤 3개 row 출력
   weight height gender
4    72    173      M
5    51    161      F
6    80    186      F
> names(mydata)      #mydata에 있는 변수 목록
[1] "weight" "height" "gender"
> str(mydata)        #mydata의 구조 출력
'data.frame': 6 obs. of  3 variables:
 $ weight: num   65   55   60   72   51    80
 $ height: num   170  155  160  173  161  186
 $ gender: Factor w/ 2 levels "F","M": 2 1 2 2 1 1
> levels(mydata$gender)   #mydata의 gender factor의 level
[1] "F" "M"
> dim(mydata)        #object의 차원(dimensions)
[1] 6 3
> class(mydata)         #object(numeric, matrix,dataframe 등)의 class
[1] "data.frame"
```

(11) 연산자(Operators)

- 이진 연산자는 vector, matrix 및 scalar 모두에 적용됨

  − +(더하기), −(빼기), *(곱하기), /(나누기), ^ or ** (지수(제곱))

  − x %% y: 나머지 (x mod y)

  − x %/% y: 나눗셈의 정수

```
> 1 + 2
[1] 3
> 10 − 9
[1] 1
> 3 * 6
[1] 18
> 10 / 3
[1] 3.333333
> 2 ^ 10  ; 2 ** 10
[1] 1024
[1] 1024
> 5 %% 2
[1] 1
> 10 %/% 3
[1] 3
```

- 논리 연산자

  − ⟨ (less than), ⟨=, ⟩, ⟩=, ==, !=(not equal to)

  − !x (not x), x | y (x or y), x & y (x and y)

  − isTrue(x): test if x is TRUE

```
> x <− 1 < 2
> x
[1] TRUE
> y <− 1 == 2
> y
```

```
[1] FALSE
> z <- 1 != 2
> z ; !z
[1] TRUE
[1] FALSE
> x | y
[1] TRUE
> x & y
[1] FALSE
> isTRUE(x)
[1] TRUE
```

(12) 문자함수

- substr(x, start=n1, stop =n2): 문자 x vector에서 substring을 추출

- grep(pattern, x, ignore.case=FALSE, fixed=FALSE): x에서 pattern을 검색, fixed=FALSE (패턴은 정규표현식), fixed=T (패턴은 텍스트 문자열이며 해당 index를 산출)

- grep("A", c("b","A","c"), fixed =TRUE) -> 2

- sub(pattern, replacement, x, ignore.case=FALSE, fixed=FALSE): x에서 pattern을 찾아서 변경시킴, fixed=FALSE (패턴은 정규표현식), fixed=T (패턴은 텍스트 문자열)

- sub("WWs", ".", "Hello There") -> "Hello. There"

- strsplit(x, split) 문자열의 지정 element를 분리

- strsplit("abc", ""): 3개의 vector로 분리 즉, "a", "b", "c"

- paste(..., sep=""): sep으로 구분시키면서 문자열 연결(concatement)

- toupper(x): 대문자로 변환

- tolower(x): 소문자로 변환

```
> substr("Republic of Korea", 1, 8)
[1] "Republic"
> substr(c("월요일", "화요일", "수요일","목요일","금요일","토요일","일요일"),1,1)
[1] "월" "화" "수" "목" "금" "토" "일"
> fruit<-c("orange", "apple", "banana", "Apple", "pineapple", "papaya")
> grep("apple", fruit)
[1] 2 5
> grep("apple", fruit, ignore.case = TRUE) #대소문자 무시
[1] 2 4 5
> grep("^a", fruit) # a로 시작하는 문자열
[1] 2
> grep("a$", fruit) # a로 끝나는 문자열
[1] 3 6
> sub("a", "*", fruit) # 처음 a문자를 *로 치환
[1] "or*nge"   "*pple"   "b*nana"   "Apple"     "pine*pple" "p*paya"
> gsub("a", "*", fruit) # 모든 a문자를 *로 치환
[1] "or*nge"   "*pple"   "b*n*n*"   "Apple"     "pine*pple" "p*p*y*"
> sub("\\s", "~", "Hello R language!!!")
[1] "Hello~R language!!!"
> strsplit("abc", "")
[[1]]
[1] "a" "b" "c"
> paste("Hello", "R", "language", sep = " ")
[1] "Hello R language"
> toupper(fruit)
[1] "ORANGE"   "APPLE"    "BANANA"   "APPLE"     "PINEAPPLE" "PAPAYA"
> tolower(fruit)
[1] "orange"   "apple"    "banana"   "apple"     "pineapple" "papaya"
```

(13) 기타 유용한 함수

• seq(from, to, by): 수열(sequence) 생성

• rep(x, ntimes): x를 ntimes회 반복

- cut(x, n): x factor 안의 연속 변수를 n레벨로 나눔

```
> seq(1, 10, 2)
[1] 1 3 5 7 9
> rep(1:3, 2)
[1] 1 2 3 1 2 3
> age <- c(11, 40, 30, 18, 14, 25, 44, 17, 33, 36, 48, 22, 15, 31, 24, 26)
> level <- c(10, 20, 30, 40, 50)
> gener <- cut(age, level)
> table(gener)
gener
(10,20] (20,30] (30,40] (40,50]
      5       5       4       2
```

(14) 제어문

- 다음 표시 중 exp에 {}을 사용하여 복합문을 이용할 수 있다

- if-else문

  - if (cond) expr
  - if (cond) expr1 else expr2

- for문

  - for (var in seq) expr

- while문

  - while (cond) expr

- switch문

  - switch(expr, ...)

- ifelse문

  - ifelse(test, yes, no)

```
> ifelse(c(1:10) %% 2 == 0, "짝수", "홀수")
 [1] "홀수" "짝수" "홀수" "짝수" "홀수" "짝수" "홀수" "짝수" "홀수" "짝수"
>
> # 1부터 10까지의 합 (for)
> sum <- 0
> for (i in 1:10)
+ {
+    sum <- sum + i
+ }
> sum
[1] 55
>
> # 1부터 10까지의 합 (while)
> i <- 1
> sum <- 0
> while (i <= 10) {
+    sum <- sum + i
+    i <- i + 1
+ }
> sum
[1] 55
>
> # 1부터 10까지의 홀수/짝수들의 합 (if, for)
> even <- 0
> odd <- 0
> for (i  in  1:10) {
+   if( i %% 2 != 0 )
+     odd <- odd + i
+   else
+     even <- even + i
+ }
> even
[1] 30
> odd
[1] 25
>
> # 1부터 10까지의 합 (repeat)
```

```
> i <- 1
> sum <- 0
> repeat {
+     if (i > 10) {
+       break
+     }
+     sum <- sum + i
+     i<-i+1
+ }
> sum
[1] 55
>
> x <- 3
> switch (x, "하나",  "둘",  "셋")
[1] "셋"
```

(15) 데이터의 정렬

• order()

  − 디폴트는 ascending

  − sorting 변수 앞에 −(minus) 표시를 하면 descending order

```
# 예 : marcars 데이터 셋을 정렬
> mtcars
> attach(mtcars)
> newdata <- mtcars[order(mpg),]
> newdata
> # sort by mpg and cyl
> newdata <- mtcars[order(mpg,cyl),]
> newdata
> # sort by mpg(ascending) and cyl(descending)
> newdata <- mtcars[order(mpg,-cyl),]
> newdata
> detach(mtcars)
```

9.4   R의 그래프 기초

9.4.1 R에서 그래프 개요

(1) 다양한 그래프 기능

```
> demo(graphics)

        demo(graphics)

        ---- ~~~~~~~~~

Type  <Return>          to start : ;

> #  Copyright (C) 1997-2009 The R Core Team
>
> require(datasets)

> require(grDevices); require(graphics)

> ## Here is some code which illustrates some of the differences between
> ## R and S graphics capabilities.  Note that colors are generally specified
> ## by a character string name (taken from the X11 rgb.txt file) and that line
> ## textures are given similarly.  The parameter "bg" sets the background
> ## parameter for the plot and there is also an "fg" parameter which sets
> ## the foreground color.
>
> x <- stats::rnorm(50)
> opar <- par(bg = "white")
> plot(x, ann = FALSE, type = "n")
> plot(c(1,2,3), c(1,2,4))
Hit <Return> to see next plot: x
> plot(c(1,2,3), c(1,2,4))
Hit <Return> to see next plot:
>
```

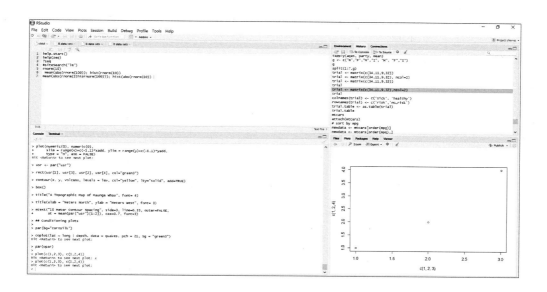

> Nile

Time Series:

Start = 1871

End = 1970

Frequency = 1

 [1] 1120 1160 963 1210 1160 1160 813 1230 1370 1140 995 935 1110 994
1020 960 1180 799 958 1140 1100 1210 1150 1250 1260 1220
[27] 1030 1100 774 840 874 694 940 833 701 916 692 1020 1050 969 831
726 456 824 702 1120 1100 832 764 821 768 845
[53] 864 862 698 845 744 796 1040 759 781 865 845 944 984 897 822
1010 771 676 649 846 812 742 801 1040 860 874
[79] 848 890 744 749 838 1050 918 986 797 923 975 815 1020 906 901
1170 912 746 919 718 714 740

> mean(Nile)

[1] 919.35

> sd(Nile)

[1] 169.2275

> hist(Nile)

Hit <Return> to see next plot:

>

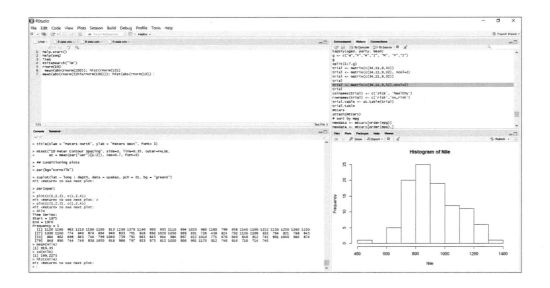

9.4.2 plot() 함수

(1) 지정하는 object들을 도표 상에 표시(plot)하는 함수

(2) 형태: plot(x, y, arguments)

(3) 대화식으로 그래프 생성

```
> attach(mtcars)
The following objects are masked from mtcars (pos = 3):

    am, carb, cyl, disp, drat, gear, hp, mpg, qsec, vs, wt

> plot(wt, mpg)
Hit <Return> to see next plot:
> abline(lm(mpg~wt))
> title("Regression of MPG on Weight")>
```

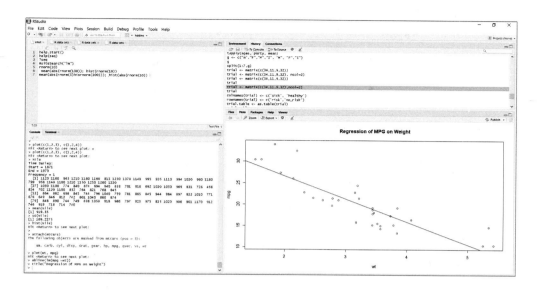

> plot(wt, mpg,type ="b")

Hit <Return> to see next plot: >

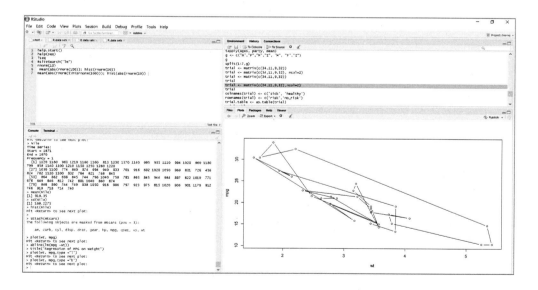

- plots() 파라메터 및 옵션

  - type ="?"

    ?: p (점 그래프), l (선 그래프), b (점과 선), o (선이 점 위에 겹쳐짐), h (수직선),
       s (계단형 그래프)

  - xlim = , ylim = : x 축과 y 축의 상한과 하한, xlim = c(1,10) 또는 xlim =
    range(x)

  - xlabel = , ylabel = : x 축과 y 축의 이름(label) 부여

  - main = : 그래프의 위쪽에 놓이는 주제목

  - sub = : 그래프의 아래쪽에 놓이는 부제목

  - bg= : 그래프의 배경화면 색깔

  - bty = : 그래프를 그리는 상자의 모양

  - pch = : 표시되는 점의 모양, 16 (빨간색 원)

  - lty = : 선의 종류 1(실선), 2(파선), 3(점선), 4: 점파선

  - col = : 색깔지정, red, green, blue 및 색상을 나타내는 숫자

  - mar = : c(bottom, left, top, right)의 순서로 가장자리 여분 값을 지정

  - asp = : 종횡의 비율

```
>cars
  speed dist
1     4    2
2     4   10
3     7    4
4     7   22
5     8   16
6     9   10
7    10   18
8    10   26
9    10   34
10   11   17
11   11   28
12   12   14
```

13	12	20
14	12	24
15	12	28
16	13	26
17	13	34
18	13	34
19	13	46
20	14	26
21	14	36
22	14	60
23	14	80
24	15	20
25	15	26
26	15	54
27	16	32
28	16	40
29	17	32
30	17	40
31	17	50
32	18	42
33	18	56
34	18	76
35	18	84
36	19	36
37	19	46
38	19	68
39	20	32
40	20	48
41	20	52
42	20	56
43	20	64
44	22	66
45	23	54
46	24	70
47	24	92

```
48   24   93
49   24  120
50   25   85
> data(cars)
> attach(cars)
> par(mfrow=c(2,2))
> plot(speed, dist,pch=1); abline(v=15.4)
Hit <Return> to see next plot:
>
```

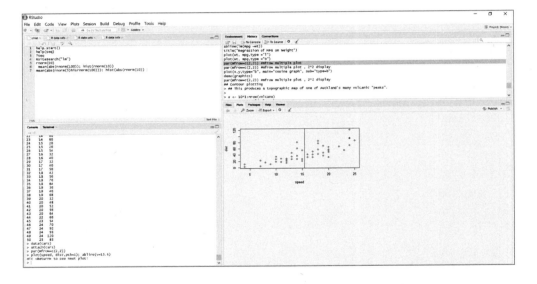

- abline()

  – 직선

    abline(a,b) # 절편 a, 기울기 b 인 직선

    abline(h=y) # 수평선

    abline(v=x) # 수직선

    abline(lm.obj) # lm.obj에 지정된 곡선

```
> attach(cars)
> par(mfrow=c(2,2))
> plot(speed, dist,pch=1); abline(v=15.4)
Hit <Return> to see next plot:
> plot(speed, dist,pch=2); abline(h=43)
> plot(speed, dist,pch=3); abline(-14,3)
> plot(speed, dist,pch=8); abline(v=15.4); abline(h=43)
```

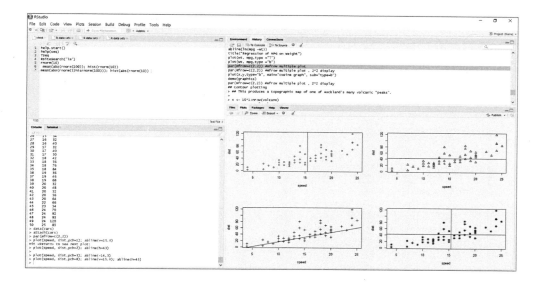

9.4.3 점 plotting

(1) 점 plotting(Dot plot)

• dotchart(x, labels=)

• x: 숫자 vector, labels: 각 점의 레이블

```
>  dotchart(mtcars$mpg,  labels=row.names(mtcars),  cex=.7,main="model  oil",
xlab="gallon mile")
```

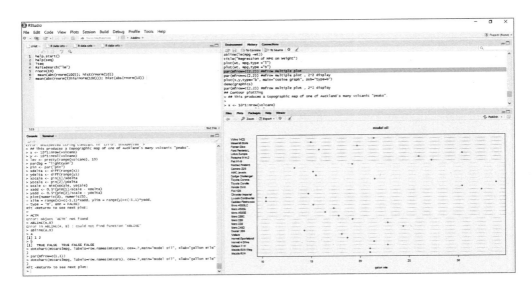

#Dotplot : 그룹별, 정렬(기준: mpg,group), 색깔(by cylinder)

```
> x <- mtcars[order(mtcars$mpg),] # sort by mpg
> x$cyl <- factor(x$cyl)
> x$color[x$cyl==4]  <- "red"
> x$color[x$cyl==6]  <- "blue"
> x$color[x$cyl==8]  <- "darkgreen"
> dotchart(x$mpg, labels=row.names(x), cex=.7, groups=x$cyl,)
Hit <Return> to see next plot:
> dotchart(x$mpg, labels=row.names(x), cex=.7, groups=x$cyl,
+ main="Gas Lilage for car models ",
+ xlab="Miles per Gallon", gcolor="black", color=x$color)
> par(mfrow=c(1,1)) #mfrow multiple plot
> dotchart(x$mpg, labels=row.names(x), cex=.7, groups=x$cyl,
+ main="Gas Lilage for car models ",
+ xlab="Miles per Gallon", gcolor="black", color=x$color)
Hit <Return> to see next plot:
>
```

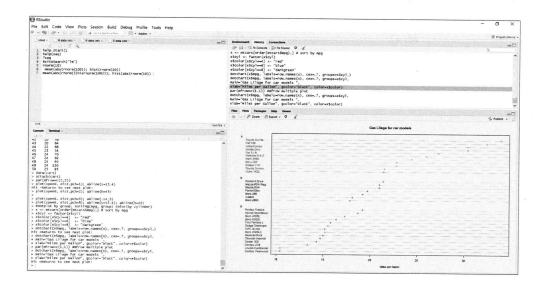

9.4.4 막대(Bar) Plots

(1) barplot(height)

```
> #simple Bar plot
> counts <- table(mtcars$gear)
> barplot(counts,main="Car Distribution", xlab="number of gears")
Hit <Return> to see next plot:
> #simple Horizontal Bar + Label 추가
> counts <- table(mtcars$gear)
> barplot(counts,main="Car Distribution", horiz=TRUE,
+ names.arg=c("3 gears", "4gears", "5 gears"))
>
```

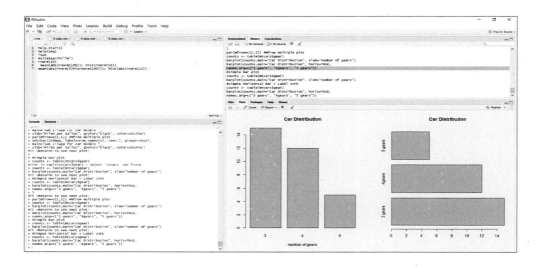

(2) Stacked Bar Plot

```
> par(mfrow=c(1,1)) #mfrow multiple plot
> #Stacked Bar Plot
> counts <- table(mtcars$vs, mtcars$gear)
> barplot(counts, main="Car Distribution according to Gears and Vs ",
+ xlab="Number of gears", col=c("darkblue", "red"), legend=rownames(counts))
Hit <Return> to see next plot:
>
```

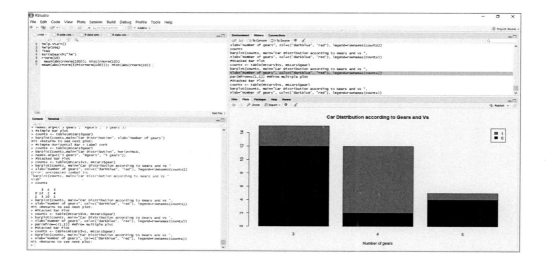

(3) Grouped Bar chart

```
> #Grouped Bar Chart
> counts <- table(mtcars$vs, mtcars$gear)
> barplot(counts, main="Car Distribution according to Gears and Vs ",
+ xlab="Number of gears", col=c("darkblue", "red"), legend=rownames(counts),
beside=TRUE)
Hit <Return> to see next plot:
```

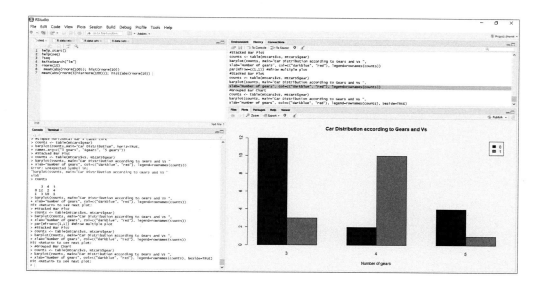

(4) 선 도표(Line Charts)

• lines(x, y, type=)

　– type: p(point), l(line), o(Overplotted points and lines)
　　　　　b,c (선으로 연결된 점들), s,S (stair steps),
　　　　　h (histogram–like vertical lines)
　　　　　n = 아무것도 출력치 않음

• lines() 함수

　– 자체만으로는 그래프 생성 못하고 plot(x,y) 명령 후 사용됨

```
> x <- c(1:5); y <-x
> par(pch=22, col="red")
> par(mfrow=c(2,4))
> opts=c("p","l","o","b","c", "s", "S", "h")
> for (i in 1:length(opts)) {
+ heading = paste("type=", opts[i])
+ plot(x,y,type="n", main=heading)
+ lines(x,y,type=opts[i]) }
Hit <Return> to see next plot:
>
```

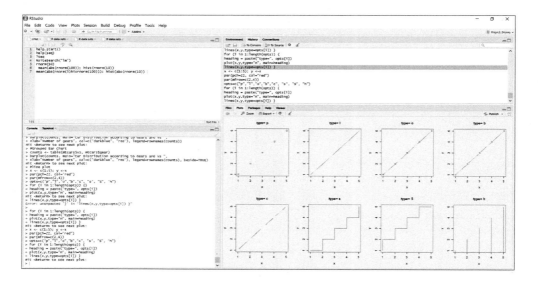

(5) 파이 차트

- pie(x, labels=)

  - x: 각 slice의 면적 표시 vector
  - labels: 각 slice 이름의 문자 vector

```
> par(mfrow=c(1,1)) #mfrow multiple plot
> #simple pie chart
> slices <- c(10,12,4,16,8)
> lbls <- c("US", "UK", "Astralia", "Germany","France")
> pie(slices, labels=lbls, main="Pie Chart of Countries")
Hit <Return> to see next plot:
>
```

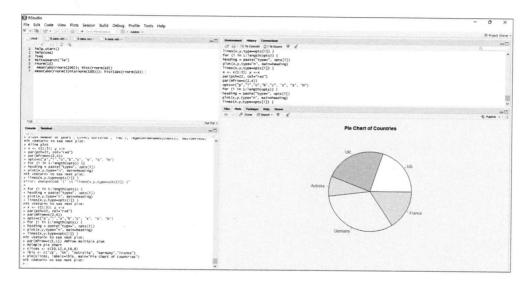

— Pie 차트에서 백분율 표시

```
> # Pie chart with %
> slices <- c(10,12,4,16,8)
> lbls <- c("US", "UK", "Astralia", "Germany","France")
> pct <- round(slices/sum(slices)*100)
> lbls <- paste(lbls, pct)  # add percents to labels
> lbls <- paste(lbls, "%", sep="")  # add % to labes
> pie(slices, labels=lbls, col=rainbow(length(lbls)),main="Pie Chart of Countries")
Hit <Return> to see next plot:
>
```

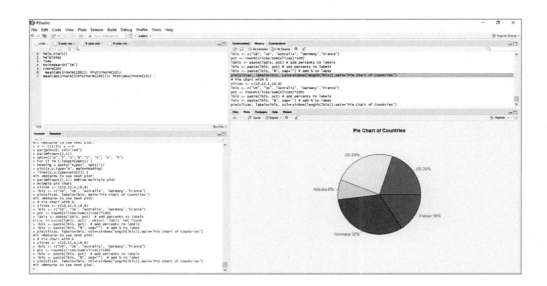

(6) 상자 plot(box plot)

- 상자 plot

  - 최대값, 중앙값, 최소값, Q1, Q3
  - 각 변수별 또는 그룹별로 Boxplot 가능
  - boxplot(x, data=)

    x: formula, data= 에서 데이터프레임 지정

```
> # Boxplot for mpg of Cylinder group
> attach(mtcars)
The following objects are masked from mtcars (pos = 4):

    am, carb, cyl, disp, drat, gear, hp, mpg, qsec, vs, wt

> boxplot(mpg~cyl, data=mtcars, main="Mobile Milage Data",
+ xlab="Number of Cylinder", ylab="Miles per Gallon")
Hit <Return> to see next plot:
>
```

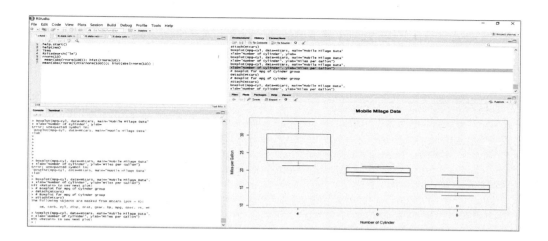

(7) 산점도(Scatterplots)

- 두 변수 값을 좌표평면에 표시해서 변수간의 관련성을 보여줌

- Scatterplot의 단순한 방식

  – plot(x,y): x,y는 numeric vector로서 plot 할 점 (x, y)를 표시

```
> plot(wt, mpg, main="Sctterplot example",
+ xlab="weight of car", ylab="Miles per Gallon", pch=19)
Hit <Return> to see next plot:
>
```

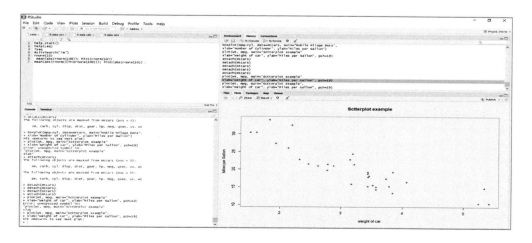

9.5 R을 이용한 가설 검정

9.5.1 수학함수

- abs(x): 절대값

- sqrt(x): 제곱근

- ceiling(x): ceiling(3.475) $\rightarrow$ 4

- floor(x): floor(3.475) $\rightarrow$ 3

- trunc(x): trunc(5.99) $\rightarrow$ 5

- round(x, digits=n): round(3.4765, digits=2) $\rightarrow$ 3.48

- cos(x), sin(x), tan(x)

- log(x): 자연로그

- log10(x): 상용로그

- exp(x): e^x

- factorial(x): factorial(5) $\rightarrow$ 120

9.5.2 확률함수

(1) 특정분포로부터 난수를 발생시켜서 이를 통해 확률분포를 생성 simulation에 활용

  - d: 확률 밀도함수, p: 누적확률, q: 4분위수, r: 난수 발생

- dnorm(x): 정규밀도함수 (디폴트 m=0, sd =1)

- pnorm(q): 누적 정규 확률

- qnorm(p): 정규분포상의 p 퍼센트의 값

- rnorm(n, m=0, sd=1): n개의 정규편차(평균:m, 표준편차:sd)

- 이항분포(size=표본수, prob=확률)

  - dbinorm(x, size, prob)

  - pbinorm(q, size, prob)

  - qbinorm(p, size, prob)

  - rbinorm(n, size, prob)

- 포아송분포

  - dpois(x, lamda)

  - ppois(q, lamda)

  - qpois(p, lamda)

  - rbpois(n, lamda)

- 일양분포

  - dunif(x, min=0, max=1)

  - punif(q, min=0, max=1)

  - qunif(p, min=0, max=1)

  - runif(n, min=0, max=1)

```
> qnorm(0.05, mean=0, sd=1)
[1] -1.644854
> qnorm(0.05, mean=0, sd=1)
[1] -1.644854
> qnorm(0.95, mean=0, sd=1)
[1] 1.644854
> dnorm(0, mean=0, sd=1)
[1] 0.3989423
> x = rnorm(100)
> hist(x, probability = TRUE, col=gray(.5),main="Normal Curve, mu=0,sigma=1")
Hit <Return> to see next plot:
```

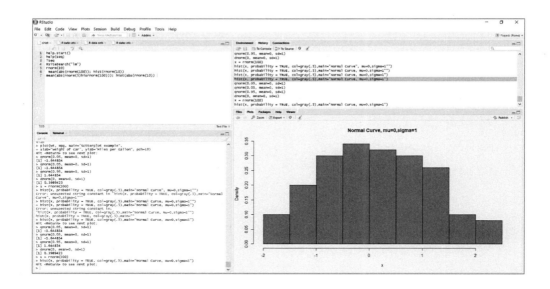

9.5.3 통계함수

(1) 다양한 통계함수에서 na.rm 옵션을 통해 결측치 제거 후 작업

- object는 숫자 vector 또는 데이터프레임

- mean(x, trim=0, na.rm=TRUE): 객체 x의 평균(NA를 제외한 데이터만 사용)

- median(x): 중위수

- var(x): 분산

- sd(x): 표준편차

- quantile(x, probs): x = 원하는 quantile의 숫자 vector, probs = 숫자 vector
  (확률: [0,1])

- range(x): 범위

- sum(x): 합계

- diff(x, lag=1)

- min(x): 최소

- max(x): 최대

- scale(x, center=TRUE, scale=TRUE)

```
> x = rnorm(100)
> hist(x, probability = TRUE, col=gray(.5),main="Normal Curve, mu=0,sigma=1")
Hit <Return> to see next plot:
> mx <- mean(x, trim=.05, na.rm=TRUE)
> mx
[1] 0.1194564
> var(x)
[1] 0.9767242
> sd(x)
[1] 0.9882936
> y <- quantile(x,c(.3,.84))
> y
        30%       84%
-0.4373834  1.1789784
>
```

9.5.4 기술통계학

(1) 요약통계

(2) sapply() 함수

- #mydata라는 데이터프레임에서 변수 평균, 단 결측치는 계산에서 제외

- sapply에 이용 가능한 함수

- mean, sd, var, min, max, median, range, quantile

(3) 기타의 함수

- summary(x) #최소값, 1사분위, 중위수, 평균, 3사분위수, 최대값

- fivenum(x) #최소값, 중위수, 1사분위수, 3사분위수, 최대값

```
> mydata <- c(1:5)
> summary(mydata) #최소값, 1사분위, 중위수, 평균, 3사분위수, 최대값
   Min. 1st Qu.  Median  Mean  3rd Qu.  Max.
      1       2       3     3        4     5
> fivenum(mydata) #최소값, 중위수, 1사분위수, 3사분위수,최대값
[1] 1 2 3 4 5
```

9.5.5 히스토그램

(1) hist(x) 함수

```
# 가장 단순한 히스토그램
> par(mfrow=c(1,2))
> hist(mtcars$mpg)
# 구간의 개수를 지정, 색상지정
>hist(mtcars$mpg, breaks=12, col="red")
```

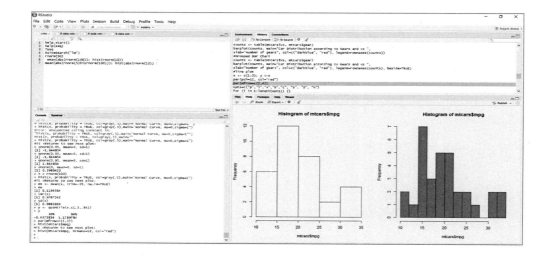

9.5.6 밀도 plot

(1) 핵밀도 plots

• plot(density(x)) x 는 수치 vector

```
> # Kernel Density plot()
> d <- density(mtcars$mpg)
> plot(d)  # plots the results
Hit <Return> to see next plot:
> # Filled Density Plot
> d <- density(mtcars$mpg)
> plot(d, main="Kernel Density of Miles per Gallon")
> polygon(d, col="red", border="blue")
>
```

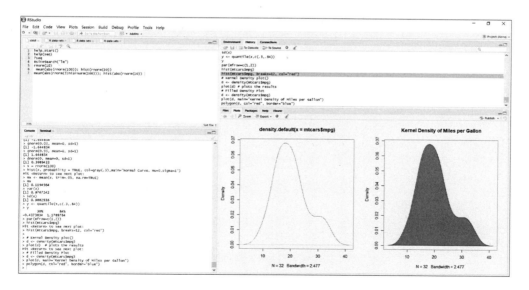

9.5.7 빈도수와 분할표

(1) 빈도표 생성

- table() —〉 빈도표
- prob.table() —〉 비율테이블
- margin.table() —〉 marginal 빈도

(2) 분할표

- 각 개체를 특성에 따라 분류한 자료정리표
- 2차원 분할표: 행과 열 분수간의 자료 정리

9.5.8 상관관계

(1) cor(): 상관관계

(2) cov(): 공분산

(3) cor(x, use=, method=)

- x: matrix or data frame
- use: 결측치 처리방법

  - all.obs (결측치 없는 것을 전제−결측치는 에러 발생)
  - complete.obs
  - pairwise.complete.obs

- method: 분석하려는 상관관계의 종류 (pearson, spearman, kendall)

(4) cor(x,y) or rcorr(x,y): column x와 column y 간의 상관관계 생성

```
> #mtcars Correlation matrix
> #rows: mpg, cyl, disp
> #columns : hp, drat,wt
> x <- mtcars[1:3]
> y <- mtcars[4:6]
> cor(x,y)
            hp         drat          wt
mpg  -0.7761684    0.6811719  -0.8676594
cyl   0.8324475   -0.6999381   0.7824958
disp  0.7909486   -0.7102139   0.8879799
>
```

9.5.9 회귀분석

(1) 독립변수(x)와 종속변수(y)의 관계식을 구하는 것

• 단순회귀분석: 한 개의 독립변수(=설명변수)로서 1차 선형 관계식을 구하는 것

• 1차 선형 방정식, 오차의 제곱합을 최소로 하는 최소제곱법

```
> data(women)
> women
  height weight
1    58    115
2    59    117
3    60    120
4    61    123
5    62    126
6    63    129
7    64    132
8    65    135
```

```
9    66   139
10   67   142
11   68   146
12   69   150
13   70   154
14   71   159
15   72   164
> fit <- lm(weight ~ height, data =women)
> summary(fit)

Call:
lm(formula = weight ~ height, data = women)

Residuals:
    Min      1Q  Median     3Q     Max
-1.7333 -1.1333 -0.3833 0.7417  3.1167

Coefficients:
             Estimate Std. Error   t value   Pr(>|t|)
(Intercept) -87.51667    5.93694   -14.74   1.71e-09 ***
height        3.45000    0.09114    37.85   1.09e-14 ***
---
Signif. codes:  0 '***' 0.001 '**' 0.01 '*' 0.05 '.' 0.1 ' ' 1

Residual standard error: 1.525 on 13 degrees of freedom
Multiple R-squared:  0.991,                Adjusted R-squared:  0.9903
F-statistic:  1433 on 1 and 13 DF,  p-value: 1.091e-14

> women$height
 [1] 58 59 60 61 62 63 64 65 66 67 68 69 70 71 72
> fitted(fit)
       1        2        3        4        5        6        7        8        9
112.5833 116.0333 119.4833 122.9333 126.3833 129.8333 133.2833 136.7333 140.1833
      10       11       12       13       14       15
143.6333 147.0833 150.5333 153.9833 157.4333 160.8833
```

```
> residuals(fit)
          1              2              3              4              5              6              7
2.41666667 0.96666667 0.51666667 0.06666667 −0.38333333 −0.83333333 −1.28333333

−1.73333333 −1.18333333 −1.63333333 −1.08333333 −0.53333333 0.01666667 1.56666667
          8              9             10             11             12             13             14

         15
3.11666667
> plot(women$height, women$weight)
Hit <Return> to see next plot:
> abline(fit)
```

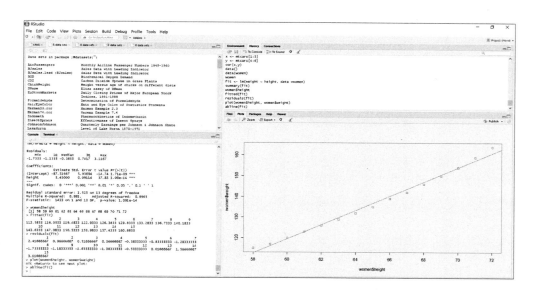

- T 검정: 단일 모집단에 대한 모평균 검증

  − H_0: mu=0

  − H_1: Mu $\Diamond$ 0

```
> effect <- scan()
1: 0.7 0.3 1.5 −0.9 0.8 2.3 0.6 1.3 −0.1 −1.1
11:
Read 10 items
> t.test(effect, alternative = "two.sided", mu=0)

        One Sample t-test

data: effect
t = 1.6262, df = 9, p-value = 0.1384
alternative hypothesis: true mean is not equal to 0
95 percent confidence interval:
 −0.2111815  1.2911815
sample estimates:
mean of x
    0.54


 p-value = 0.1384

귀무가설 기각하지 않는다
```

• F 검정 − 두 독립집단의 모평균이 같은지 검증

  − H_0 : Mu1 = Mu2

  − H_1 : Mu1 ◇ Mu2

```
> effect2 <- scan()
1: 0.5 −0.2 0.8 1.1 0.3 1.7 −0.2 −1.4 1.7 0.9
11:
Read 10 items
> var.test(effect, effect2)

        F test to compare two variances
```

data: effect and effect2

F = 1.2228, num df = 9, denom df = 9, p-value = 0.7694

alternative hypothesis: true ratio of variances is not equal to 1

95 percent confidence interval:

 0.3037187 4.9228642

sample estimates:

ratio of variances

        1.22277

F 통계량의 값은 1.2228 이고, p-value 는 0.7694 이므로 유의수준 5% 로 H0 를 (귀무가설)
기각하지 않는다.

두 종류의 먹이를 먹인 닭의 몸무게를 비교하자

먹이 종류 : casein, linseed

단, 닭의 종자는 동일하다고 하고 데이터는 chickwts 데이터셋을 이용한다.

```
> chickwts
   weight        feed
1     179   horsebean
2     160   horsebean
3     136   horsebean
4     227   horsebean
5     217   horsebean
6     168   horsebean
7     108   horsebean
8     124   horsebean
9     143   horsebean
10    140   horsebean
11    309      linseed
12    229      linseed
13    181      linseed
14    141      linseed
15    260      linseed
```

16	203	linseed
17	148	linseed
18	169	linseed
19	213	linseed
20	257	linseed
21	244	linseed
22	271	linseed
23	243	soybean
24	230	soybean
25	248	soybean
26	327	soybean
27	329	soybean
28	250	soybean
29	193	soybean
30	271	soybean
31	316	soybean
32	267	soybean
33	199	soybean
34	171	soybean
35	158	soybean
36	248	soybean
37	423	sunflower
38	340	sunflower
39	392	sunflower
40	339	sunflower
41	341	sunflower
42	226	sunflower
43	320	sunflower
44	295	sunflower
45	334	sunflower
46	322	sunflower
47	297	sunflower
48	318	sunflower
49	325	meatmeal
50	257	meatmeal

51	303	meatmeal
52	315	meatmeal
53	380	meatmeal
54	153	meatmeal
55	263	meatmeal
56	242	meatmeal
57	206	meatmeal
58	344	meatmeal
59	258	meatmeal
60	368	casein
61	390	casein
62	379	casein
63	260	casein
64	404	casein
65	318	casein
66	352	casein
67	359	casein
68	216	casein
69	222	casein
70	283	casein
71	332	casein

```
> # casein, linseed comparison
> dchick <- chickwts[chickwts$feed=='casein' | chickwts$feed=='linseed',]
>
> dchick$feed <-as.factor(as.character(dchick$feed))
> # first plot comparison
> plot(dchick$weight ~dchick$feed)
Hit <Return> to see next plot:
>
```

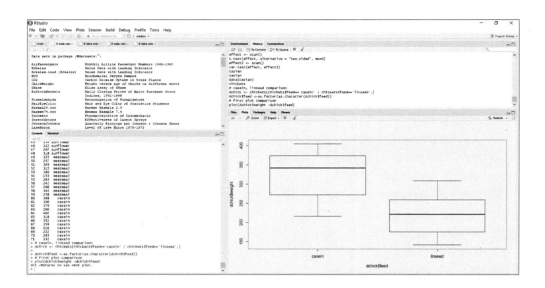

```
> tapply(dchick$weight,dchick$feed, length)
 casein linseed
    12     12
> tapply(dchick$weight,dchick$feed, mean)
   casein    linseed
323.5833 218.7500
```

먼저 분산분석(F 검정)을 통해 t-test 가 가능한지 검토해본다.
분산의 차이가 0.05 이하이면 t-test를 할수 없다.

```
> # F test variance comparison for two group
> #  < 0.05 , cannot t-test


> var.test(dchick$weight[dchick$feed=='casein'], dchick$weight[dchick$feed=='linseed'])

        F test to compare two variances

data:  dchick$weight[dchick$feed == "casein"] and dchick$weight[dchick$feed == "linseed"]
F = 1.5216, num df = 11, denom df = 11, p-value = 0.4977
```

alternative hypothesis: true ratio of variances is not equal to 1
95 percent confidence interval:
 0.4380271 5.2854918
sample estimates:
ratio of variances
        1.521574

이 예제에서는 F 검정을 한 결과 p-value = 0.4977 로 0.05보다 크므로 두 개의 분산의 크기가
유사하다는 것을 의미하므로 t-test 가 가능하다.

• T 검정

　－ H_0 : Mu1 = Mu2

　－ H_1 1 Mu1 ◇ Mu2


```
> # t.test
> vX1 <- dchick$weight[dchick$feed=='casein']
> vX2 <- dchick$weight[dchick$feed=='linseed']

> t.test(vX1,vX2)

        Welch Two Sample t-test

data: vX1 and vX2
t = 4.3781, df = 21.097, p-value = 0.0002606
alternative hypothesis: true difference in means is not equal to 0
95 percent confidence interval:
 55.05122 154.61545
sample estimates:
mean of x mean of y
 323.5833 218.7500
>
```
t-test 함수를 이용하여 p-value = 0.0002606 이므로 0.05보다 작다.

따라서 귀무가설을 기각한다. 즉, "대립가설인 두 종류의 먹이를 먹인 닭의 무게가 차이가 있다"
라고 결정한다.

(문제) 자동차 윤활유 제조회사에서 윤활유를 오래 보관해도 점성이 지속되는 지를 검사하려 한다.
생산된 직후의 10개의 윤활유를 임의 추출하여 점성을 조사하고, 1년 묵은 윤활유중 10개 윤활유
를 임의추출하여 점성을 조사한 결과가 다음과 같다. 생산 직후나 1년이 지난 후의 점도에 대한 표
준편차는 같다고 한다. 1년이 지나도 점도가 그대로 보존되는 지를 유의수준 5%에서 검정하라.
생산 직후 :   10.2, 10.5, 10.3, 10.8, 9.8, 10.6, 10.7, 10.2, 10.0, 10.6
생산 1년 후 : 9.8,   9.6, 10.1, 10.2, 10.1, 9.7, 9.5, 9.6, 9.8,   9.9

9.6 영어 문서의 텍스트 마이닝 분석

(1) 패키지 설치

```
> install.packages ("tm")  # 텍스트마이닝(TM) 패키지
> install.packages ("wordcloud") # wordcloud 패키지
> install.packages ("RColorBrewer") # RColorBrewer 색상 지정 패키지
```

(2) 패키지 불러오기

```
> #패키지 불러오기
> library(tm)
> library(wordcloud)
> library(RColorBrewer)
```

(3) 텍스트 파일 읽어오기

```
> speech = "D:₩₩Text mining Project₩₩project₩₩BJP2014.txt"
> modi_txt = readLines(speech)
```

(4) 읽어온 텍스트 파일을 tm 패키지로 처리할 수 있는 말뭉치(corpus)로 변환

말뭉치는 언어 연구를 위해 텍스트를 컴퓨터가 읽을 수 있는 형태로 모아 놓은 언어 자료 형태로, 언어 현실을 총체적으로 드러내 보여줄 수 있는 자료의 집합체로 매체, 시간, 공간, 주석 단계 등의 기준에 따라 다양한 종류가 있으며, 한 덩어리로 볼 수 있는 말의 뭉치라는 뜻이다.

```
> modi <- Corpus(VectorSource(modi_txt))
```

(5) 데이터 정제 작업

```
> modi_data <- tm_map(modi, stripWhitespace)
> modi_data <- tm_map(modi_data, tolower)
> modi_data <- tm_map(modi_data, removeNumbers)
> modi_data <- tm_map(modi_data, removePunctuation)
> modi_data <- tm_map(modi_data, removeWords, stopwords("english"))
> modi_data <- tm_map(modi_data, removeWords, c("and","the","our","that","for",
"are","also","more","has","must","have","should","this","with"))
```

위의 명령들은 tm패키지에서 tm_map()함수를 사용하여 불필요한 빈칸(stripWhitespace), 대문자를 소문자로(tolower), 숫자(removeNumbers), 마침표(removePunctuation)를 제거하는 명령들이다. 그리고 영어에서 'the'와 같은 stopwords들을 제거하는 명령, 마지막으로 나열된 단어 'and' 등을 제거하는 명령이다.

(6) 단어 문서 매트릭스를 생성

문서에 포함된 단어와 그 단어의 빈도를 나타내는 매트릭스를 생성한다. 이 매트릭스에서 행은 일련의 단어들을, 행은 대응되는 문서들을 표현하고 있다. 다음에는 단어들의 빈도수를 생성시켜주는 TDM 함수를 사용한다.

```
> tdm_modi <- TermDocumentMatrix (modi_data)
# 하나의 단어 문서 매트릭스(TDM)을 생성
> TDM1 <- as.matrix(tdm_modi)  #매트릭스 형태로 변환
> v = sort (rowSums(TDM1), decreasing = TRUE)
# 이 함수는 각 단어의 빈도수를 계산하여 정렬된 형태를 반환해 준다.
> d <- data.frame(word = names(v), freq=v)
> summary(v)  # 단어 빈도수가 어떻게 되어 있는지 요약 데이터를 출력
```

여기서 가장 적게 출현되는 단어와 가장 많이 출현된 단어들의 정보를 알 수 있으니, 다음 단계의 max.words의 매개변수 값을 지정할 수 있다.

(7) 마지막으로 생성된 단어들에 대한 cloud를 생성

```
> wordcloud(d$word, d$freq, scale=c(5,0.5),
        min.freq = 1,
        max.words=200,
        random.order=TRUE, rot.per=0.35,
        use.r.layout=FALSE,
        colors=brewer.pal(8, "Dark2"))
```

• wordcloud() 함수

wordcloud(modi_data, freq, scale=c(5,0.5), min.freq=2, max.words=Inf, random.order=TRUE, rot.per=0.35, use.r.layout=FALSE, colors="black")

- modi_data: 처리할 단어

- freq: 빈도

- scale=c(5,0.5): 길이 2의 벡터로 단어의 크기 범위를 나타냄

- min.freq=2: 빈도가 2 이하인 단어는 플롯에서 제외함

- max.words=Inf: 그려질 최대 단어의 수, Inf는 제한이 없음을 의미

- random.order=TRUE: 단어를 랜덤하게 배치함, FALSE는 빈도의 내림차순으로 그려짐

- rot.per=0.35: 90도 회전 단어의 비율

- use.r.layout=FALSE: 화면외의 외부 출력이 없음을 의미

- colors="black": 최소 ~ 최대 빈도 단어의 색상

- wordcloud 함수는 문서의 키워드, 개념 등을 직관적으로 파악할 수 있도록 핵심 단어를 시각적으로 돋보이게 하는 기법이다. 예를 들면 많이 언급될수록 단어를 크게 표현해 한 눈에 들어올 수 있게 할 수 있다.

9.7　한글 문서의 텍스트 마이닝 분석

한글 문서의 텍스트 마이닝 분석을 위해서는 영어 문서와는 달리 먼저 아래와 같은 한글 문서 전처리 과정이 필요하다.

9.7.1 한글 전처리과정

(1) 특수문자, 숫자 제거

(2) 단어(전문용어) 사전 생성 추가

(3) 형태소 분석 처리

(4) 불용어 사전 생성

(5) 불용어 제거

(6) 유사어 처리

위 과정에 따라 문재인 대통령 취임 100일 기자회견 모두발언을 이용하여 한글 텍스트 마이닝을 하기로 한다.

- 한글 형태소 분석 패키지: KoNLP(Korean Natural Language Processing)
- KoNLP 사용 환경: rJava, memoise, KoNLP

(1) 패키지 준비하기

```
install.packages("rJava")
install.packages("memoise")
install.packages("KoNLP")
install.packages("dplyr")
install.packages("stringr")
library(KoNLP)
library(rJava)
library(memoise)
library(dplyr)
library(stringr)
```

(2) 사전 설정: 형태로 분석을 하는데 NIA 사전을 이용하도록 설정

```
> useNIADic()
Backup was just finished!
983012 words dictionary was built.
```

(3) 데이터 준비하기

```
> setwd("c:/example")
> getwd()
[1] "c:/example"
># speech.txt :문재인 대통령 취임 100일 기자회견 모두발언
> speech <- readLines("speech.txt")
> head(speech)
[1] " 존경하는 국민 여러분, 기자 여러분, 오늘로 새 정부 출범 100일을 맞았습니다."
[2] ""
[3] " 그동안 부족함은 없었는지 돌아보고 각오를 새롭게 다지기 위해 자리를 마련했습니다. 먼저
국민 여러분께 감사의 말씀을 드립니다. 국민 여러분의 지지와 성원 덕분에 큰 혼란 없이 국정을
운영할 수 있었습니다."
```

[4] ""
[5] " 공식 출범은 100일 전이었지만 사실 새 정부는 작년 겨울 촛불 광장으로부터 시작되었다고 생각합니다. '이게 나라냐'는 탄식이 광장을 가득 채웠지만, 그것이 나라다운 나라를 만들자는 국민의 결의로 모아졌습니다. 국민의 나라, 정의로운 대한민국을 만들자는 국민의 희망, 이것이 문재인 정부의 출발이었습니다."
[6] ""

(4) 특수문제 제거

```
> sp <- str_replace_all(speech,"₩₩₩"," ")
> sp
 [1] " 존경하는 국민 여러분  기자 여러분  오늘로 새 정부 출범 100일을 맞았습니다 "
 [2] ""
 [3] " 그동안 부족함은 없었는지 돌아보고 각오를 새롭게 다지기 위해 자리를 마련했습니다  먼저 국민 여러분께 감사의 말씀을 드립니다  국민 여러분의 지지와 성원 덕분에 큰 혼란 없이 국정을 운영할 수 있었습니다 "
 [4] ""
 [5] " 공식 출범은 100일 전이었지만 사실 새 정부는 작년 겨울 촛불 광장으로부터 시작되었다고 생각합니다  이게 나라냐 는 탄식이 광장을 가득 채웠지만  그것이 나라다운 나라를 만들자는 국민의 결의로 모아졌습니다  국민의 나라  정의로운 대한민국을 만들자는 국민의 희망  이것이 문재인 정부의 출발이었습니다 "
 [6] ""
 [7] " 국민 여러분  지난 100일 동안 국가운영의 물길을 바꾸고 국민이 요구하는 개혁과제를 실천해 왔습니다  취임사의 약속을 지키기 위해 노력했습니다  상처받은 국민의 마음을 치유하고 통합하여 국민 모두의 대통령이 되고자 했습니다 "
 [8] ""
 [9] " 5 18 유가족과 가습기 피해자  세월호 유가족을 만나 국가의 잘못을 반성하고  책임을 약속드리고 아픔을 함께 나누었습니다  현충일 추념사를 통해 모든 분들의 희생과 헌신이 우리가 기려야 할 애국임을 확인하고 공감했습니다 "
[10] ""
[11] " 잘못된 것을 바로잡고 새 정부 5년의 국정운영 청사진을 마련하는 일도 차질 없이 준비해 왔습니다  국가의 역할을 다시 정립하고자 했던 100일이었습니다 "
```

[12] ""

[13] " 모든 특권과 반칙 부정부패를 청산하고 공정하고 정의로운 대한민국으로 중단 없이 나아갈 것입니다 국민을 감시하고 통제했던 권력기관들이 국민을 위한 조직으로 거듭나기 위해 노력하고 있습니다 국정원이 스스로 개혁의 담금질을 하고 있고 검찰은 역사상 처음으로 과거의 잘못을 반성하고 국민께 머리 숙였습니다 "

[14] ""

[15] " 그러나 이제 물길을 돌렸을 뿐입니다 구체적인 성과를 만들기 위해서는 더 많은 시간이 필요하고 더 많은 과제와 어려움을 해결해 가야 합니다 "

[16] ""

[17] " 국민 여러분 요즘 새 정부의 가치를 담은 새로운 정책을 말씀드리고 있어 매우 기쁩니다 국민의 삶을 바꾸고 책임지는 정부로 거듭나고 있습니다 "

[18] ""

[19] " 보훈사업의 확대는 나라를 위해 희생하고 헌신하신 분들에 대한 국가의 책무입니다 건강보험 보장성 강화와 치매 국가책임제 어르신들 기초연금 인상 아이들의 양육을 돕기 위한 아동수당 도입은 국민의 건강과 미래를 위한 국가의 의무입니다 "

[20] ""

[21] " 사람답게 살 권리의 상징인 최저임금 인상 미래세대 주거복지 실현을 위한 부동산 시장 안정대책 모두 국민의 기본권을 위한 정책입니다 앞서 마련된 일자리 추가경정예산도 국가 예산의 중심을 사람과 일자리로 바꾸는 중요한 노력이었습니다 "

[22] ""

[23] " 그러나 더 치밀하게 준비하겠습니다 정부의 정책이 국민의 삶을 실질적으로 개선하지 못한다면 아무 의미가 없을 것입니다 국민들께서 변화를 피부로 느끼실 수 있도록 더 세심하게 정책을 살피겠습니다 "

[24] ""

[25] " 당면한 안보와 경제의 어려움을 해결하고 일자리 주거 안전 의료 같은 기초적인 국민생활 분야에서 국가의 책임을 더 높이고 속도감 있게 실천해 가겠습니다 "

[26] ""

[27] " 존경하는 국민 여러분 기자 여러분 지난 100일을 지나오면서 저는 진정한 국민주권시대가 시작되었다는 확신을 갖게 되었습니다 우리 국민은 반 년에 걸쳐 1700만명이 함께한 평화적인 촛불혁명으로 세계 민주주의 역사를 새로 썼습니다 "

[28] ""

[29] " 새 정부 국민 정책제안에도 80만 명 가까운 국민들이 함께해 주셨습니다 우리 국민들은

스스로 국가의 주인임을 선언하고 적극적인 참여로 구체적인 변화를 만들어 왔습니다 그래서 저
는 오늘 우리에게 닥친 어려움과 위기도 잘 극복할 수 있다고 자신합니다 "
[30] ""
[31] " 국민 여러분이 국정운영의 가장 큰 힘입니다 국민과 함께 가겠습니다 다시 한 번 함께해
주신 국민 여러분께 감사드리며 국민의 마음을 끝까지 지켜가겠다는 다짐의 말씀을 드립니다 감
사합니다 "
[32] ""
[33] "2017년 8월 17일"
[34] " 대한민국 대통령 문재인"

(5) 명사 추출, 단어별 빈도표 생성

```
> nouns <- extractNoun(sp)
> wordfrequency <- table(unlist(nouns))
> df_word<-as.data.frame(wordfrequency, stringsAsFactors = F)
> df_word <- rename(df_word, word=Var1, freq=Freq)
> df_word
           Var1  Freq
1                  16
2           100    4
3    100일이었습니    1
4            17    1
5          1700    1
6            18    1
7          2017    1
8             5    2
9             8    1
10           80    1
11     가겠습니    1
12      가습기    1
13       가치    1
14       각오    1
15       감사    1
```

16	감사합니	1
17	감시	1
18	강화	1
19	개선	1
20	개혁	1
21	개혁과제	1
22	건강	1
23	건강보험	1
24	검찰	1
25	것	3
26	겨울	1
27	결의	1
28	경제	1
29	공감했습니	1
30	공식	1
31	공정	1
32	과거	1
33	과제	1
34	광장	2
35	구체	2
36	국가	7
37	국가운영	1
38	국가책임	1
39	국민	29
40	국민주권	1
41	국정	2
42	국정운영	2
43	권력기관	1
44	권리	1
45	그것	1
46	그동안	1
47	극복	1

48	기	2
49	기본권	1
50	기초	2
51	끝	1
52	나	1
53	나라	4
54	년	3
55	노력	2
56	노력이었습니	1
57	다운	1
58	다지기	1
59	다짐	1
60	담	1
61	담금질	1
62	당면	1
63	대책	1
64	대통령	2
65	대한	3
66	덕분	1
67	도입	1
68	동안	1
69	드	1
70	들	5
71	들이	2
72	로운	2
73	마련	3
74	마음	2
75	만	1
76	말씀	2
77	맞았습니	1
78	머리	1
79	명	2

80	모두	1
81	문재	2
82	물길	2
83	미래	1
84	미래세대	1
85	민국	3
86	민주주의	1
87	반	1
88	반성	2
89	반칙	1
90	번	1
91	변화	2
92	보장	1
93	보훈사업	1
94	복지	1
95	부동산	1
96	부정부패	1
97	부족	1
98	분야	1
99	뿐	1
100	사람	2
101	사실	1
102	살	1
103	살피겠습니	1
104	삶	2
105	상징	1
106	상처	1
107	생각	1
108	생활	1
109	선언	1
110	성	1
111	성과	1

112	성원	1
113	세계	1
114	세심	1
115	세월	1
116	속도감	1
117	수	3
118	수당	1
119	숙였습니	1
120	시간	1
121	시대	1
122	시작	2
123	시장	1
124	식	1
125	실질	1
126	실천	2
127	실현	1
128	썼습니	1
129	아동	1
130	아이들	1
131	안보	1
132	안전	1
133	안정	1
134	애국	1
135	약속	2
136	양육	1
137	어려움	3
138	어르신	1
139	여러분	10
140	역사	1
141	역사상	1
142	역할	1
143	연금	1

144	예산	1
145	오늘	2
146	요구	1
147	우리	4
148	운영	1
149	원	1
150	월	1
151	위	1
152	유가족	2
153	의료	1
154	의무입니	1
155	의미	1
156	이	1
157	이것	1
158	인	1
159	인상	2
160	일	4
161	일자리	3
162	있습니	1
163	있었습니	1
164	자리	1
165	자신합니	1
166	작년	1
167	잘못	2
168	잘못된	1
169	저	2
170	적	6
171	적극	1
172	전	1
173	정립	1
174	정부	8
175	정의	2

176	정책	4
177	정책제안	1
178	제	1
179	조직	1
180	존경	2
181	주거	2
182	주인	1
183	준비	2
184	중단	1
185	중심	1
186	중요	1
187	진정	1
188	참여	1
189	책무	1
190	책임	2
191	처음	1
192	청사진	1
193	청산	1
194	촛불	2
195	최저임금	1
196	추가경정예산	1
197	추념사를	1
198	출발이었습니	1
199	출범	2
200	취임사	1
201	치매	1
202	치밀	1
203	치유	1
204	통제	1
205	통합	1
206	특권	1
207	평화	1

208	피부	1
209	피해자	1
210	필요	1
211	하게	2
212	한	4
213	함	1
214	합니	1
215	해	3
216	해결	2
217	했습니	1
218	헌신	2
219	혁명	1
220	현충일	1
221	호	1
222	혼란	1
223	확대	1
224	확신	1
225	확인	1
226	희망	1
227	희생	2
228	힘	1

(6) 자주 사용된 단어 빈도표 생성

```
> df_word <- filter(df_word,nchar(word) >=2)
```

(7) 워드 클라우드 생성

```
> install.packages("wordcloud")
> library(wordcloud)
필요한 패키지를 로딩중입니다: RColorBrewer
> library(RColorBrewer)
> wordcloud(words=df_word$word, freq=df_word$freq,
            min.freq=1, max.words=200,
            random.order=FALSE,
            rot.per=0.1, scale = c(4,0.3),
            colors=brewer.pal(8,"Dark2") )
```

부록

1 이항분포표

$$P(X \leq x) = \sum_{r=0}^{x} C_r^n \, p^r \, (1-p)^{n-r}$$

$p =$		0.01	0.02	0.03	0.04	0.05	0.06	0.07	0.08	0.09
$n = 2$	$x = 0$	0.9801	0.9604	0.9409	0.9216	0.9025	0.8836	0.8649	0.8464	0.8281
	1	0.9999	0.9996	0.9991	0.9984	0.9975	0.9964	0.9951	0.9936	0.9919
	2	1.0000	1.0000	1.0000	1.0000	1.0000	1.0000	1.0000	1.0000	1.0000
$n = 3$	$x = 0$	0.9703	0.9412	0.9127	0.8847	0.8574	0.8306	0.8044	0.7787	0.7536
	1	0.9997	0.9988	0.9974	0.9953	0.9928	0.9896	0.9860	0.9818	0.9772
	2	1.0000	1.0000	1.0000	0.9999	0.9999	0.9998	0.9997	0.9995	0.9993
	3	1.0000	1.0000	1.0000	1.0000	1.0000	1.0000	1.0000	1.0000	1.0000
$n = 4$	$x = 0$	0.9606	0.9224	0.8853	0.8493	0.8145	0.7807	0.7481	0.7164	0.6857
	1	0.9994	0.9977	0.9948	0.9909	0.9860	0.9801	0.9733	0.9656	0.9570
	2	1.0000	1.0000	0.9999	0.9998	0.9995	0.9992	0.9987	0.9981	0.9973
	3	1.0000	1.0000	1.0000	1.0000	1.0000	1.0000	1.0000	1.0000	0.9999
	4	1.0000	1.0000	1.0000	1.0000	1.0000	1.0000	1.0000	1.0000	1.0000
$n = 5$	$x = 0$	0.9510	0.9039	0.8587	0.8154	0.7738	0.7339	0.6957	0.6591	0.6240
	1	0.9990	0.9962	0.9915	0.9852	0.9774	0.9681	0.9575	0.9456	0.9326
	2	1.0000	0.9999	0.9997	0.9994	0.9988	0.9980	0.9969	0.9955	0.9937
	3	1.0000	1.0000	1.0000	1.0000	1.0000	0.9999	0.9999	0.9998	0.9997
	4	1.0000	1.0000	1.0000	1.0000	1.0000	1.0000	1.0000	1.0000	1.0000
	5	1.0000	1.0000	1.0000	1.0000	1.0000	1.0000	1.0000	1.0000	1.0000
$n = 6$	$x = 0$	0.9415	0.8858	0.8330	0.7828	0.7351	0.6899	0.6470	0.6064	0.5679
	1	0.9985	0.9943	0.9875	0.9784	0.9672	0.9541	0.9392	0.9227	0.9048
	2	1.0000	0.9998	0.9995	0.9988	0.9978	0.9962	0.9942	0.9915	0.9882
	3	1.0000	1.0000	1.0000	1.0000	0.9999	0.9998	0.9997	0.9995	0.9992
	4	1.0000	1.0000	1.0000	1.0000	1.0000	1.0000	1.0000	1.0000	1.0000
	5	1.0000	1.0000	1.0000	1.0000	1.0000	1.0000	1.0000	1.0000	1.0000
	6	1.0000	1.0000	1.0000	1.0000	1.0000	1.0000	1.0000	1.0000	1.0000
$n = 7$	$x = 0$	0.9321	0.8681	0.8080	0.7514	0.6983	0.6485	0.6017	0.5578	0.5168
	1	0.9980	0.9921	0.9829	0.9706	0.9556	0.9382	0.9187	0.8974	0.8745
	2	1.0000	0.9997	0.9991	0.9980	0.9962	0.9937	0.9903	0.9860	0.9807
	3	1.0000	1.0000	1.0000	0.9999	0.9998	0.9996	0.9993	0.9988	0.9982
	4	1.0000	1.0000	1.0000	1.0000	1.0000	1.0000	1.0000	0.9999	0.9999
	5	1.0000	1.0000	1.0000	1.0000	1.0000	1.0000	1.0000	1.0000	1.0000
	6	1.0000	1.0000	1.0000	1.0000	1.0000	1.0000	1.0000	1.0000	1.0000
	7	1.0000	1.0000	1.0000	1.0000	1.0000	1.0000	1.0000	1.0000	1.0000

0.1	0.15	0.2	0.25	0.3	0.35	0.4	0.45	0.5	$p=$	
0.8100	0.7225	0.6400	0.5625	0.4900	0.4225	0.3600	0.3025	0.2500	$n=2$	$x=0$
0.9900	0.9775	0.9600	0.9375	0.9100	0.8775	0.8400	0.7975	0.7500		1
1.0000	1.0000	1.0000	1.0000	1.0000	1.0000	1.0000	1.0000	1.0000		2
0.7290	0.6141	0.5120	0.4219	0.3430	0.2746	0.2160	0.1664	0.1250	$n=3$	$x=0$
0.9720	0.9393	0.8960	0.8438	0.7840	0.7183	0.6480	0.5748	0.5000		1
0.9990	0.9966	0.9920	0.9844	0.9730	0.9571	0.9360	0.9089	0.8750		2
1.0000	1.0000	1.0000	1.0000	1.0000	1.0000	1.0000	1.0000	1.0000		3
0.6561	0.5220	0.4096	0.3164	0.2401	0.1785	0.1296	0.0915	0.0625	$n=4$	$x=0$
0.9477	0.8905	0.8192	0.7383	0.6517	0.5630	0.4752	0.3910	0.3125		1
0.9963	0.9880	0.9728	0.9492	0.9163	0.8735	0.8208	0.7585	0.6875		2
0.9999	0.9995	0.9984	0.9961	0.9919	0.9850	0.9744	0.9590	0.9375		3
1.0000	1.0000	1.0000	1.0000	1.0000	1.0000	1.0000	1.0000	1.0000		4
0.5905	0.4437	0.3277	0.2373	0.1681	0.1160	0.0778	0.0503	0.0313	$n=5$	$x=0$
0.9185	0.8352	0.7373	0.6328	0.5282	0.4284	0.3370	0.2562	0.1875		1
0.9914	0.9734	0.9421	0.8965	0.8369	0.7648	0.6826	0.5931	0.5000		2
0.9995	0.9978	0.9933	0.9844	0.9692	0.9460	0.9130	0.8688	0.8125		3
1.0000	0.9999	0.9997	0.9990	0.9976	0.9947	0.9898	0.9815	0.9688		4
1.0000	1.0000	1.0000	1.0000	1.0000	1.0000	1.0000	1.0000	1.0000		5
0.5314	0.3771	0.2621	0.1780	0.1176	0.0754	0.0467	0.0277	0.0156	$n=6$	$x=0$
0.8857	0.7765	0.6554	0.5339	0.4202	0.3191	0.2333	0.1636	0.1094		1
0.9842	0.9527	0.9011	0.8306	0.7443	0.6471	0.5443	0.4415	0.3438		2
0.9987	0.9941	0.9830	0.9624	0.9295	0.8826	0.8208	0.7447	0.6563		3
0.9999	0.9996	0.9984	0.9954	0.9891	0.9777	0.9590	0.9308	0.8906		4
1.0000	1.0000	0.9999	0.9998	0.9993	0.9982	0.9959	0.9917	0.9844		5
1.0000	1.0000	1.0000	1.0000	1.0000	1.0000	1.0000	1.0000	1.0000		6
0.4783	0.3206	0.2097	0.1335	0.0824	0.0490	0.0280	0.0152	0.0078	$n=7$	$x=0$
0.8503	0.7166	0.5767	0.4449	0.3294	0.2338	0.1586	0.1024	0.0625		1
0.9743	0.9262	0.8520	0.7564	0.6471	0.5323	0.4199	0.3164	0.2266		2
0.9973	0.9879	0.9667	0.9294	0.8740	0.8002	0.7102	0.6083	0.5000		3
0.9998	0.9988	0.9953	0.9871	0.9712	0.9444	0.9037	0.8471	0.7734		4
1.0000	0.9999	0.9996	0.9987	0.9962	0.9910	0.9812	0.9643	0.9375		5
1.0000	1.0000	1.0000	0.9999	0.9998	0.9994	0.9984	0.9963	0.9922		6
1.0000	1.0000	1.0000	1.0000	1.0000	1.0000	1.0000	1.0000	1.0000		7

$p =$		0.01	0.02	0.03	0.04	0.05	0.06	0.07	0.08	0.09
$n = 8$	$x = 0$	0.9227	0.8508	0.7837	0.7214	0.6634	0.6096	0.5596	0.5132	0.4703
	1	0.9973	0.9897	0.9777	0.9619	0.9428	0.9208	0.8965	0.8702	0.8423
	2	0.9999	0.9996	0.9987	0.9969	0.9942	0.9904	0.9853	0.9789	0.9711
	3	1.0000	1.0000	0.9999	0.9998	0.9996	0.9993	0.9987	0.9978	0.9966
	4	1.0000	1.0000	1.0000	1.0000	1.0000	1.0000	0.9999	0.9999	0.9997
	5	1.0000	1.0000	1.0000	1.0000	1.0000	1.0000	1.0000	1.0000	1.0000
	6	1.0000	1.0000	1.0000	1.0000	1.0000	1.0000	1.0000	1.0000	1.0000
	7	1.0000	1.0000	1.0000	1.0000	1.0000	1.0000	1.0000	1.0000	1.0000
	8	1.0000	1.0000	1.0000	1.0000	1.0000	1.0000	1.0000	1.0000	1.0000
$n = 9$	$x = 0$	0.9135	0.8337	0.7602	0.6925	0.6302	0.5730	0.5204	0.4722	0.4279
	1	0.9966	0.9869	0.9718	0.9522	0.9288	0.9022	0.8729	0.8417	0.8088
	2	0.9999	0.9994	0.9980	0.9955	0.9916	0.9862	0.9791	0.9702	0.9595
	3	1.0000	1.0000	0.9999	0.9997	0.9994	0.9987	0.9977	0.9963	0.9943
	4	1.0000	1.0000	1.0000	1.0000	1.0000	0.9999	0.9998	0.9997	0.9995
	5	1.0000	1.0000	1.0000	1.0000	1.0000	1.0000	1.0000	1.0000	1.0000
	6	1.0000	1.0000	1.0000	1.0000	1.0000	1.0000	1.0000	1.0000	1.0000
	7	1.0000	1.0000	1.0000	1.0000	1.0000	1.0000	1.0000	1.0000	1.0000
	8	1.0000	1.0000	1.0000	1.0000	1.0000	1.0000	1.0000	1.0000	1.0000
	9	1.0000	1.0000	1.0000	1.0000	1.0000	1.0000	1.0000	1.0000	1.0000
$n = 10$	$x = 0$	0.9044	0.8171	0.7374	0.6648	0.5987	0.5386	0.4840	0.4344	0.3894
	1	0.9957	0.9838	0.9655	0.9418	0.9139	0.8824	0.8483	0.8121	0.7746
	2	0.9999	0.9991	0.9972	0.9938	0.9885	0.9812	0.9717	0.9599	0.9460
	3	1.0000	1.0000	0.9999	0.9996	0.9990	0.9980	0.9964	0.9942	0.9912
	4	1.0000	1.0000	1.0000	1.0000	0.9999	0.9998	0.9997	0.9994	0.9990
	5	1.0000	1.0000	1.0000	1.0000	1.0000	1.0000	1.0000	1.0000	0.9999
	6	1.0000	1.0000	1.0000	1.0000	1.0000	1.0000	1.0000	1.0000	1.0000
	7	1.0000	1.0000	1.0000	1.0000	1.0000	1.0000	1.0000	1.0000	1.0000
	8	1.0000	1.0000	1.0000	1.0000	1.0000	1.0000	1.0000	1.0000	1.0000
	9	1.0000	1.0000	1.0000	1.0000	1.0000	1.0000	1.0000	1.0000	1.0000
	10	1.0000	1.0000	1.0000	1.0000	1.0000	1.0000	1.0000	1.0000	1.0000
$n = 11$	$x = 0$	0.8953	0.8007	0.7153	0.6382	0.5688	0.5063	0.4501	0.3996	0.3544
	1	0.9948	0.9805	0.9587	0.9308	0.8981	0.8618	0.8228	0.7819	0.7399
	2	0.9998	0.9988	0.9963	0.9917	0.9848	0.9752	0.9630	0.9481	0.9305
	3	1.0000	1.0000	0.9998	0.9993	0.9984	0.9970	0.9947	0.9915	0.9871
	4	1.0000	1.0000	1.0000	1.0000	0.9999	0.9997	0.9995	0.9990	0.9983
	5	1.0000	1.0000	1.0000	1.0000	1.0000	1.0000	1.0000	0.9999	0.9998
	6	1.0000	1.0000	1.0000	1.0000	1.0000	1.0000	1.0000	1.0000	1.0000
	7	1.0000	1.0000	1.0000	1.0000	1.0000	1.0000	1.0000	1.0000	1.0000
	8	1.0000	1.0000	1.0000	1.0000	1.0000	1.0000	1.0000	1.0000	1.0000
	9	1.0000	1.0000	1.0000	1.0000	1.0000	1.0000	1.0000	1.0000	1.0000
	10	1.0000	1.0000	1.0000	1.0000	1.0000	1.0000	1.0000	1.0000	1.0000
	11	1.0000	1.0000	1.0000	1.0000	1.0000	1.0000	1.0000	1.0000	1.0000

0.1	0.15	0.2	0.25	0.3	0.35	0.4	0.45	0.5	$p =$	
0.4305	0.2725	0.1678	0.1001	0.0576	0.0319	0.0168	0.0084	0.0039	$n = 8$	$x = 0$
0.8131	0.6572	0.5033	0.3671	0.2553	0.1691	0.1064	0.0632	0.0352		1
0.9619	0.8948	0.7969	0.6785	0.5518	0.4278	0.3154	0.2201	0.1445		2
0.9950	0.9786	0.9437	0.8862	0.8059	0.7064	0.5941	0.4770	0.3633		3
0.9996	0.9971	0.9896	0.9727	0.9420	0.8939	0.8263	0.7396	0.6367		4
1.0000	0.9998	0.9988	0.9958	0.9887	0.9747	0.9502	0.9115	0.8555		5
1.0000	1.0000	0.9999	0.9996	0.9987	0.9964	0.9915	0.9819	0.9648		6
1.0000	1.0000	1.0000	1.0000	0.9999	0.9998	0.9993	0.9983	0.9961		7
1.0000	1.0000	1.0000	1.0000	1.0000	1.0000	1.0000	1.0000	1.0000		8
0.3874	0.2316	0.1342	0.0751	0.0404	0.0207	0.0101	0.0046	0.0020	$n = 9$	$x = 0$
0.7748	0.5995	0.4362	0.3003	0.1960	0.1211	0.0705	0.0385	0.0195		1
0.9470	0.8591	0.7382	0.6007	0.4628	0.3373	0.2318	0.1495	0.0898		2
0.9917	0.9661	0.9144	0.8343	0.7297	0.6089	0.4826	0.3614	0.2539		3
0.9991	0.9944	0.9804	0.9511	0.9012	0.8283	0.7334	0.6214	0.5000		4
0.9999	0.9994	0.9969	0.9900	0.9747	0.9464	0.9006	0.8342	0.7461		5
1.0000	1.0000	0.9997	0.9987	0.9957	0.9888	0.9750	0.9502	0.9102		6
1.0000	1.0000	1.0000	0.9999	0.9996	0.9986	0.9962	0.9909	0.9805		7
1.0000	1.0000	1.0000	1.0000	1.0000	0.9999	0.9997	0.9992	0.9980		8
1.0000	1.0000	1.0000	1.0000	1.0000	1.0000	1.0000	1.0000	1.0000		9
0.3487	0.1969	0.1074	0.0563	0.0282	0.0135	0.0060	0.0025	0.0010	$n = 10$	$x = 0$
0.7361	0.5443	0.3758	0.2440	0.1493	0.0860	0.0464	0.0233	0.0107		1
0.9298	0.8202	0.6778	0.5256	0.3828	0.2616	0.1673	0.0996	0.0547		2
0.9872	0.9500	0.8791	0.7759	0.6496	0.5138	0.3823	0.2660	0.1719		3
0.9984	0.9901	0.9672	0.9219	0.8497	0.7515	0.6331	0.5044	0.3770		4
0.9999	0.9986	0.9936	0.9803	0.9527	0.9051	0.8338	0.7384	0.6230		5
1.0000	0.9999	0.9991	0.9965	0.9894	0.9740	0.9452	0.8980	0.8281		6
1.0000	1.0000	0.9999	0.9996	0.9984	0.9952	0.9877	0.9726	0.9453		7
1.0000	1.0000	1.0000	1.0000	0.9999	0.9995	0.9983	0.9955	0.9893		8
1.0000	1.0000	1.0000	1.0000	1.0000	1.0000	0.9999	0.9997	0.9990		9
1.0000	1.0000	1.0000	1.0000	1.0000	1.0000	1.0000	1.0000	1.0000		10
0.3138	0.1673	0.0859	0.0422	0.0198	0.0088	0.0036	0.0014	0.0005	$n = 11$	$x = 0$
0.6974	0.4922	0.3221	0.1971	0.1130	0.0606	0.0302	0.0139	0.0059		1
0.9104	0.7788	0.6174	0.4552	0.3127	0.2001	0.1189	0.0652	0.0327		2
0.9815	0.9306	0.8389	0.7133	0.5696	0.4256	0.2963	0.1911	0.1133		3
0.9972	0.9841	0.9496	0.8854	0.7897	0.6683	0.5328	0.3971	0.2744		4
0.9997	0.9973	0.9883	0.9657	0.9218	0.8513	0.7535	0.6331	0.5000		5
1.0000	0.9997	0.9980	0.9924	0.9784	0.9499	0.9006	0.8262	0.7256		6
1.0000	1.0000	0.9998	0.9988	0.9957	0.9878	0.9707	0.9390	0.8867		7
1.0000	1.0000	1.0000	0.9999	0.9994	0.9980	0.9941	0.9852	0.9673		8
1.0000	1.0000	1.0000	1.0000	1.0000	0.9998	0.9993	0.9978	0.9941		9
1.0000	1.0000	1.0000	1.0000	1.0000	1.0000	1.0000	0.9998	0.9995		10
1.0000	1.0000	1.0000	1.0000	1.0000	1.0000	1.0000	1.0000	1.0000		11

$p =$		0.01	0.02	0.03	0.04	0.05	0.06	0.07	0.08	0.09
$n = 12$	$x = 0$	0.8864	0.7847	0.6938	0.6127	0.5404	0.4759	0.4186	0.3677	0.3225
	1	0.9938	0.9769	0.9514	0.9191	0.8816	0.8405	0.7967	0.7513	0.7052
	2	0.9998	0.9985	0.9952	0.9893	0.9804	0.9684	0.9532	0.9348	0.9134
	3	1.0000	0.9999	0.9997	0.9990	0.9978	0.9957	0.9925	0.9880	0.9820
	4	1.0000	1.0000	1.0000	0.9999	0.9998	0.9996	0.9991	0.9984	0.9973
	5	1.0000	1.0000	1.0000	1.0000	1.0000	1.0000	0.9999	0.9998	0.9997
	6	1.0000	1.0000	1.0000	1.0000	1.0000	1.0000	1.0000	1.0000	1.0000
	7	1.0000	1.0000	1.0000	1.0000	1.0000	1.0000	1.0000	1.0000	1.0000
	8	1.0000	1.0000	1.0000	1.0000	1.0000	1.0000	1.0000	1.0000	1.0000
	9	1.0000	1.0000	1.0000	1.0000	1.0000	1.0000	1.0000	1.0000	1.0000
	10	1.0000	1.0000	1.0000	1.0000	1.0000	1.0000	1.0000	1.0000	1.0000
	11	1.0000	1.0000	1.0000	1.0000	1.0000	1.0000	1.0000	1.0000	1.0000
	12	1.0000	1.0000	1.0000	1.0000	1.0000	1.0000	1.0000	1.0000	1.0000
$n = 13$	$x = 0$	0.8775	0.7690	0.6730	0.5882	0.5133	0.4474	0.3893	0.3383	0.2935
	1	0.9928	0.9730	0.9436	0.9068	0.8646	0.8186	0.7702	0.7206	0.6707
	2	0.9997	0.9980	0.9938	0.9865	0.9755	0.9608	0.9422	0.9201	0.8946
	3	1.0000	0.9999	0.9995	0.9986	0.9969	0.9940	0.9897	0.9837	0.9758
	4	1.0000	1.0000	1.0000	0.9999	0.9997	0.9993	0.9987	0.9976	0.9959
	5	1.0000	1.0000	1.0000	1.0000	1.0000	0.9999	0.9999	0.9997	0.9995
	6	1.0000	1.0000	1.0000	1.0000	1.0000	1.0000	1.0000	1.0000	0.9999
	7	1.0000	1.0000	1.0000	1.0000	1.0000	1.0000	1.0000	1.0000	1.0000
	8	1.0000	1.0000	1.0000	1.0000	1.0000	1.0000	1.0000	1.0000	1.0000
	9	1.0000	1.0000	1.0000	1.0000	1.0000	1.0000	1.0000	1.0000	1.0000
	10	1.0000	1.0000	1.0000	1.0000	1.0000	1.0000	1.0000	1.0000	1.0000
	11	1.0000	1.0000	1.0000	1.0000	1.0000	1.0000	1.0000	1.0000	1.0000
	12	1.0000	1.0000	1.0000	1.0000	1.0000	1.0000	1.0000	1.0000	1.0000
	13	1.0000	1.0000	1.0000	1.0000	1.0000	1.0000	1.0000	1.0000	1.0000
$n = 14$	$x = 0$	0.8687	0.7536	0.6528	0.5647	0.4877	0.4205	0.3620	0.3112	0.2670
	1	0.9916	0.9690	0.9355	0.8941	0.8470	0.7963	0.7436	0.6900	0.6368
	2	0.9997	0.9975	0.9923	0.9833	0.9699	0.9522	0.9302	0.9042	0.8745
	3	1.0000	0.9999	0.9994	0.9981	0.9958	0.9920	0.9864	0.9786	0.9685
	4	1.0000	1.0000	1.0000	0.9998	0.9996	0.9990	0.9980	0.9965	0.9941
	5	1.0000	1.0000	1.0000	1.0000	1.0000	0.9999	0.9998	0.9996	0.9992
	6	1.0000	1.0000	1.0000	1.0000	1.0000	1.0000	1.0000	1.0000	0.9999
	7	1.0000	1.0000	1.0000	1.0000	1.0000	1.0000	1.0000	1.0000	1.0000
	8	1.0000	1.0000	1.0000	1.0000	1.0000	1.0000	1.0000	1.0000	1.0000
	9	1.0000	1.0000	1.0000	1.0000	1.0000	1.0000	1.0000	1.0000	1.0000
	10	1.0000	1.0000	1.0000	1.0000	1.0000	1.0000	1.0000	1.0000	1.0000
	11	1.0000	1.0000	1.0000	1.0000	1.0000	1.0000	1.0000	1.0000	1.0000
	12	1.0000	1.0000	1.0000	1.0000	1.0000	1.0000	1.0000	1.0000	1.0000
	13	1.0000	1.0000	1.0000	1.0000	1.0000	1.0000	1.0000	1.0000	1.0000
	14	1.0000	1.0000	1.0000	1.0000	1.0000	1.0000	1.0000	1.0000	1.0000

0.1	0.15	0.2	0.25	0.3	0.35	0.4	0.45	0.5	$p=$
0.2824	0.1422	0.0687	0.0317	0.0138	0.0057	0.0022	0.0008	0.0002	$n=12$　$x=0$
0.6590	0.4435	0.2749	0.1584	0.0850	0.0424	0.0196	0.0083	0.0032	1
0.8891	0.7358	0.5583	0.3907	0.2528	0.1513	0.0834	0.0421	0.0193	2
0.9744	0.9078	0.7946	0.6488	0.4925	0.3467	0.2253	0.1345	0.0730	3
0.9957	0.9761	0.9274	0.8424	0.7237	0.5833	0.4382	0.3044	0.1938	4
0.9995	0.9954	0.9806	0.9456	0.8822	0.7873	0.6652	0.5269	0.3872	5
0.9999	0.9993	0.9961	0.9857	0.9614	0.9154	0.8418	0.7393	0.6128	6
1.0000	0.9999	0.9994	0.9972	0.9905	0.9745	0.9427	0.8883	0.8062	7
1.0000	1.0000	0.9999	0.9996	0.9983	0.9944	0.9847	0.9644	0.9270	8
1.0000	1.0000	1.0000	1.0000	0.9998	0.9992	0.9972	0.9921	0.9807	9
1.0000	1.0000	1.0000	1.0000	1.0000	0.9999	0.9997	0.9989	0.9968	10
1.0000	1.0000	1.0000	1.0000	1.0000	1.0000	1.0000	0.9999	0.9998	11
1.0000	1.0000	1.0000	1.0000	1.0000	1.0000	1.0000	1.0000	1.0000	12
0.2542	0.1209	0.0550	0.0238	0.0097	0.0037	0.0013	0.0004	0.0001	$n=13$　$x=0$
0.6213	0.3983	0.2336	0.1267	0.0637	0.0296	0.0126	0.0049	0.0017	1
0.8661	0.6920	0.5017	0.3326	0.2025	0.1132	0.0579	0.0269	0.0112	2
0.9658	0.8820	0.7473	0.5843	0.4206	0.2783	0.1686	0.0929	0.0461	3
0.9935	0.9658	0.9009	0.7940	0.6543	0.5005	0.3530	0.2279	0.1334	4
0.9991	0.9925	0.9700	0.9198	0.8346	0.7159	0.5744	0.4268	0.2905	5
0.9999	0.9987	0.9930	0.9757	0.9376	0.8705	0.7712	0.6437	0.5000	6
1.0000	0.9998	0.9988	0.9944	0.9818	0.9538	0.9023	0.8212	0.7095	7
1.0000	1.0000	0.9998	0.9990	0.9960	0.9874	0.9679	0.9302	0.8666	8
1.0000	1.0000	1.0000	0.9999	0.9993	0.9975	0.9922	0.9797	0.9539	9
1.0000	1.0000	1.0000	1.0000	0.9999	0.9997	0.9987	0.9959	0.9888	10
1.0000	1.0000	1.0000	1.0000	1.0000	1.0000	0.9999	0.9995	0.9983	11
1.0000	1.0000	1.0000	1.0000	1.0000	1.0000	1.0000	1.0000	0.9999	12
1.0000	1.0000	1.0000	1.0000	1.0000	1.0000	1.0000	1.0000	1.0000	13
0.2288	0.1028	0.0440	0.0178	0.0068	0.0024	0.0008	0.0002	0.0001	$n=14$　$x=0$
0.5846	0.3567	0.1979	0.1010	0.0475	0.0205	0.0081	0.0029	0.0009	1
0.8416	0.6479	0.4481	0.2811	0.1608	0.0839	0.0398	0.0170	0.0065	2
0.9559	0.8535	0.6982	0.5213	0.3552	0.2205	0.1243	0.0632	0.0287	3
0.9908	0.9533	0.8702	0.7415	0.5842	0.4227	0.2793	0.1672	0.0898	4
0.9985	0.9885	0.9561	0.8883	0.7805	0.6405	0.4859	0.3373	0.2120	5
0.9998	0.9978	0.9884	0.9617	0.9067	0.8164	0.6925	0.5461	0.3953	6
1.0000	0.9997	0.9976	0.9897	0.9685	0.9247	0.8499	0.7414	0.6047	7
1.0000	1.0000	0.9996	0.9978	0.9917	0.9757	0.9417	0.8811	0.7880	8
1.0000	1.0000	1.0000	0.9997	0.9983	0.9940	0.9825	0.9574	0.9102	9
1.0000	1.0000	1.0000	1.0000	0.9998	0.9989	0.9961	0.9886	0.9713	10
1.0000	1.0000	1.0000	1.0000	1.0000	0.9999	0.9994	0.9978	0.9935	11
1.0000	1.0000	1.0000	1.0000	1.0000	1.0000	0.9999	0.9997	0.9991	12
1.0000	1.0000	1.0000	1.0000	1.0000	1.0000	1.0000	1.0000	0.9999	13
1.0000	1.0000	1.0000	1.0000	1.0000	1.0000	1.0000	1.0000	1.0000	14

$p =$		0.01	0.02	0.03	0.04	0.05	0.06	0.07	0.08	0.09
$n = 15$	$x = 0$	0.8601	0.7386	0.6333	0.5421	0.4633	0.3953	0.3367	0.2863	0.2430
	1	0.9904	0.9647	0.9270	0.8809	0.8290	0.7738	0.7168	0.6597	0.6035
	2	0.9996	0.9970	0.9906	0.9797	0.9638	0.9429	0.9171	0.8870	0.8531
	3	1.0000	0.9998	0.9992	0.9976	0.9945	0.9896	0.9825	0.9727	0.9601
	4	1.0000	1.0000	0.9999	0.9998	0.9994	0.9986	0.9972	0.9950	0.9918
	5	1.0000	1.0000	1.0000	1.0000	0.9999	0.9999	0.9997	0.9993	0.9987
	6	1.0000	1.0000	1.0000	1.0000	1.0000	1.0000	1.0000	0.9999	0.9998
	7	1.0000	1.0000	1.0000	1.0000	1.0000	1.0000	1.0000	1.0000	1.0000
	8	1.0000	1.0000	1.0000	1.0000	1.0000	1.0000	1.0000	1.0000	1.0000
	9	1.0000	1.0000	1.0000	1.0000	1.0000	1.0000	1.0000	1.0000	1.0000
	10	1.0000	1.0000	1.0000	1.0000	1.0000	1.0000	1.0000	1.0000	1.0000
	11	1.0000	1.0000	1.0000	1.0000	1.0000	1.0000	1.0000	1.0000	1.0000
	12	1.0000	1.0000	1.0000	1.0000	1.0000	1.0000	1.0000	1.0000	1.0000
	13	1.0000	1.0000	1.0000	1.0000	1.0000	1.0000	1.0000	1.0000	1.0000
	14	1.0000	1.0000	1.0000	1.0000	1.0000	1.0000	1.0000	1.0000	1.0000
	15	1.0000	1.0000	1.0000	1.0000	1.0000	1.0000	1.0000	1.0000	1.0000
$n = 20$	$x = 0$	0.8179	0.6676	0.5438	0.4420	0.3585	0.2901	0.2342	0.1887	0.1516
	1	0.9831	0.9401	0.8802	0.8103	0.7358	0.6605	0.5869	0.5169	0.4516
	2	0.9990	0.9929	0.9790	0.9561	0.9245	0.8850	0.8390	0.7879	0.7334
	3	1.0000	0.9994	0.9973	0.9926	0.9841	0.9710	0.9529	0.9294	0.9007
	4	1.0000	1.0000	0.9997	0.9990	0.9974	0.9944	0.9893	0.9817	0.9710
	5	1.0000	1.0000	1.0000	0.9999	0.9997	0.9991	0.9981	0.9962	0.9932
	6	1.0000	1.0000	1.0000	1.0000	1.0000	0.9999	0.9997	0.9994	0.9987
	7	1.0000	1.0000	1.0000	1.0000	1.0000	1.0000	1.0000	0.9999	0.9998
	8	1.0000	1.0000	1.0000	1.0000	1.0000	1.0000	1.0000	1.0000	1.0000
	9	1.0000	1.0000	1.0000	1.0000	1.0000	1.0000	1.0000	1.0000	1.0000
	10	1.0000	1.0000	1.0000	1.0000	1.0000	1.0000	1.0000	1.0000	1.0000
	11	1.0000	1.0000	1.0000	1.0000	1.0000	1.0000	1.0000	1.0000	1.0000
	12	1.0000	1.0000	1.0000	1.0000	1.0000	1.0000	1.0000	1.0000	1.0000
	13	1.0000	1.0000	1.0000	1.0000	1.0000	1.0000	1.0000	1.0000	1.0000
	14	1.0000	1.0000	1.0000	1.0000	1.0000	1.0000	1.0000	1.0000	1.0000
	15	1.0000	1.0000	1.0000	1.0000	1.0000	1.0000	1.0000	1.0000	1.0000
	16	1.0000	1.0000	1.0000	1.0000	1.0000	1.0000	1.0000	1.0000	1.0000
	17	1.0000	1.0000	1.0000	1.0000	1.0000	1.0000	1.0000	1.0000	1.0000
	18	1.0000	1.0000	1.0000	1.0000	1.0000	1.0000	1.0000	1.0000	1.0000
$n = 25$	$x = 0$	0.7778	0.6035	0.4670	0.3604	0.2774	0.2129	0.1630	0.1244	0.0946
	1	0.9742	0.9114	0.8280	0.7358	0.6424	0.5527	0.4696	0.3947	0.3286
	2	0.9980	0.9868	0.9620	0.9235	0.8729	0.8129	0.7466	0.6768	0.6063
	3	0.9999	0.9986	0.9938	0.9835	0.9659	0.9402	0.9064	0.8649	0.8169
	4	1.0000	0.9999	0.9992	0.9972	0.9928	0.9850	0.9726	0.9549	0.9314
	5	1.0000	1.0000	0.9999	0.9996	0.9988	0.9969	0.9935	0.9877	0.9790
	6	1.0000	1.0000	1.0000	1.0000	0.9998	0.9995	0.9987	0.9972	0.9946

0.1	0.15	0.2	0.25	0.3	0.35	0.4	0.45	0.5	$p=$	
0.2059	0.0874	0.0352	0.0134	0.0047	0.0016	0.0005	0.0001	0.0000	$n=15$	$x=0$
0.5490	0.3186	0.1671	0.0802	0.0353	0.0142	0.0052	0.0017	0.0005		1
0.8159	0.6042	0.3980	0.2361	0.1268	0.0617	0.0271	0.0107	0.0037		2
0.9444	0.8227	0.6482	0.4613	0.2969	0.1727	0.0905	0.0424	0.0176		3
0.9873	0.9383	0.8358	0.6865	0.5155	0.3519	0.2173	0.1204	0.0592		4
0.9978	0.9832	0.9389	0.8516	0.7216	0.5643	0.4032	0.2608	0.1509		5
0.9997	0.9964	0.9819	0.9434	0.8689	0.7548	0.6098	0.4522	0.3036		6
1.0000	0.9994	0.9958	0.9827	0.9500	0.8868	0.7869	0.6535	0.5000		7
1.0000	0.9999	0.9992	0.9958	0.9848	0.9578	0.9050	0.8182	0.6964		8
1.0000	1.0000	0.9999	0.9992	0.9963	0.9876	0.9662	0.9231	0.8491		9
1.0000	1.0000	1.0000	0.9999	0.9993	0.9972	0.9907	0.9745	0.9408		10
1.0000	1.0000	1.0000	1.0000	0.9999	0.9995	0.9981	0.9937	0.9824		11
1.0000	1.0000	1.0000	1.0000	1.0000	0.9999	0.9997	0.9989	0.9963		12
1.0000	1.0000	1.0000	1.0000	1.0000	1.0000	1.0000	0.9999	0.9995		13
1.0000	1.0000	1.0000	1.0000	1.0000	1.0000	1.0000	1.0000	1.0000		14
1.0000	1.0000	1.0000	1.0000	1.0000	1.0000	1.0000	1.0000	1.0000		15
0.1216	0.0388	0.0115	0.0032	0.0008	0.0002	0.0000	0.0000	0.0000	$n=20$	$x=0$
0.3917	0.1756	0.0692	0.0243	0.0076	0.0021	0.0005	0.0001	0.0000		1
0.6769	0.4049	0.2061	0.0913	0.0355	0.0121	0.0036	0.0009	0.0002		2
0.8670	0.6477	0.4114	0.2252	0.1071	0.0444	0.0160	0.0049	0.0013		3
0.9568	0.8298	0.6296	0.4148	0.2375	0.1182	0.0510	0.0189	0.0059		4
0.9887	0.9327	0.8042	0.6172	0.4164	0.2454	0.1256	0.0553	0.0207		5
0.9976	0.9781	0.9133	0.7858	0.6080	0.4166	0.2500	0.1299	0.0577		6
0.9996	0.9941	0.9679	0.8982	0.7723	0.6010	0.4159	0.2520	0.1316		7
0.9999	0.9987	0.9900	0.9591	0.8867	0.7624	0.5956	0.4143	0.2517		8
1.0000	0.9998	0.9974	0.9861	0.9520	0.8782	0.7553	0.5914	0.4119		9
1.0000	1.0000	0.9994	0.9961	0.9829	0.9468	0.8725	0.7507	0.5881		10
1.0000	1.0000	0.9999	0.9991	0.9949	0.9804	0.9435	0.8692	0.7483		11
1.0000	1.0000	1.0000	0.9998	0.9987	0.9940	0.9790	0.9420	0.8684		12
1.0000	1.0000	1.0000	1.0000	0.9997	0.9985	0.9935	0.9786	0.9423		13
1.0000	1.0000	1.0000	1.0000	1.0000	0.9997	0.9984	0.9936	0.9793		14
1.0000	1.0000	1.0000	1.0000	1.0000	1.0000	0.9997	0.9985	0.9941		15
1.0000	1.0000	1.0000	1.0000	1.0000	1.0000	1.0000	0.9997	0.9987		16
1.0000	1.0000	1.0000	1.0000	1.0000	1.0000	1.0000	1.0000	0.9998		17
1.0000	1.0000	1.0000	1.0000	1.0000	1.0000	1.0000	1.0000	1.0000		18
0.0718	0.0172	0.0038	0.0008	0.0001	0.0000	0.0000	0.0000	0.0000	$n=25$	$x=0$
0.2712	0.0931	0.0274	0.0070	0.0016	0.0003	0.0001	0.0000	0.0000		1
0.5371	0.2537	0.0982	0.0321	0.0090	0.0021	0.0004	0.0001	0.0000		2
0.7636	0.4711	0.2340	0.0962	0.0332	0.0097	0.0024	0.0005	0.0001		3
0.9020	0.6821	0.4207	0.2137	0.0905	0.0320	0.0095	0.0023	0.0005		4
0.9666	0.8385	0.6167	0.3783	0.1935	0.0826	0.0294	0.0086	0.0020		5
0.9905	0.9305	0.7800	0.5611	0.3407	0.1734	0.0736	0.0258	0.0073		6

$p =$		0.01	0.02	0.03	0.04	0.05	0.06	0.07	0.08	0.09
$n = 25$	$x = 7$	1.0000	1.0000	1.0000	1.0000	1.0000	0.9999	0.9998	0.9995	0.9989
	8	1.0000	1.0000	1.0000	1.0000	1.0000	1.0000	1.0000	0.9999	0.9998
	9	1.0000	1.0000	1.0000	1.0000	1.0000	1.0000	1.0000	1.0000	1.0000
	10	1.0000	1.0000	1.0000	1.0000	1.0000	1.0000	1.0000	1.0000	1.0000
	11	1.0000	1.0000	1.0000	1.0000	1.0000	1.0000	1.0000	1.0000	1.0000
	12	1.0000	1.0000	1.0000	1.0000	1.0000	1.0000	1.0000	1.0000	1.0000
	13	1.0000	1.0000	1.0000	1.0000	1.0000	1.0000	1.0000	1.0000	1.0000
	14	1.0000	1.0000	1.0000	1.0000	1.0000	1.0000	1.0000	1.0000	1.0000
	15	1.0000	1.0000	1.0000	1.0000	1.0000	1.0000	1.0000	1.0000	1.0000
	16	1.0000	1.0000	1.0000	1.0000	1.0000	1.0000	1.0000	1.0000	1.0000
	17	1.0000	1.0000	1.0000	1.0000	1.0000	1.0000	1.0000	1.0000	1.0000
	18	1.0000	1.0000	1.0000	1.0000	1.0000	1.0000	1.0000	1.0000	1.0000
	19	1.0000	1.0000	1.0000	1.0000	1.0000	1.0000	1.0000	1.0000	1.0000
	20	1.0000	1.0000	1.0000	1.0000	1.0000	1.0000	1.0000	1.0000	1.0000
	21	1.0000	1.0000	1.0000	1.0000	1.0000	1.0000	1.0000	1.0000	1.0000
	22	1.0000	1.0000	1.0000	1.0000	1.0000	1.0000	1.0000	1.0000	1.0000
$n = 30$	$x = 0$	0.7397	0.5455	0.4010	0.2939	0.2146	0.1563	0.1134	0.0820	0.0591
	1	0.9639	0.8795	0.7731	0.6612	0.5535	0.4555	0.3694	0.2958	0.2343
	2	0.9967	0.9783	0.9399	0.8831	0.8122	0.7324	0.6487	0.5654	0.4855
	3	0.9998	0.9971	0.9881	0.9694	0.9392	0.8974	0.8450	0.7842	0.7175
	4	1.0000	0.9997	0.9982	0.9937	0.9844	0.9685	0.9447	0.9126	0.8723
	5	1.0000	1.0000	0.9998	0.9989	0.9967	0.9921	0.9838	0.9707	0.9519
	6	1.0000	1.0000	1.0000	0.9999	0.9994	0.9983	0.9960	0.9918	0.9848
	7	1.0000	1.0000	1.0000	1.0000	0.9999	0.9997	0.9992	0.9980	0.9959
	8	1.0000	1.0000	1.0000	1.0000	1.0000	1.0000	0.9999	0.9996	0.9990
	9	1.0000	1.0000	1.0000	1.0000	1.0000	1.0000	1.0000	0.9999	0.9998
	10	1.0000	1.0000	1.0000	1.0000	1.0000	1.0000	1.0000	1.0000	1.0000
	11	1.0000	1.0000	1.0000	1.0000	1.0000	1.0000	1.0000	1.0000	1.0000
	12	1.0000	1.0000	1.0000	1.0000	1.0000	1.0000	1.0000	1.0000	1.0000
	13	1.0000	1.0000	1.0000	1.0000	1.0000	1.0000	1.0000	1.0000	1.0000
	14	1.0000	1.0000	1.0000	1.0000	1.0000	1.0000	1.0000	1.0000	1.0000
	15	1.0000	1.0000	1.0000	1.0000	1.0000	1.0000	1.0000	1.0000	1.0000
	16	1.0000	1.0000	1.0000	1.0000	1.0000	1.0000	1.0000	1.0000	1.0000
	17	1.0000	1.0000	1.0000	1.0000	1.0000	1.0000	1.0000	1.0000	1.0000
	18	1.0000	1.0000	1.0000	1.0000	1.0000	1.0000	1.0000	1.0000	1.0000
	19	1.0000	1.0000	1.0000	1.0000	1.0000	1.0000	1.0000	1.0000	1.0000
	20	1.0000	1.0000	1.0000	1.0000	1.0000	1.0000	1.0000	1.0000	1.0000
	21	1.0000	1.0000	1.0000	1.0000	1.0000	1.0000	1.0000	1.0000	1.0000
	22	1.0000	1.0000	1.0000	1.0000	1.0000	1.0000	1.0000	1.0000	1.0000
	23	1.0000	1.0000	1.0000	1.0000	1.0000	1.0000	1.0000	1.0000	1.0000
	24	1.0000	1.0000	1.0000	1.0000	1.0000	1.0000	1.0000	1.0000	1.0000
	25	1.0000	1.0000	1.0000	1.0000	1.0000	1.0000	1.0000	1.0000	1.0000

0.1	0.15	0.2	0.25	0.3	0.35	0.4	0.45	0.5	$p =$	
0.9977	0.9745	0.8909	0.7265	0.5118	0.3061	0.1536	0.0639	0.0216	$n = 25$	$x = 7$
0.9995	0.9920	0.9532	0.8506	0.6769	0.4668	0.2735	0.1340	0.0539		8
0.9999	0.9979	0.9827	0.9287	0.8106	0.6303	0.4246	0.2424	0.1148		9
1.0000	0.9995	0.9944	0.9703	0.9022	0.7712	0.5858	0.3843	0.2122		10
1.0000	0.9999	0.9985	0.9893	0.9558	0.8746	0.7323	0.5426	0.3450		11
1.0000	1.0000	0.9996	0.9966	0.9825	0.9396	0.8462	0.6937	0.5000		12
1.0000	1.0000	0.9999	0.9991	0.9940	0.9745	0.9222	0.8173	0.6550		13
1.0000	1.0000	1.0000	0.9998	0.9982	0.9907	0.9656	0.9040	0.7878		14
1.0000	1.0000	1.0000	1.0000	0.9995	0.9971	0.9868	0.9560	0.8852		15
1.0000	1.0000	1.0000	1.0000	0.9999	0.9992	0.9957	0.9826	0.9461		16
1.0000	1.0000	1.0000	1.0000	1.0000	0.9998	0.9988	0.9942	0.9784		17
1.0000	1.0000	1.0000	1.0000	1.0000	1.0000	0.9997	0.9984	0.9927		18
1.0000	1.0000	1.0000	1.0000	1.0000	1.0000	0.9999	0.9996	0.9980		19
1.0000	1.0000	1.0000	1.0000	1.0000	1.0000	1.0000	0.9999	0.9995		20
1.0000	1.0000	1.0000	1.0000	1.0000	1.0000	1.0000	1.0000	0.9999		21
1.0000	1.0000	1.0000	1.0000	1.0000	1.0000	1.0000	1.0000	1.0000		22
0.0424	0.0076	0.0012	0.0002	0.0000	0.0000	0.0000	0.0000	0.0000	$n = 30$	$x = 0$
0.1837	0.0480	0.0105	0.0020	0.0003	0.0000	0.0000	0.0000	0.0000		1
0.4114	0.1514	0.0442	0.0106	0.0021	0.0003	0.0000	0.0000	0.0000		2
0.6474	0.3217	0.1227	0.0374	0.0093	0.0019	0.0003	0.0000	0.0000		3
0.8245	0.5245	0.2552	0.0979	0.0302	0.0075	0.0015	0.0002	0.0000		4
0.9268	0.7106	0.4275	0.2026	0.0766	0.0233	0.0057	0.0011	0.0002		5
0.9742	0.8474	0.6070	0.3481	0.1595	0.0586	0.0172	0.0040	0.0007		6
0.9922	0.9302	0.7608	0.5143	0.2814	0.1238	0.0435	0.0121	0.0026		7
0.9980	0.9722	0.8713	0.6736	0.4315	0.2247	0.0940	0.0312	0.0081		8
0.9995	0.9903	0.9389	0.8034	0.5888	0.3575	0.1763	0.0694	0.0214		9
0.9999	0.9971	0.9744	0.8943	0.7304	0.5078	0.2915	0.1350	0.0494		10
1.0000	0.9992	0.9905	0.9493	0.8407	0.6548	0.4311	0.2327	0.1002		11
1.0000	0.9998	0.9969	0.9784	0.9155	0.7802	0.5785	0.3592	0.1808		12
1.0000	1.0000	0.9991	0.9918	0.9599	0.8737	0.7145	0.5025	0.2923		13
1.0000	1.0000	0.9998	0.9973	0.9831	0.9348	0.8246	0.6448	0.4278		14
1.0000	1.0000	0.9999	0.9992	0.9936	0.9699	0.9029	0.7691	0.5722		15
1.0000	1.0000	1.0000	0.9998	0.9979	0.9876	0.9519	0.8644	0.7077		16
1.0000	1.0000	1.0000	0.9999	0.9994	0.9955	0.9788	0.9286	0.8192		17
1.0000	1.0000	1.0000	1.0000	0.9998	0.9986	0.9917	0.9666	0.8998		18
1.0000	1.0000	1.0000	1.0000	1.0000	0.9996	0.9971	0.9862	0.9506		19
1.0000	1.0000	1.0000	1.0000	1.0000	0.9999	0.9991	0.9950	0.9786		20
1.0000	1.0000	1.0000	1.0000	1.0000	1.0000	0.9998	0.9984	0.9919		21
1.0000	1.0000	1.0000	1.0000	1.0000	1.0000	1.0000	0.9996	0.9974		22
1.0000	1.0000	1.0000	1.0000	1.0000	1.0000	1.0000	0.9999	0.9993		23
1.0000	1.0000	1.0000	1.0000	1.0000	1.0000	1.0000	1.0000	0.9998		24
1.0000	1.0000	1.0000	1.0000	1.0000	1.0000	1.0000	1.0000	1.0000		25

p =		0.01	0.02	0.03	0.04	0.05	0.06	0.07	0.08	0.09
n = 40	x = 0	0.6690	0.4457	0.2957	0.1954	0.1285	0.0842	0.0549	0.0356	0.0230
	1	0.9393	0.8095	0.6615	0.5210	0.3991	0.2990	0.2201	0.1594	0.1140
	2	0.9925	0.9543	0.8822	0.7855	0.6767	0.5665	0.4625	0.3694	0.2894
	3	0.9993	0.9918	0.9686	0.9252	0.8619	0.7827	0.6937	0.6007	0.5092
	4	1.0000	0.9988	0.9933	0.9790	0.9520	0.9104	0.8546	0.7868	0.7103
	5	1.0000	0.9999	0.9988	0.9951	0.9861	0.9691	0.9419	0.9033	0.8535
	6	1.0000	1.0000	0.9998	0.9990	0.9966	0.9909	0.9801	0.9624	0.9361
	7	1.0000	1.0000	1.0000	0.9998	0.9993	0.9977	0.9942	0.9873	0.9758
	8	1.0000	1.0000	1.0000	1.0000	0.9999	0.9995	0.9985	0.9963	0.9919
	9	1.0000	1.0000	1.0000	1.0000	1.0000	0.9999	0.9997	0.9990	0.9976
	10	1.0000	1.0000	1.0000	1.0000	1.0000	1.0000	0.9999	0.9998	0.9994
	11	1.0000	1.0000	1.0000	1.0000	1.0000	1.0000	1.0000	1.0000	0.9999
	12	1.0000	1.0000	1.0000	1.0000	1.0000	1.0000	1.0000	1.0000	1.0000
	13	1.0000	1.0000	1.0000	1.0000	1.0000	1.0000	1.0000	1.0000	1.0000
	14	1.0000	1.0000	1.0000	1.0000	1.0000	1.0000	1.0000	1.0000	1.0000
	15	1.0000	1.0000	1.0000	1.0000	1.0000	1.0000	1.0000	1.0000	1.0000
	16	1.0000	1.0000	1.0000	1.0000	1.0000	1.0000	1.0000	1.0000	1.0000
	17	1.0000	1.0000	1.0000	1.0000	1.0000	1.0000	1.0000	1.0000	1.0000
	18	1.0000	1.0000	1.0000	1.0000	1.0000	1.0000	1.0000	1.0000	1.0000
	19	1.0000	1.0000	1.0000	1.0000	1.0000	1.0000	1.0000	1.0000	1.0000
	20	1.0000	1.0000	1.0000	1.0000	1.0000	1.0000	1.0000	1.0000	1.0000
	21	1.0000	1.0000	1.0000	1.0000	1.0000	1.0000	1.0000	1.0000	1.0000
	22	1.0000	1.0000	1.0000	1.0000	1.0000	1.0000	1.0000	1.0000	1.0000
	23	1.0000	1.0000	1.0000	1.0000	1.0000	1.0000	1.0000	1.0000	1.0000
	24	1.0000	1.0000	1.0000	1.0000	1.0000	1.0000	1.0000	1.0000	1.0000
	25	1.0000	1.0000	1.0000	1.0000	1.0000	1.0000	1.0000	1.0000	1.0000
	26	1.0000	1.0000	1.0000	1.0000	1.0000	1.0000	1.0000	1.0000	1.0000
	27	1.0000	1.0000	1.0000	1.0000	1.0000	1.0000	1.0000	1.0000	1.0000
	28	1.0000	1.0000	1.0000	1.0000	1.0000	1.0000	1.0000	1.0000	1.0000
	29	1.0000	1.0000	1.0000	1.0000	1.0000	1.0000	1.0000	1.0000	1.0000
	30	1.0000	1.0000	1.0000	1.0000	1.0000	1.0000	1.0000	1.0000	1.0000
	31	1.0000	1.0000	1.0000	1.0000	1.0000	1.0000	1.0000	1.0000	1.0000
	32	1.0000	1.0000	1.0000	1.0000	1.0000	1.0000	1.0000	1.0000	1.0000
n = 50	x = 0	0.6050	0.3642	0.2181	0.1299	0.0769	0.0453	0.0266	0.0155	0.0090
	1	0.9106	0.7358	0.5553	0.4005	0.2794	0.1900	0.1265	0.0827	0.0532
	2	0.9862	0.9216	0.8108	0.6767	0.5405	0.4162	0.3108	0.2260	0.1605
	3	0.9984	0.9822	0.9372	0.8609	0.7604	0.6473	0.5327	0.4253	0.3303
	4	0.9999	0.9968	0.9832	0.9510	0.8964	0.8206	0.7290	0.6290	0.5277
	5	1.0000	0.9995	0.9963	0.9856	0.9622	0.9224	0.8650	0.7919	0.7072
	6	1.0000	0.9999	0.9993	0.9964	0.9882	0.9711	0.9417	0.8981	0.8404
	7	1.0000	1.0000	0.9999	0.9992	0.9968	0.9906	0.9780	0.9562	0.9232
	8	1.0000	1.0000	1.0000	0.9999	0.9992	0.9973	0.9927	0.9833	0.9672

0.1	0.15	0.2	0.25	0.3	0.35	0.4	0.45	0.5	$p =$	
0.0148	0.0015	0.0001	0.0000	0.0000	0.0000	0.0000	0.0000	0.0000	$n = 40$	$x = 0$
0.0805	0.0121	0.0015	0.0001	0.0000	0.0000	0.0000	0.0000	0.0000		1
0.2228	0.0486	0.0079	0.0010	0.0001	0.0000	0.0000	0.0000	0.0000		2
0.4231	0.1302	0.0285	0.0047	0.0006	0.0001	0.0000	0.0000	0.0000		3
0.6290	0.2633	0.0759	0.0160	0.0026	0.0003	0.0000	0.0000	0.0000		4
0.7937	0.4325	0.1613	0.0433	0.0086	0.0013	0.0001	0.0000	0.0000		5
0.9005	0.6067	0.2859	0.0962	0.0238	0.0044	0.0006	0.0001	0.0000		6
0.9581	0.7559	0.4371	0.1820	0.0553	0.0124	0.0021	0.0002	0.0000		7
0.9845	0.8646	0.5931	0.2998	0.1110	0.0303	0.0061	0.0009	0.0001		8
0.9949	0.9328	0.7318	0.4395	0.1959	0.0644	0.0156	0.0027	0.0003		9
0.9985	0.9701	0.8392	0.5839	0.3087	0.1215	0.0352	0.0074	0.0011		10
0.9996	0.9880	0.9125	0.7151	0.4406	0.2053	0.0709	0.0179	0.0032		11
0.9999	0.9957	0.9568	0.8209	0.5772	0.3143	0.1285	0.0386	0.0083		12
1.0000	0.9986	0.9806	0.8968	0.7032	0.4408	0.2112	0.0751	0.0192		13
1.0000	0.9996	0.9921	0.9456	0.8074	0.5721	0.3174	0.1326	0.0403		14
1.0000	0.9999	0.9971	0.9738	0.8849	0.6946	0.4402	0.2142	0.0769		15
1.0000	1.0000	0.9990	0.9884	0.9367	0.7978	0.5681	0.3185	0.1341		16
1.0000	1.0000	0.9997	0.9953	0.9680	0.8761	0.6885	0.4391	0.2148		17
1.0000	1.0000	0.9999	0.9983	0.9852	0.9301	0.7911	0.5651	0.3179		18
1.0000	1.0000	1.0000	0.9994	0.9937	0.9637	0.8702	0.6844	0.4373		19
1.0000	1.0000	1.0000	0.9998	0.9976	0.9827	0.9256	0.7870	0.5627		20
1.0000	1.0000	1.0000	1.0000	0.9991	0.9925	0.9608	0.8669	0.6821		21
1.0000	1.0000	1.0000	1.0000	0.9997	0.9970	0.9811	0.9233	0.7852		22
1.0000	1.0000	1.0000	1.0000	0.9999	0.9989	0.9917	0.9595	0.8659		23
1.0000	1.0000	1.0000	1.0000	1.0000	0.9996	0.9966	0.9804	0.9231		24
1.0000	1.0000	1.0000	1.0000	1.0000	0.9999	0.9988	0.9914	0.9597		25
1.0000	1.0000	1.0000	1.0000	1.0000	1.0000	0.9996	0.9966	0.9808		26
1.0000	1.0000	1.0000	1.0000	1.0000	1.0000	0.9999	0.9988	0.9917		27
1.0000	1.0000	1.0000	1.0000	1.0000	1.0000	1.0000	0.9996	0.9968		28
1.0000	1.0000	1.0000	1.0000	1.0000	1.0000	1.0000	0.9999	0.9989		29
1.0000	1.0000	1.0000	1.0000	1.0000	1.0000	1.0000	1.0000	0.9997		30
1.0000	1.0000	1.0000	1.0000	1.0000	1.0000	1.0000	1.0000	0.9999		31
1.0000	1.0000	1.0000	1.0000	1.0000	1.0000	1.0000	1.0000	1.0000		32
0.0052	0.0003	0.0000	0.0000	0.0000	0.0000	0.0000	0.0000	0.0000	$n = 50$	$x = 0$
0.0338	0.0029	0.0002	0.0000	0.0000	0.0000	0.0000	0.0000	0.0000		1
0.1117	0.0142	0.0013	0.0001	0.0000	0.0000	0.0000	0.0000	0.0000		2
0.2503	0.0460	0.0057	0.0005	0.0000	0.0000	0.0000	0.0000	0.0000		3
0.4312	0.1121	0.0185	0.0021	0.0002	0.0000	0.0000	0.0000	0.0000		4
0.6161	0.2194	0.0480	0.0070	0.0007	0.0001	0.0000	0.0000	0.0000		5
0.7702	0.3613	0.1034	0.0194	0.0025	0.0002	0.0000	0.0000	0.0000		6
0.8779	0.5188	0.1904	0.0453	0.0073	0.0008	0.0001	0.0000	0.0000		7
0.9421	0.6681	0.3073	0.0916	0.0183	0.0025	0.0002	0.0000	0.0000		8

$p=$		0.01	0.02	0.03	0.04	0.05	0.06	0.07	0.08	0.09
$n=50$	$x=9$	1.0000	1.0000	1.0000	1.0000	0.9998	0.9993	0.9978	0.9944	0.9875
	10	1.0000	1.0000	1.0000	1.0000	1.0000	0.9998	0.9994	0.9983	0.9957
	11	1.0000	1.0000	1.0000	1.0000	1.0000	1.0000	0.9999	0.9995	0.9987
	12	1.0000	1.0000	1.0000	1.0000	1.0000	1.0000	1.0000	0.9999	0.9996
	13	1.0000	1.0000	1.0000	1.0000	1.0000	1.0000	1.0000	1.0000	0.9999
	14	1.0000	1.0000	1.0000	1.0000	1.0000	1.0000	1.0000	1.0000	1.0000
	15	1.0000	1.0000	1.0000	1.0000	1.0000	1.0000	1.0000	1.0000	1.0000
	16	1.0000	1.0000	1.0000	1.0000	1.0000	1.0000	1.0000	1.0000	1.0000
	17	1.0000	1.0000	1.0000	1.0000	1.0000	1.0000	1.0000	1.0000	1.0000
	18	1.0000	1.0000	1.0000	1.0000	1.0000	1.0000	1.0000	1.0000	1.0000
	19	1.0000	1.0000	1.0000	1.0000	1.0000	1.0000	1.0000	1.0000	1.0000
	20	1.0000	1.0000	1.0000	1.0000	1.0000	1.0000	1.0000	1.0000	1.0000
	21	1.0000	1.0000	1.0000	1.0000	1.0000	1.0000	1.0000	1.0000	1.0000
	22	1.0000	1.0000	1.0000	1.0000	1.0000	1.0000	1.0000	1.0000	1.0000
	23	1.0000	1.0000	1.0000	1.0000	1.0000	1.0000	1.0000	1.0000	1.0000
	24	1.0000	1.0000	1.0000	1.0000	1.0000	1.0000	1.0000	1.0000	1.0000
	25	1.0000	1.0000	1.0000	1.0000	1.0000	1.0000	1.0000	1.0000	1.0000
	26	1.0000	1.0000	1.0000	1.0000	1.0000	1.0000	1.0000	1.0000	1.0000
	27	1.0000	1.0000	1.0000	1.0000	1.0000	1.0000	1.0000	1.0000	1.0000
	28	1.0000	1.0000	1.0000	1.0000	1.0000	1.0000	1.0000	1.0000	1.0000
	29	1.0000	1.0000	1.0000	1.0000	1.0000	1.0000	1.0000	1.0000	1.0000
	30	1.0000	1.0000	1.0000	1.0000	1.0000	1.0000	1.0000	1.0000	1.0000
	31	1.0000	1.0000	1.0000	1.0000	1.0000	1.0000	1.0000	1.0000	1.0000
	32	1.0000	1.0000	1.0000	1.0000	1.0000	1.0000	1.0000	1.0000	1.0000
	33	1.0000	1.0000	1.0000	1.0000	1.0000	1.0000	1.0000	1.0000	1.0000
	34	1.0000	1.0000	1.0000	1.0000	1.0000	1.0000	1.0000	1.0000	1.0000
	35	1.0000	1.0000	1.0000	1.0000	1.0000	1.0000	1.0000	1.0000	1.0000
	36	1.0000	1.0000	1.0000	1.0000	1.0000	1.0000	1.0000	1.0000	1.0000
	37	1.0000	1.0000	1.0000	1.0000	1.0000	1.0000	1.0000	1.0000	1.0000
	38	1.0000	1.0000	1.0000	1.0000	1.0000	1.0000	1.0000	1.0000	1.0000

0.1	0.15	0.2	0.25	0.3	0.35	0.4	0.45	0.5	$p =$
0.9755	0.7911	0.4437	0.1637	0.0402	0.0067	0.0008	0.0001	0.0000	$n = 50$ $x = 9$
0.9906	0.8801	0.5836	0.2622	0.0789	0.0160	0.0022	0.0002	0.0000	10
0.9968	0.9372	0.7107	0.3816	0.1390	0.0342	0.0057	0.0006	0.0000	11
0.9990	0.9699	0.8139	0.5110	0.2229	0.0661	0.0133	0.0018	0.0002	12
0.9997	0.9868	0.8894	0.6370	0.3279	0.1163	0.0280	0.0045	0.0005	13
0.9999	0.9947	0.9393	0.7481	0.4468	0.1878	0.0540	0.0104	0.0013	14
1.0000	0.9981	0.9692	0.8369	0.5692	0.2801	0.0955	0.0220	0.0033	15
1.0000	0.9993	0.9856	0.9017	0.6839	0.3889	0.1561	0.0427	0.0077	16
1.0000	0.9998	0.9937	0.9449	0.7822	0.5060	0.2369	0.0765	0.0164	17
1.0000	0.9999	0.9975	0.9713	0.8594	0.6216	0.3356	0.1273	0.0325	18
1.0000	1.0000	0.9991	0.9861	0.9152	0.7264	0.4465	0.1974	0.0595	19
1.0000	1.0000	0.9997	0.9937	0.9522	0.8139	0.5610	0.2862	0.1013	20
1.0000	1.0000	0.9999	0.9974	0.9749	0.8813	0.6701	0.3900	0.1611	21
1.0000	1.0000	1.0000	0.9990	0.9877	0.9290	0.7660	0.5019	0.2399	22
1.0000	1.0000	1.0000	0.9996	0.9944	0.9604	0.8438	0.6134	0.3359	23
1.0000	1.0000	1.0000	0.9999	0.9976	0.9793	0.9022	0.7160	0.4439	24
1.0000	1.0000	1.0000	1.0000	0.9991	0.9900	0.9427	0.8034	0.5561	25
1.0000	1.0000	1.0000	1.0000	0.9997	0.9955	0.9686	0.8721	0.6641	26
1.0000	1.0000	1.0000	1.0000	0.9999	0.9981	0.9840	0.9220	0.7601	27
1.0000	1.0000	1.0000	1.0000	1.0000	0.9993	0.9924	0.9556	0.8389	28
1.0000	1.0000	1.0000	1.0000	1.0000	0.9997	0.9966	0.9765	0.8987	29
1.0000	1.0000	1.0000	1.0000	1.0000	0.9999	0.9986	0.9884	0.9405	30
1.0000	1.0000	1.0000	1.0000	1.0000	1.0000	0.9995	0.9947	0.9675	31
1.0000	1.0000	1.0000	1.0000	1.0000	1.0000	0.9998	0.9978	0.9836	32
1.0000	1.0000	1.0000	1.0000	1.0000	1.0000	0.9999	0.9991	0.9923	33
1.0000	1.0000	1.0000	1.0000	1.0000	1.0000	1.0000	0.9997	0.9967	34
1.0000	1.0000	1.0000	1.0000	1.0000	1.0000	1.0000	0.9999	0.9987	35
1.0000	1.0000	1.0000	1.0000	1.0000	1.0000	1.0000	1.0000	0.9995	36
1.0000	1.0000	1.0000	1.0000	1.0000	1.0000	1.0000	1.0000	0.9998	37
1.0000	1.0000	1.0000	1.0000	1.0000	1.0000	1.0000	1.0000	1.0000	38

2 포아송분포표

y	.1	.2	.3	.4	.5 (μ)	.6	.7	.8	.9	1.0
0	.9048	.8187	.7408	.6703	.6065	.5488	.4966	.4493	.4066	.3679
1	.0905	.1637	.2222	.2681	.3033	.3293	.3476	.3595	.3659	.3679
2	.0045	.0164	.0333	.0536	.0758	.0988	.1217	.1438	.1647	.1839
3	.0002	.0011	.0033	.0072	.0126	.0198	.0284	.0383	.0494	.0613
4	.0000	.0001	.0003	.0007	.0016	.0030	.0050	.0077	.0111	.0153
5	.0000	.0000	.0000	.0001	.0002	.0004	.0007	.0012	.0020	.0031
6	.0000	.0000	.0000	.0000	.0000	.0000	.0001	.0002	.0003	.0005

y	1.1	1.2	1.3	1.4	1.5 (μ)	1.6	1.7	1.8	1.9	2.0
0	.3329	.3012	.2725	.2466	.2231	.2019	.1827	.1653	.1496	.1353
1	.3662	.3614	.3543	.3452	.3347	.3230	.3106	.2975	.2842	.2707
2	.2014	.2169	.2303	.2417	.2510	.2584	.2640	.2678	.2700	.2707
3	.0738	.0867	.0998	.1128	.1255	.1378	.1496	.1607	.1710	.1804
4	.0203	.0260	.0324	.0395	.0471	.0551	.0636	.0723	.0812	.0902
5	.0045	.0062	.0084	.0111	.0141	.0176	.0216	.0260	.0309	.0361
6	.0008	.0012	.0018	.0026	.0035	.0047	.0061	.0078	.0098	.0120
7	.0001	.0002	.0003	.0005	.0008	.0011	.0015	.0020	.0027	.0034
8	.0000	.0000	.0001	.0001	.0001	.0002	.0003	.0005	.0006	.0009

y	2.1	2.2	2.3	2.4	2.5 (μ)	2.6	2.7	2.8	2.9	3.0
0	.1225	.1108	.1003	.0907	.0821	.0743	.0672	.0608	.0550	.0498
1	.2572	.2438	.2306	.2177	.2052	.1931	.1815	.1703	.1596	.1494
2	.2700	.2681	.2652	.2613	.2565	.2510	.2450	.2384	.2314	.2240
3	.1890	.1966	.2033	.2090	.2138	.2176	.2205	.2225	.2237	.2240
4	.0992	.1082	.1169	.1254	.1336	.1414	.1488	.1557	.1622	.1680
5	.0417	.0476	.0538	.0602	.0668	.0735	.0804	.0872	.0940	.1008
6	.0146	.0174	.0206	.0241	.0278	.0319	.0362	.0407	.0455	.0504
7	.0044	.0055	.0068	.0083	.0099	.0118	.0139	.0163	.0188	.0216
8	.0011	.0015	.0019	.0025	.0031	.0038	.0047	.0057	.0068	.0081
9	.0003	.0004	.0005	.0007	.0009	.0011	.0014	.0018	.0022	.0027
10	.0001	.0001	.0001	.0002	.0002	.0003	.0004	.0005	.0006	.0008
11	.0000	.0000	.0000	.0000	.0000	.0001	.0001	.0001	.0002	.0002

y	3.1	3.2	3.3	3.4	μ 3.5	3.6	3.7	3.8	3.9	4.0
0	.0450	.0408	.0369	.0334	.0302	.0273	.0247	.0224	.0202	.0183
1	.1397	.1304	.1217	.1135	.1057	.0984	.0915	.0850	.0789	.0733
2	.2165	.2087	.2008	.1929	.1850	.1771	.1692	.1615	.1539	.1465
3	.2237	.2226	.2209	.2186	.2158	.2125	.2087	.2046	.2001	.1954
4	.1733	.1781	.1823	.1858	.1888	.1912	.1931	.1944	.1951	.1954
5	.1075	.1140	.1203	.1264	.1322	.1377	.1429	.1477	.1522	.1563
6	.0555	.0608	.0662	.0716	.0771	.0826	.0881	.0936	.0989	.1042
7	.0246	.0278	.0312	.0348	.0385	.0425	.0466	.0508	.0551	.0595
8	.0095	.0111	.0129	.0148	.0169	.0191	.0215	.0241	.0269	.0298
9	.0033	.0040	.0047	.0056	.0066	.0076	.0089	.0102	.0116	.0132
10	.0010	.0013	.0016	.0019	.0023	.0028	.0033	.0039	.0045	.0053
11	.0003	.0004	.0005	.0006	.0007	.0009	.0011	.0013	.0016	.0019
12	.0001	.0001	.0001	.0002	.0002	.0003	.0003	.0004	.0005	.0006
13	.0000	.0000	.0000	.0000	.0001	.0001	.0001	.0001	.0002	.0002

y	4.1	4.2	4.3	4.4	μ 4.5	4.6	4.7	4.8	4.9	5.0
0	.0166	.0150	.0136	.0123	.0111	.0101	.0091	.0082	.0074	.0067
1	.0679	.0630	.0583	.0540	.0500	.0462	.0427	.0395	.0365	.0337
2	.1393	.1323	.1254	.1188	.1125	.1063	.1005	.0948	.0894	.0842
3	.1904	.1852	.1798	.1743	.1687	.1631	.1574	.1517	.1460	.1404
4	.1951	.1944	.1933	.1917	.1898	.1875	.1849	.1820	.1789	.1755
5	.1600	.1633	.1662	.1687	.1708	.1725	.1738	.1747	.1753	.1755
6	.1093	.1143	.1191	.1237	.1281	.1323	.1362	.1398	.1432	.1462
7	.0640	.0686	.0732	.0778	.0824	.0869	.0914	.0959	.1002	.1044
8	.0328	.0360	.0393	.0428	.0463	.0500	.0537	.0575	.0614	.0653
9	.0150	.0168	.0188	.0209	.0232	.0255	.0281	.0307	.0334	.0363
10	.0061	.0071	.0081	.0092	.0104	.0118	.0132	.0147	.0164	.0181
11	.0023	.0027	.0032	.0037	.0043	.0049	.0056	.0064	.0073	.0082
12	.0008	.0009	.0011	.0013	.0016	.0019	.0022	.0026	.0030	.0034
13	.0002	.0003	.0004	.0005	.0006	.0007	.0008	.0009	.0011	.0013
14	.0001	.0001	.0001	.0001	.0002	.0002	.0003	.0003	.0004	.0005
15	.0000	.0000	.0000	.0000	.0001	.0001	.0001	.0001	.0001	.0002

y	5.5	6.0	6.5	7.0	μ 7.5	8.0	8.5	9.0	9.5	10.0
0	.0041	.0025	.0015	.0009	.0006	.0003	.0002	.0001	.0001	.0000
1	.0225	.0149	.0098	.0064	.0041	.0027	.0017	.0011	.0007	.0005
2	.0618	.0446	.0318	.0223	.0156	.0107	.0074	.0050	.0034	.0023
3	.1133	.0892	.0688	.0521	.0389	.0286	.0208	.0150	.0107	.0076
4	.1558	.1339	.1118	.0912	.0729	.0573	.0443	.0337	.0254	.0189
5	.1714	.1606	.1454	.1277	.1094	.0916	.0752	.0607	.0483	.0378

					μ					
y	5.5	6.0	6.5	7.0	7.5	8.0	8.5	9.0	9.5	10.0
6	.1571	.1606	.1575	.1490	.1367	.1221	.1066	.0911	.0764	.0631
7	.1234	.1377	.1462	.1490	.1465	.1396	.1294	.1171	.1037	.0901
8	.0849	.1033	.1188	.1304	.1373	.1396	.1375	.1318	.1232	.1126
9	.0519	.0688	.0858	.1014	.1144	.1241	.1299	.1318	.1300	.1251
10	.0285	.0413	.0558	.0710	.0858	.0993	.1104	.1186	.1235	.1251
11	.0143	.0225	.0330	.0452	.0585	.0722	.0853	.0970	.1067	.1137
12	.0065	.0113	.0179	.0263	.0366	.0481	.0604	.0728	.0844	.0948
13	.0028	.0052	.0089	.0142	.0211	.0296	.0395	.0504	.0617	.0729
14	.0011	.0022	.0041	.0071	.0113	.0169	.0240	.0324	.0419	.0521
15	.0004	.0009	.0018	.0033	.0057	.0090	.0136	.0194	.0265	.0347
16	.0001	.0003	.0007	.0014	.0026	.0045	.0072	.0109	.0157	.0217
17	.0000	.0001	.0003	.0006	.0012	.0021	.0036	.0058	.0088	.0128
18	.0000	.0000	.0001	.0002	.0005	.0009	.0017	.0029	.0046	.0071
19	.0000	.0000	.0000	.0001	.0002	.0004	.0008	.0014	.0023	.0037
20	.0000	.0000	.0000	.0000	.0001	.0002	.0003	.0006	.0011	.0019
21	.0000	.0000	.0000	.0000	.0000	.0001	.0001	.0003	.0005	.0009
22	.0000	.0000	.0000	.0000	.0000	.0000	.0001	.0001	.0002	.0004
23	.0000	.0000	.0000	.0000	.0000	.0000	.0000	.0000	.0001	.0002

					μ					
y	11.0	12.0	13.0	14.0	15.0	16.0	17.0	18.0	19.0	20.0
0	.0000	.0000	.0000	.0000	.0000	.0000	.0000	.0000	.0000	.0000
1	.0002	.0001	.0000	.0000	.0000	.0000	.0000	.0000	.0000	.0000
2	.0010	.0004	.0002	.0001	.0000	.0000	.0000	.0000	.0000	.0000
3	.0037	.0018	.0008	.0004	.0002	.0001	.0000	.0000	.0000	.0000
4	.0102	.0053	.0027	.0013	.0006	.0003	.0001	.0001	.0000	.0000
5	.0224	.0127	.0070	.0037	.0019	.0010	.0005	.0002	.0001	.0001
6	.0411	.0255	.0152	.0087	.0048	.0026	.0014	.0007	.0004	.0002
7	.0646	.0437	.0281	.0174	.0104	.0060	.0034	.0019	.0010	.0005
8	.0888	.0655	.0457	.0304	.0194	.0120	.0072	.0042	.0024	.0013
9	.1085	.0874	.0661	.0473	.0324	.0213	.0135	.0083	.0050	.0029
10	.1194	.1048	.0859	.0663	.0486	.0341	.0230	.0150	.0095	.0058
11	.1194	.1144	.1015	.0844	.0663	.0496	.0355	.0245	.0164	.0106
12	.1094	.1144	.1099	.0984	.0829	.0661	.0504	.0368	.0259	.0176
13	.0926	.1056	.1099	.1060	.0956	.0814	.0658	.0509	.0378	.0271
14	.0728	.0905	.1021	.1060	.1024	.0930	.0800	.0655	.0514	.0387
15	.0534	.0724	.0885	.0989	.1024	.0992	.0906	.0786	.0650	.0516
16	.0367	.0543	.0719	.0866	.0960	.0992	.0963	.0884	.0772	.0646
17	.0237	.0383	.0550	.0713	.0847	.0934	.0963	.0936	.0863	.0760
18	.0145	.0255	.0397	.0554	.0706	.0830	.0909	.0936	.0911	.0844
19	.0084	.0161	.0272	.0409	.0557	.0699	.0814	.0887	.0911	.0888

					μ					
y	11.0	12.0	13.0	14.0	15.0	16.0	17.0	18.0	19.0	20.0
20	.0046	.0097	.0177	.0286	.0418	.0559	.0692	.0798	.0866	.0888
21	.0024	.0055	.0109	.0191	.0299	.0426	.0560	.0684	.0783	.0846
22	.0012	.0030	.0065	.0121	.0204	.0310	.0433	.0560	.0676	.0769
23	.0006	.0016	.0037	.0074	.0133	.0216	.0320	.0438	.0559	.0669
24	.0003	.0008	.0020	.0043	.0083	.0144	.0226	.0328	.0442	.0557
25	.0001	.0004	.0010	.0024	.0050	.0092	.0154	.0237	.0336	.0446
26	.0000	.0002	.0005	.0013	.0029	.0057	.0101	.0164	.0246	.0343
27	.0000	.0001	.0002	.0007	.0016	.0034	.0063	.0109	.0173	.0254
28	.0000	.0000	.0001	.0003	.0009	.0019	.0038	.0070	.0117	.0181
29	.0000	.0000	.0001	.0002	.0004	.0011	.0023	.0044	.0077	.0125
30	.0000	.0000	.0000	.0001	.0002	.0006	.0013	.0026	.0049	.0083
31	.0000	.0000	.0000	.0000	.0001	.0003	.0007	.0015	.0030	.0054
32	.0000	.0000	.0000	.0000	.0001	.0001	.0004	.0009	.0018	.0034
33	.0000	.0000	.0000	.0000	0000	.0001	.0002	.0005	.0010	.0020

Source: Computed by D. K. Hildebrand.

3 정규분포표

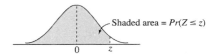

Shaded area = $Pr(Z \leq z)$

z	0.00	0.01	0.02	0.03	0.04	0.05	0.06	0.07	0.08	0.09
−3.4	0.0003	0.0003	0.0003	0.0003	0.0003	0.0003	0.0003	0.0003	0.0003	0.0002
−3.3	0.0005	0.0005	0.0005	0.0004	0.0004	0.0004	0.0004	0.0004	0.0004	0.0003
−3.2	0.0007	0.0007	0.0006	0.0006	0.0006	0.0006	0.0006	0.0005	0.0005	0.0005
−3.1	0.0010	0.0009	0.0009	0.0009	0.0008	0.0008	0.0008	0.0008	0.0007	0.0007
−3.0	0.0013	0.0013	0.0013	0.0012	0.0012	0.0011	0.0011	0.0011	0.0010	0.0010
−2.9	0.0019	0.0018	0.0018	0.0017	0.0016	0.0016	0.0015	0.0015	0.0014	0.0014
−2.8	0.0026	0.0025	0.0024	0.0023	0.0023	0.0022	0.0021	0.0021	0.0020	0.0019
−2.7	0.0035	0.0034	0.0033	0.0032	0.0031	0.0030	0.0029	0.0028	0.0027	0.0026
−2.6	0.0047	0.0045	0.0044	0.0043	0.0041	0.0040	0.0039	0.0038	0.0037	0.0036
−2.5	0.0062	0.0060	0.0059	0.0057	0.0055	0.0054	0.0052	0.0051	0.0049	0.0048
−2.4	0.0082	0.0080	0.0078	0.0075	0.0073	0.0071	0.0069	0.0068	0.0066	0.0064
−2.3	0.0107	0.0104	0.0102	0.0099	0.0096	0.0094	0.0091	0.0089	0.0087	0.0084
−2.2	0.0139	0.0136	0.0132	0.0129	0.0125	0.0122	0.0119	0.0116	0.0113	0.0110
−2.1	0.0179	0.0174	0.0170	0.0166	0.0162	0.0158	0.0154	0.0150	0.0146	0.0143
−2.0	0.0228	0.0222	0.0217	0.0212	0.0207	0.0202	0.0197	0.0192	0.0188	0.0183
−1.9	0.0287	0.0281	0.0274	0.0268	0.0262	0.0256	0.0250	0.0244	0.0239	0.0233
−1.8	0.0359	0.0351	0.0344	0.0336	0.0329	0.0322	0.0314	0.0307	0.0301	0.0294
−1.7	0.0446	0.0436	0.0427	0.0418	0.0409	0.0401	0.0392	0.0384	0.0375	0.0367
−1.6	0.0548	0.0537	0.0526	0.0516	0.0505	0.0495	0.0485	0.0475	0.0465	0.0455
−1.5	0.0668	0.0655	0.0643	0.0630	0.0618	0.0606	0.0594	0.0582	0.0571	0.0559
−1.4	0.0808	0.0793	0.0778	0.0764	0.0749	0.0735	0.0721	0.0708	0.0694	0.0681
−1.3	0.0968	0.0951	0.0934	0.0918	0.0901	0.0885	0.0869	0.0853	0.0838	0.0823
−1.2	0.1151	0.1131	0.1112	0.1093	0.1075	0.1056	0.1038	0.1020	0.1003	0.0985
−1.1	0.1357	0.1335	0.1314	0.1292	0.1271	0.1251	0.1230	0.1210	0.1190	0.1170
−1.0	0.1587	0.1562	0.1539	0.1515	0.1492	0.1469	0.1446	0.1423	0.1401	0.1379
−0.9	0.1841	0.1814	0.1788	0.1762	0.1736	0.1711	0.1685	0.1660	0.1635	0.1611
−0.8	0.2119	0.2090	0.2061	0.2033	0.2005	0.1977	0.1949	0.1922	0.1894	0.1867
−0.7	0.2420	0.2389	0.2358	0.2327	0.2296	0.2266	0.2236	0.2206	0.2177	0.2148
−0.6	0.2743	0.2709	0.2676	0.2643	0.2611	0.2578	0.2546	0.2514	0.2483	0.2451
−0.5	0.3085	0.3050	0.3015	0.2981	0.2946	0.2912	0.2877	0.2843	0.2810	0.2776
−0.4	0.3446	0.3409	0.3372	0.3336	0.3300	0.3264	0.3228	0.3192	0.3156	0.3121
−0.3	0.3821	0.3783	0.3745	0.3707	0.3669	0.3632	0.3594	0.3557	0.3520	0.3483
−0.2	0.4207	0.4168	0.4129	0.4090	0.4052	0.4013	0.3974	0.3936	0.3897	0.3859
−0.1	0.4602	0.4562	0.4522	0.4483	0.4443	0.4404	0.4364	0.4325	0.4286	0.4247
−0.0	0.5000	0.4960	0.4920	0.4880	0.4840	0.4801	0.4761	0.4721	0.4681	0.4641

z	Area
−3.50	0.00023263
−4.00	0.00003167
−4.50	0.00000340
−5.00	0.00000029

z	0.00	0.01	0.02	0.03	0.04	0.05	0.06	0.07	0.08	0.09
0.0	0.5000	0.5040	0.5080	0.5120	0.5160	0.5199	0.5239	0.5279	0.5319	0.5359
0.1	0.5398	0.5438	0.5478	0.5517	0.5557	0.5596	0.5636	0.5675	0.5714	0.5753
0.2	0.5793	0.5832	0.5871	0.5910	0.5948	0.5987	0.6026	0.6064	0.6103	0.6141
0.3	0.6179	0.6217	0.6255	0.6293	0.6331	0.6368	0.6406	0.6443	0.6480	0.6517
0.4	0.6554	0.6591	0.6628	0.6664	0.6700	0.6736	0.6772	0.6808	0.6844	0.6879
0.5	0.6915	0.6950	0.6985	0.7019	0.7054	0.7088	0.7123	0.7157	0.7190	0.7224
0.6	0.7257	0.7291	0.7324	0.7357	0.7389	0.7422	0.7454	0.7486	0.7517	0.7549
0.7	0.7580	0.7611	0.7642	0.7673	0.7704	0.7734	0.7764	0.7794	0.7823	0.7852
0.8	0.7881	0.7910	0.7939	0.7967	0.7995	0.8023	0.8051	0.8078	0.8106	0.8133
0.9	0.8159	0.8186	0.8212	0.8238	0.8264	0.8289	0.8315	0.8340	0.8365	0.8389
1.0	0.8413	0.8438	0.8461	0.8485	0.8508	0.8531	0.8554	0.8577	0.8599	0.8621
1.1	0.8643	0.8665	0.8686	0.8708	0.8729	0.8749	0.8770	0.8790	0.8810	0.8830
1.2	0.8849	0.8869	0.8888	0.8907	0.8925	0.8944	0.8962	0.8980	0.8997	0.9015
1.3	0.9032	0.9049	0.9066	0.9082	0.9099	0.9115	0.9131	0.9147	0.9162	0.9177
1.4	0.9192	0.9207	0.9222	0.9236	0.9251	0.9265	0.9279	0.9292	0.9306	0.9319
1.5	0.9332	0.9345	0.9357	0.9370	0.9382	0.9394	0.9406	0.9418	0.9429	0.9441
1.6	0.9452	0.9463	0.9474	0.9484	0.9495	0.9505	0.9515	0.9525	0.9535	0.9545
1.7	0.9554	0.9564	0.9573	0.9582	0.9591	0.9599	0.9608	0.9616	0.9625	0.9633
1.8	0.9641	0.9649	0.9656	0.9664	0.9671	0.9678	0.9686	0.9693	0.9699	0.9706
1.9	0.9713	0.9719	0.9726	0.9732	0.9738	0.9744	0.9750	0.9756	0.9761	0.9767
2.0	0.9772	0.9778	0.9783	0.9788	0.9793	0.9798	0.9803	0.9808	0.9812	0.9817
2.1	0.9821	0.9826	0.9830	0.9834	0.9838	0.9842	0.9846	0.9850	0.9854	0.9857
2.2	0.9861	0.9864	0.9868	0.9871	0.9875	0.9878	0.9881	0.9884	0.9887	0.9890
2.3	0.9893	0.9896	0.9898	0.9901	0.9904	0.9906	0.9909	0.9911	0.9913	0.9916
2.4	0.9918	0.9920	0.9922	0.9925	0.9927	0.9929	0.9931	0.9932	0.9934	0.9936
2.5	0.9938	0.9940	0.9941	0.9943	0.9945	0.9946	0.9948	0.9949	0.9951	0.9952
2.6	0.9953	0.9955	0.9956	0.9957	0.9959	0.9960	0.9961	0.9962	0.9963	0.9964
2.7	0.9965	0.9966	0.9967	0.9968	0.9969	0.9970	0.9971	0.9972	0.9973	0.9974
2.8	0.9974	0.9975	0.9976	0.9977	0.9977	0.9978	0.9979	0.9979	0.9980	0.9981
2.9	0.9981	0.9982	0.9982	0.9983	0.9984	0.9984	0.9985	0.9985	0.9986	0.9986
3.0	0.9987	0.9987	0.9987	0.9988	0.9988	0.9989	0.9989	0.9989	0.9990	0.9990
3.1	0.9990	0.9991	0.9991	0.9991	0.9992	0.9992	0.9992	0.9992	0.9993	0.9993
3.2	0.9993	0.9993	0.9994	0.9994	0.9994	0.9994	0.9994	0.9995	0.9995	0.9995
3.3	0.9995	0.9995	0.9995	0.9996	0.9996	0.9996	0.9996	0.9996	0.9996	0.9997
3.4	0.9997	0.9997	0.9997	0.9997	0.9997	0.9997	0.9997	0.9997	0.9997	0.9998

z	Area
3.50	0.99976737
4.00	0.99996833
4.50	0.99999660
5.00	0.99999971

Source: Computed by M. Longnecker using Splus.

4 카이제곱(χ^2)분포표

df $\alpha =$	.999	.995	.99	.975	.95	.90	.10	.05	.025	.01	.005	.001
1	.000002	.000039	.000157	.000982	.003932	.01579	2.706	3.841	5.024	6.635	7.879	10.83
2	.002001	.01003	.02010	.05064	.1026	.2107	4.605	5.991	7.378	9.210	10.60	13.82
3	.02430	.07172	.1148	.2158	.3518	.5844	6.251	7.815	9.348	11.34	12.84	16.27
4	.09080	.2070	.2971	.4844	.7107	1.064	7.779	9.488	11.14	13.28	14.86	18.47
5	.2102	.4117	.5543	.8312	1.145	1.610	9.236	11.07	12.83	15.09	16.75	20.52
6	.3811	.6757	.8721	1.237	1.635	2.204	10.64	12.59	14.45	16.81	18.55	22.46
7	.5985	.9893	1.239	1.690	2.167	2.833	12.02	14.07	16.01	18.48	20.28	24.32
8	.8571	1.344	1.646	2.180	2.733	3.490	13.36	15.51	17.53	20.09	21.95	26.12
9	1.152	1.735	2.088	2.700	3.325	4.168	14.68	16.92	19.02	21.67	23.59	27.88
10	1.479	2.156	2.558	3.247	3.940	4.865	15.99	18.31	20.48	23.21	25.19	29.59
11	1.834	2.603	3.053	3.816	4.575	5.578	17.28	19.68	21.92	24.72	26.76	31.27
12	2.214	3.074	3.571	4.404	5.226	6.304	18.55	21.03	23.34	26.22	28.30	32.91
13	2.617	3.565	4.107	5.009	5.892	7.042	19.81	22.36	24.74	27.69	29.82	34.53
14	3.041	4.075	4.660	5.629	6.571	7.790	21.06	23.68	26.12	29.14	31.32	36.12
15	3.483	4.601	5.229	6.262	7.261	8.547	22.31	25.00	27.49	30.58	32.80	37.70
16	3.942	5.142	5.812	6.908	7.962	9.312	23.54	26.30	28.85	32.00	34.27	39.25
17	4.416	5.697	6.408	7.564	8.672	10.09	24.77	27.59	30.19	33.41	35.72	40.79
18	4.905	6.265	7.015	8.231	9.390	10.86	25.99	28.87	31.53	34.81	37.16	42.31
19	5.407	6.844	7.633	8.907	10.12	11.65	27.20	30.14	32.85	36.19	38.58	43.82
20	5.921	7.434	8.260	9.591	10.85	12.44	28.41	31.41	34.17	37.57	40.00	45.31
21	6.447	8.034	8.897	10.28	11.59	13.24	29.62	32.67	35.48	38.93	41.40	46.80
22	6.983	8.643	9.542	10.98	12.34	14.04	30.81	33.92	36.78	40.29	42.80	48.27
23	7.529	9.260	10.20	11.69	13.09	14.85	32.01	35.17	38.08	41.64	44.18	49.73
24	8.085	9.886	10.86	12.40	13.85	15.66	33.20	36.42	39.36	42.98	45.56	51.18
25	8.649	10.52	11.52	13.12	14.61	16.47	34.38	37.65	40.65	44.31	46.93	52.62
26	9.222	11.16	12.20	13.84	15.38	17.29	35.56	38.89	41.92	45.64	48.29	54.05
27	9.803	11.81	12.88	14.57	16.15	18.11	36.74	40.11	43.19	46.96	49.65	55.48
28	10.39	12.46	13.56	15.31	16.93	18.94	37.92	41.34	44.46	48.28	50.99	56.89
29	10.99	13.12	14.26	16.06	17.71	19.77	39.09	42.56	45.72	49.59	52.34	58.30
30	11.59	13.79	14.95	16.79	18.49	20.60	40.26	43.77	46.98	50.89	53.67	59.70
40	17.92	20.71	22.16	24.43	26.51	29.05	51.81	55.76	59.34	63.69	66.77	73.40
50	24.67	27.99	29.71	32.36	34.76	37.69	63.17	67.50	71.42	76.15	79.49	86.66
60	31.74	35.53	37.48	40.48	43.19	46.46	74.40	79.08	83.30	88.38	91.95	99.61
70	39.04	43.28	45.44	48.76	51.74	55.33	85.53	90.53	95.02	100.43	104.21	112.32
80	46.52	51.17	53.54	57.15	60.39	64.28	96.58	101.88	106.63	112.33	116.32	124.84
90	54.16	59.20	61.75	65.65	69.13	73.29	107.57	113.15	118.14	124.12	128.30	137.21
100	61.92	67.33	70.06	74.22	77.93	82.36	118.50	124.34	129.56	135.81	140.17	149.45
120	77.76	83.85	86.92	91.57	95.70	100.62	140.23	146.57	152.21	158.95	163.65	173.62
240	177.95	187.32	191.99	198.98	205.14	212.39	268.47	277.14	284.80	293.89	300.18	313.44

Source: Computed by P. J. Hildebrand.

5 스튜던트 t-분포표

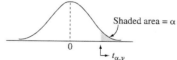

Shaded area = α

df/α =	.40	.25	.10	.05	.025	.01	.005	.001	.0005
1	0.325	1.000	3.078	6.314	12.706	31.821	63.657	318.309	636.619
2	0.289	0.816	1.886	2.920	4.303	6.965	9.925	22.327	31.599
3	0.277	0.765	1.638	2.353	3.182	4.541	5.841	10.215	12.924
4	0.271	0.741	1.533	2.132	2.776	3.747	4.604	7.173	8.610
5	0.267	0.727	1.476	2.015	2.571	3.365	4.032	5.893	6.869
6	0.265	0.718	1.440	1.943	2.447	3.143	3.707	5.208	5.959
7	0.263	0.711	1.415	1.895	2.365	2.998	3.499	4.785	5.408
8	0.262	0.706	1.397	1.860	2.306	2.896	3.355	4.501	5.041
9	0.261	0.703	1.383	1.833	2.262	2.821	3.250	4.297	4.781
10	0.260	0.700	1.372	1.812	2.228	2.764	3.169	4.144	4.587
11	0.260	0.697	1.363	1.796	2.201	2.718	3.106	4.025	4.437
12	0.259	0.695	1.356	1.782	2.179	2.681	3.055	3.930	4.318
13	0.259	0.694	1.350	1.771	2.160	2.650	3.012	3.852	4.221
14	0.258	0.692	1.345	1.761	2.145	2.624	2.977	3.787	4.140
15	0.258	0.691	1.341	1.753	2.131	2.602	2.947	3.733	4.073
16	0.258	0.690	1.337	1.746	2.120	2.583	2.921	3.686	4.015
17	0.257	0.689	1.333	1.740	2.110	2.567	2.898	3.646	3.965
18	0.257	0.688	1.330	1.734	2.101	2.552	2.878	3.610	3.922
19	0.257	0.688	1.328	1.729	2.093	2.539	2.861	3.579	3.883
20	0.257	0.687	1.325	1.725	2.086	2.528	2.845	3.552	3.850
21	0.257	0.686	1.323	1.721	2.080	2.518	2.831	3.527	3.819
22	0.256	0.686	1.321	1.717	2.074	2.508	2.819	3.505	3.792
23	0.256	0.685	1.319	1.714	2.069	2.500	2.807	3.485	3.768
24	0.256	0.685	1.318	1.711	2.064	2.492	2.797	3.467	3.745
25	0.256	0.684	1.316	1.708	2.060	2.485	2.787	3.450	3.725
26	0.256	0.684	1.315	1.706	2.056	2.479	2.779	3.435	3.707
27	0.256	0.684	1.314	1.703	2.052	2.473	2.771	3.421	3.690
28	0.256	0.683	1.313	1.701	2.048	2.467	2.763	3.408	3.674
29	0.256	0.683	1.311	1.699	2.045	2.462	2.756	3.396	3.659
30	0.256	0.683	1.310	1.697	2.042	2.457	2.750	3.385	3.646
35	0.255	0.682	1.306	1.690	2.030	2.438	2.724	3.340	3.591
40	0.255	0.681	1.303	1.684	2.021	2.423	2.704	3.307	3.551
50	0.255	0.679	1.299	1.676	2.009	2.403	2.678	3.261	3.496
60	0.254	0.679	1.296	1.671	2.000	2.390	2.660	3.232	3.460
120	0.254	0.677	1.289	1.658	1.980	2.358	2.617	3.160	3.373
inf.	0.253	0.674	1.282	1.645	1.960	2.326	2.576	3.090	3.291

Source: Computed by M. Longnecker using Splus.

6   *F*-분포표

df$_2$	α	df$_1$									
		1	2	3	4	5	6	7	8	9	10
1	.25	5.83	7.50	8.20	8.58	8.82	8.98	9.10	9.19	9.26	9.32
	.10	39.86	49.50	53.59	55.83	57.24	58.20	58.91	59.44	59.86	60.19
	.05	161.4	199.5	215.7	224.6	230.2	234.0	236.8	238.9	240.5	241.9
	.025	647.8	799.5	864.2	899.6	921.8	937.1	948.2	956.7	963.3	968.6
	.01	4052	5000	5403	5625	5764	5859	5928	5981	6022	6056
2	.25	2.57	3.00	3.15	3.23	3.28	3.31	3.34	3.35	3.37	3.38
	.10	8.53	9.00	9.16	9.24	9.29	9.33	9.35	9.37	9.38	9.39
	.05	18.51	19.00	19.16	19.25	19.30	19.33	19.35	19.37	19.38	19.40
	.025	38.51	39.00	39.17	39.25	39.30	39.33	39.36	39.37	39.39	39.40
	.01	98.50	99.00	99.17	99.25	99.30	99.33	99.36	99.37	99.39	99.40
	.005	198.5	199.0	199.2	199.2	199.3	199.3	199.4	199.4	199.4	199.4
	.001	998.5	999.0	999.2	999.2	999.3	999.3	999.4	999.4	999.4	999.4
3	.25	2.02	2.28	2.36	2.39	2.41	2.42	2.43	2.44	2.44	2.44
	.10	5.54	5.46	5.39	5.34	5.31	5.28	5.27	5.25	5.24	5.23
	.05	10.13	9.55	9.28	9.12	9.01	8.94	8.89	8.85	8.81	8.79
	.025	17.44	16.04	15.44	15.10	14.88	14.73	14.62	14.54	14.47	14.42
	.01	34.12	30.82	29.46	28.71	28.24	27.91	27.67	27.49	27.35	27.23
	.005	55.55	49.80	47.47	46.19	45.39	44.84	44.43	44.13	43.88	43.69
	.001	167.0	148.5	141.1	137.1	134.6	132.8	131.6	130.6	129.9	129.2
4	.25	1.81	2.00	2.05	2.06	2.07	2.08	2.08	2.08	2.08	2.08
	.10	4.54	4.32	4.19	4.11	4.05	4.01	3.98	3.95	3.94	3.92
	.05	7.71	6.94	6.59	6.39	6.26	6.16	6.09	6.04	6.00	5.96
	.025	12.22	10.65	9.98	9.60	9.36	9.20	9.07	8.98	8.90	8.84
	.01	21.20	18.00	16.69	15.98	15.52	15.21	14.98	14.80	14.66	14.55
	.005	31.33	26.28	24.26	23.15	22.46	21.97	21.62	21.35	21.14	20.97
	.001	74.14	61.25	56.18	53.44	51.71	50.53	49.66	49.00	48.47	48.05
5	.25	1.69	1.85	1.88	1.89	1.89	1.89	1.89	1.89	1.89	1.89
	.10	4.06	3.78	3.62	3.52	3.45	3.40	3.37	3.34	3.32	3.30
	.05	6.61	5.79	5.41	5.19	5.05	4.95	4.88	4.82	4.77	4.74
	.025	10.01	8.43	7.76	7.39	7.15	6.98	6.85	6.76	6.68	6.62
	.01	16.26	13.27	12.06	11.39	10.97	10.67	10.46	10.29	10.16	10.05
	.005	22.78	18.31	16.53	15.56	14.94	14.51	14.20	13.96	13.77	13.62
	.001	47.18	37.12	33.20	31.09	29.75	28.83	28.16	27.65	27.24	26.92
6	.25	1.62	1.76	1.78	1.79	1.79	1.78	1.78	1.78	1.77	1.77
	.10	3.78	3.46	3.29	3.18	3.11	3.05	3.01	2.98	2.96	2.94
	.05	5.99	5.14	4.76	4.53	4.39	4.28	4.21	4.15	4.10	4.06
	.025	8.81	7.26	6.60	6.23	5.99	5.82	5.70	5.60	5.52	5.46
	.01	13.75	10.92	9.78	9.15	8.75	8.47	8.26	8.10	7.98	7.87
	.005	18.63	14.54	12.92	12.03	11.46	11.07	10.79	10.57	10.39	10.25
	.001	35.51	27.00	23.70	21.92	20.80	20.03	19.46	19.03	18.69	18.41

12	15	20	24	30	40	60	120	240	inf.	α	df_2
					df_1						
9.41	9.49	9.58	9.63	9.67	9.71	9.76	9.80	9.83	9.85	.25	1
60.71	61.22	61.74	62.00	62.26	62.53	62.79	63.06	63.19	63.33	.10	
243.9	245.9	248.0	249.1	250.1	251.1	252.2	253.3	253.8	254.3	.05	
976.7	984.9	993.1	997.2	1001	1006	1010	1014	1016	1018	.025	
6106	6157	6209	6235	6261	6287	6313	6339	6353	6366	.01	
3.39	3.41	3.43	3.43	3.44	3.45	3.46	3.47	3.47	3.48	.25	2
9.41	9.42	9.44	9.45	9.46	9.47	9.47	9.48	9.49	9.49	.10	
19.41	19.43	19.45	19.45	19.46	19.47	19.48	19.49	19.49	19.50	.05	
39.41	39.43	39.45	39.46	39.46	39.47	39.48	39.49	39.49	39.50	.025	
99.42	99.43	99.45	99.46	99.47	99.47	99.48	99.49	99.50	99.50	.01	
199.4	199.4	199.4	199.5	199.5	199.5	199.5	199.5	199.5	199.5	.005	
999.4	999.4	999.4	999.5	999.5	999.5	999.5	999.5	999.5	999.5	.001	
2.45	2.46	2.46	2.46	2.47	2.47	2.47	2.47	2.47	2.47	.25	3
5.22	5.20	5.18	5.18	5.17	5.16	5.15	5.14	5.14	5.13	.10	
8.74	8.70	8.66	8.64	8.62	8.59	8.57	8.55	8.54	8.53	.05	
14.34	14.25	14.17	14.12	14.08	14.04	13.99	13.95	13.92	13.90	.025	
27.05	26.87	26.69	26.60	26.50	26.41	26.32	26.22	26.17	26.13	.01	
43.39	43.08	42.78	42.62	42.47	42.31	42.15	41.99	41.91	41.83	.005	
128.3	127.4	126.4	125.9	125.4	125.0	124.5	124.0	123.7	123.5	.001	
2.08	2.08	2.08	2.08	2.08	2.08	2.08	2.08	2.08	2.08	.25	4
3.90	3.87	3.84	3.83	3.82	3.80	3.79	3.78	3.77	3.76	.10	
5.91	5.86	5.80	5.77	5.75	5.72	5.69	5.66	5.64	5.63	.05	
8.75	8.66	8.56	8.51	8.46	8.41	8.36	8.31	8.28	8.26	.025	
14.37	14.20	14.02	13.93	13.84	13.75	13.65	13.56	13.51	13.46	.01	
20.70	20.44	20.17	20.03	19.89	19.75	19.61	19.47	19.40	19.32	.005	
47.41	46.76	46.10	45.77	45.43	45.09	44.75	44.40	44.23	44.05	.001	
1.89	1.89	1.88	1.88	1.88	1.88	1.87	1.87	1.87	1.87	.25	5
3.27	3.24	3.21	3.19	3.17	3.16	3.14	3.12	3.11	3.10	.10	
4.68	4.62	4.56	4.53	4.50	4.46	4.43	4.40	4.38	4.36	.05	
6.52	6.43	6.33	6.28	6.23	6.18	6.12	6.07	6.04	6.02	.025	
9.89	9.72	9.55	9.47	9.38	9.29	9.20	9.11	9.07	9.02	.01	
13.38	13.15	12.90	12.78	12.66	12.53	12.40	12.27	12.21	12.14	.005	
26.42	25.91	25.39	25.13	24.87	24.60	24.33	24.06	23.92	23.79	.001	
1.77	1.76	1.76	1.75	1.75	1.75	1.74	1.74	1.74	1.74	.25	6
2.90	2.87	2.84	2.82	2.80	2.78	2.76	2.74	2.73	2.72	.10	
4.00	3.94	3.87	3.84	3.81	3.77	3.74	3.70	3.69	3.67	.05	
5.37	5.27	5.17	5.12	5.07	5.01	4.96	4.90	4.88	4.85	.025	
7.72	7.56	7.40	7.31	7.23	7.14	7.06	6.97	6.92	6.88	.01	
10.03	9.81	9.59	9.47	9.36	9.24	9.12	9.00	8.94	8.88	.005	
17.99	17.56	17.12	16.90	16.67	16.44	16.21	15.98	15.86	15.75	.001	

df₂	α	df₁									
		1	2	3	4	5	6	7	8	9	10
7	.25	1.57	1.70	1.72	1.72	1.71	1.71	1.70	1.70	1.69	1.69
	.10	3.59	3.26	3.07	2.96	2.88	2.83	2.78	2.75	2.72	2.70
	.05	5.59	4.74	4.35	4.12	3.97	3.87	3.79	3.73	3.68	3.64
	.025	8.07	6.54	5.89	5.52	5.29	5.12	4.99	4.90	4.82	4.76
	.01	12.25	9.55	8.45	7.85	7.46	7.19	6.99	6.84	6.72	6.62
	.005	16.24	12.40	10.88	10.05	9.52	9.16	8.89	8.68	8.51	8.38
	.001	29.25	21.69	18.77	17.20	16.21	15.52	15.02	14.63	14.33	14.08
8	.25	1.54	1.66	1.67	1.66	1.66	1.65	1.64	1.64	1.63	1.63
	.10	3.46	3.11	2.92	2.81	2.73	2.67	2.62	2.59	2.56	2.54
	.05	5.32	4.46	4.07	3.84	3.69	3.58	3.50	3.44	3.39	3.35
	.025	7.57	6.06	5.42	5.05	4.82	4.65	4.53	4.43	4.36	4.30
	.01	11.26	8.65	7.59	7.01	6.63	6.37	6.18	6.03	5.91	5.81
	.005	14.69	11.04	9.60	8.81	8.30	7.95	7.69	7.50	7.34	7.21
	.001	25.41	18.49	15.83	14.39	13.48	12.86	12.40	12.05	11.77	11.54
9	.25	1.51	1.62	1.63	1.63	1.62	1.61	1.60	1.60	1.59	1.59
	.10	3.36	3.01	2.81	2.69	2.61	2.55	2.51	2.47	2.44	2.42
	.05	5.12	4.26	3.86	3.63	3.48	3.37	3.29	3.23	3.18	3.14
	.025	7.21	5.71	5.08	4.72	4.48	4.32	4.20	4.10	4.03	3.96
	.01	10.56	8.02	6.99	6.42	6.06	5.80	5.61	5.47	5.35	5.26
	.005	13.61	10.11	8.72	7.96	7.47	7.13	6.88	6.69	6.54	6.42
	.001	22.86	16.39	13.90	12.56	11.71	11.13	10.70	10.37	10.11	9.89
10	.25	1.49	1.60	1.60	1.59	1.59	1.58	1.57	1.56	1.56	1.55
	.10	3.29	2.92	2.73	2.61	2.52	2.46	2.41	2.38	2.35	2.32
	.05	4.96	4.10	3.71	3.48	3.33	3.22	3.14	3.07	3.02	2.98
	.025	6.94	5.46	4.83	4.47	4.24	4.07	3.95	3.85	3.78	3.72
	.01	10.04	7.56	6.55	5.99	5.64	5.39	5.20	5.06	4.94	4.85
	.005	12.83	9.43	8.08	7.34	6.87	6.54	6.30	6.12	5.97	5.85
	.001	21.04	14.91	12.55	11.28	10.48	9.93	9.52	9.20	8.96	8.75
11	.25	1.47	1.58	1.58	1.57	1.56	1.55	1.54	1.53	1.53	1.52
	.10	3.23	2.86	2.66	2.54	2.45	2.39	2.34	2.30	2.27	2.25
	.05	4.84	3.98	3.59	3.36	3.20	3.09	3.01	2.95	2.90	2.85
	.025	6.72	5.26	4.63	4.28	4.04	3.88	3.76	3.66	3.59	3.53
	.01	9.65	7.21	6.22	5.67	5.32	5.07	4.89	4.74	4.63	4.54
	.005	12.23	8.91	7.60	6.88	6.42	6.10	5.86	5.68	5.54	5.42
	.001	19.69	13.81	11.56	10.35	9.58	9.05	8.66	8.35	8.12	7.92
12	.25	1.46	1.56	1.56	1.55	1.54	1.53	1.52	1.51	1.51	1.50
	.10	3.18	2.81	2.61	2.48	2.39	2.33	2.28	2.24	2.21	2.19
	.05	4.75	3.89	3.49	3.26	3.11	3.00	2.91	2.85	2.80	2.75
	.025	6.55	5.10	4.47	4.12	3.89	3.73	3.61	3.51	3.44	3.37
	.01	9.33	6.93	5.95	5.41	5.06	4.82	4.64	4.50	4.39	4.30
	.005	11.75	8.51	7.23	6.52	6.07	5.76	5.52	5.35	5.20	5.09
	.001	18.64	12.97	10.80	9.63	8.89	8.38	8.00	7.71	7.48	7.29

				df_1								
12	15	20	24	30	40	60	120	240	inf.	α	df_2
1.68	1.68	1.67	1.67	1.66	1.66	1.65	1.65	1.65	1.65	.25	7
2.67	2.63	2.59	2.58	2.56	2.54	2.51	2.49	2.48	2.47	.10	
3.57	3.51	3.44	3.41	3.38	3.34	3.30	3.27	3.25	3.23	.05	
4.67	4.57	4.47	4.41	4.36	4.31	4.25	4.20	4.17	4.14	.025	
6.47	6.31	6.16	6.07	5.99	5.91	5.82	5.74	5.69	5.65	.01	
8.18	7.97	7.75	7.64	7.53	7.42	7.31	7.19	7.13	7.08	.005	
13.71	13.32	12.93	12.73	12.53	12.33	12.12	11.91	11.80	11.70	.001	
1.62	1.62	1.61	1.60	1.60	1.59	1.59	1.58	1.58	1.58	.25	8
2.50	2.46	2.42	2.40	2.38	2.36	2.34	2.32	2.30	2.29	.10	
3.28	3.22	3.15	3.12	3.08	3.04	3.01	2.97	2.95	2.93	.05	
4.20	4.10	4.00	3.95	3.89	3.84	3.78	3.73	3.70	3.67	.025	
5.67	5.52	5.36	5.28	5.20	5.12	5.03	4.95	4.90	4.86	.01	
7.01	6.81	6.61	6.50	6.40	6.29	6.18	6.06	6.01	5.95	.005	
11.19	10.84	10.48	10.30	10.11	9.92	9.73	9.53	9.43	9.33	.001	
1.58	1.57	1.56	1.56	1.55	1.54	1.64	1.53	1.53	1.53	.25	9
2.38	2.34	2.30	2.28	2.25	2.23	2.21	2.18	2.17	2.16	.10	
3.07	3.01	2.94	2.90	2.86	2.83	2.79	2.75	2.73	2.71	.05	
3.87	3.77	3.67	3.61	3.56	3.51	3.45	3.39	3.36	3.33	.025	
5.11	4.96	4.81	4.73	4.65	4.57	4.48	4.40	4.35	4.31	.01	
6.23	6.03	5.83	5.73	5.62	5.52	5.41	5.30	5.24	5.19	.005	
9.57	9.24	8.90	8.72	8.55	8.37	8.19	8.00	7.91	7.81	.001	
1.54	1.53	1.52	1.52	1.51	1.51	1.50	1.49	1.49	1.48	.25	10
2.28	2.24	2.20	2.18	2.16	2.13	2.11	2.08	2.07	2.06	.10	
2.91	2.85	2.77	2.74	2.70	2.66	2.62	2.58	2.56	2.54	.05	
3.62	3.52	3.42	3.37	3.31	3.26	3.20	3.14	3.11	3.08	.025	
4.71	4.56	4.41	4.33	4.25	4.17	4.08	4.00	3.95	3.91	.01	
5.66	5.47	5.27	5.17	5.07	4.97	4.86	4.75	4.69	4.64	.005	
8.45	8.13	7.80	7.64	7.47	7.30	7.12	6.94	6.85	6.76	.001	
1.51	1.50	1.49	1.49	1.48	1.47	1.47	1.46	1.45	1.45	.25	11
2.21	2.17	2.12	2.10	2.08	2.05	2.03	2.00	1.99	1.97	.10	
2.79	2.72	2.65	2.61	2.57	2.53	2.49	2.45	2.43	2.40	.05	
3.43	3.33	3.23	3.17	3.12	3.06	3.00	2.94	2.91	2.88	.025	
4.40	4.25	4.10	4.02	3.94	3.86	3.78	3.69	3.65	3.60	.01	
5.24	5.05	4.86	4.76	4.65	4.55	4.45	4.34	4.28	4.23	.005	
7.63	7.32	7.01	6.85	6.68	6.52	6.35	6.18	6.09	6.00	.001	
1.49	1.48	1.47	1.46	1.45	1.45	1.44	1.43	1.43	1.42	.25	12
2.15	2.10	2.06	2.04	2.01	1.99	1.96	1.93	1.92	1.90	.10	
2.69	2.62	2.54	2.51	2.47	2.43	2.38	2.34	2.32	2.30	.05	
3.28	3.18	3.07	3.02	2.96	2.91	2.85	2.79	2.76	2.72	.025	
4.16	4.01	3.86	3.78	3.70	3.62	3.54	3.45	3.41	3.36	.01	
4.91	4.72	4.53	4.43	4.33	4.23	4.12	4.01	3.96	3.90	.005	
7.00	6.71	6.40	6.25	6.09	5.93	5.76	5.59	5.51	5.42	.001	

df2	α	\ 1	df1\ 2	\ 3	\ 4	\ 5	\ 6	\ 7	\ 8	\ 9	\ 10
13	.25	1.45	1.55	1.55	1.53	1.52	1.51	1.50	1.49	1.49	1.48
	.10	3.14	2.76	2.56	2.43	2.35	2.28	2.23	2.20	2.16	2.14
	.05	4.67	3.81	3.41	3.18	3.03	2.92	2.83	2.77	2.71	2.67
	.025	6.41	4.97	4.35	4.00	3.77	3.60	3.48	3.39	3.31	3.25
	.01	9.07	6.70	5.74	5.21	4.86	4.62	4.44	4.30	4.19	4.10
	.005	11.37	8.19	6.93	6.23	5.79	5.48	5.25	5.08	4.94	4.82
	.001	17.82	12.31	10.21	9.07	8.35	7.86	7.49	7.21	6.98	6.80
14	.25	1.44	1.53	1.53	1.52	1.51	1.50	1.49	1.48	1.47	1.46
	.10	3.10	2.73	2.52	2.39	2.31	2.24	2.19	2.15	2.12	2.10
	.05	4.60	3.74	3.34	3.11	2.96	2.85	2.76	2.70	2.65	2.60
	.025	6.30	4.86	4.24	3.89	3.66	3.50	3.38	3.29	3.21	3.15
	.01	8.86	6.51	5.56	5.04	4.69	4.46	4.28	4.14	4.03	3.94
	.005	11.06	7.92	6.68	6.00	5.56	5.26	5.03	4.86	4.72	4.60
	.001	17.14	11.78	9.73	8.62	7.92	7.44	7.08	6.80	6.58	6.40
15	.25	1.43	1.52	1.52	1.51	1.49	1.48	1.47	1.46	1.46	1.45
	.10	3.07	2.70	2.49	2.36	2.27	2.21	2.16	2.12	2.09	2.06
	.05	4.54	3.68	3.29	3.06	2.90	2.79	2.71	2.64	2.59	2.54
	.025	6.20	4.77	4.15	3.80	3.58	3.41	3.29	3.20	3.12	3.06
	.01	8.68	6.36	5.42	4.89	4.56	4.32	4.14	4.00	3.89	3.80
	.005	10.80	7.70	6.48	5.80	5.37	5.07	4.85	4.67	4.54	4.42
	.001	16.59	11.34	9.34	8.25	7.57	7.09	6.74	6.47	6.26	6.08
16	.25	1.42	1.51	1.51	1.50	1.48	1.47	1.46	1.45	1.44	1.44
	.10	3.05	2.67	2.46	2.33	2.24	2.18	2.13	2.09	2.06	2.03
	.05	4.49	3.63	3.24	3.01	2.85	2.74	2.66	2.59	2.54	2.49
	.025	6.12	4.69	4.08	3.73	3.50	3.34	3.22	3.12	3.05	2.99
	.01	8.53	6.23	5.29	4.77	4.44	4.20	4.03	3.89	3.78	3.69
	.005	10.58	7.51	6.30	5.64	5.21	4.91	4.69	4.52	4.38	4.27
	.001	16.12	10.97	9.01	7.94	7.27	6.80	6.46	6.19	5.98	5.81
17	.25	1.42	1.51	1.50	1.49	1.47	1.46	1.45	1.44	1.43	1.43
	.10	3.03	2.64	2.44	2.31	2.22	2.15	2.10	2.06	2.03	2.00
	.05	4.45	3.59	3.20	2.96	2.81	2.70	2.61	2.55	2.49	2.45
	.025	6.04	4.62	4.01	3.66	3.44	3.28	3.16	3.06	2.98	2.92
	.01	8.40	6.11	5.18	4.67	4.34	4.10	3.93	3.79	3.68	3.59
	.005	10.38	7.35	6.16	5.50	5.07	4.78	4.56	4.39	4.25	4.14
	.001	15.72	10.66	8.73	7.68	7.02	6.56	6.22	5.96	5.75	5.58
18	.25	1.41	1.50	1.49	1.48	1.46	1.45	1.44	1.43	1.42	1.42
	.10	3.01	2.62	2.42	2.29	2.20	2.13	2.08	2.04	2.00	1.98
	.05	4.41	3.55	3.16	2.93	2.77	2.66	2.58	2.51	2.46	2.41
	.025	5.98	4.56	3.95	3.61	3.38	3.22	3.10	3.01	2.93	2.87
	.01	8.29	6.01	5.09	4.58	4.25	4.01	3.84	3.71	3.60	3.51
	.005	10.22	7.21	6.03	5.37	4.96	4.66	4.44	4.28	4.14	4.03
	.001	15.38	10.39	8.49	7.46	6.81	6.35	6.02	5.76	5.56	5.39

12	15	20	24	30	40	60	120	240	inf.	α	df₂
1.47	1.46	1.45	1.44	1.43	1.42	1.42	1.41	1.40	1.40	.25	13
2.10	2.05	2.01	1.98	1.96	1.93	1.90	1.88	1.86	1.85	.10	
2.60	2.53	2.46	2.42	2.38	2.34	2.30	2.25	2.23	2.21	.05	
3.15	3.05	2.95	2.89	2.84	2.78	2.72	2.66	2.63	2.60	.025	
3.96	3.82	3.66	3.59	3.51	3.43	3.34	3.25	3.21	3.17	.01	
4.64	4.46	4.27	4.17	4.07	3.97	3.87	3.76	3.70	3.65	.005	
6.52	6.23	5.93	5.78	5.63	5.47	5.30	5.14	5.05	4.97	.001	
1.45	1.44	1.43	1.42	1.41	1.41	1.40	1.39	1.38	1.38	.25	14
2.05	2.01	1.96	1.94	1.91	1.89	1.86	1.83	1.81	1.80	.10	
2.53	2.46	2.39	2.35	2.31	2.27	2.22	2.18	2.15	2.13	.05	
3.05	2.95	2.84	2.79	2.73	2.67	2.61	2.55	2.52	2.49	.025	
3.80	3.66	3.51	3.43	3.35	3.27	3.18	3.09	3.05	3.00	.01	
4.43	4.25	4.06	3.96	3.86	3.76	3.66	3.55	3.49	3.44	.005	
6.13	5.85	5.56	5.41	5.25	5.10	4.94	4.77	4.69	4.60	.001	
1.44	1.43	1.41	1.41	1.40	1.39	1.38	1.37	1.36	1.36	.25	15
2.02	1.97	1.92	1.90	1.87	1.85	1.82	1.79	1.77	1.76	.10	
2.48	2.40	2.33	2.29	2.25	2.20	2.16	2.11	2.09	2.07	.05	
2.96	2.86	2.76	2.70	2.64	2.59	2.52	2.46	2.43	2.40	.025	
3.67	3.52	3.37	3.29	3.21	3.13	3.05	2.96	2.91	2.87	.01	
4.25	4.07	3.88	3.79	3.69	3.58	3.48	3.37	3.32	3.26	.005	
5.81	5.54	5.25	5.10	4.95	4.80	4.64	4.47	4.39	4.31	.001	
1.43	1.41	1.40	1.39	1.38	1.37	1.36	1.35	1.35	1.34	.25	16
1.99	1.94	1.89	1.87	1.84	1.81	1.78	1.75	1.73	1.72	.10	
2.42	2.35	2.28	2.24	2.19	2.15	2.11	2.06	2.03	2.01	.05	
2.89	2.79	2.68	2.63	2.57	2.51	2.45	2.38	2.35	2.32	.025	
3.55	3.41	3.26	3.18	3.10	3.02	2.93	2.84	2.80	2.75	.01	
4.10	3.92	3.73	3.64	3.54	3.44	3.33	3.22	3.17	3.11	.005	
5.55	5.27	4.99	4.85	4.70	4.54	4.39	4.23	4.14	4.06	.001	
1.41	1.40	1.39	1.38	1.37	1.36	1.35	1.34	1.33	1.33	.25	17
1.96	1.91	1.86	1.84	1.81	1.78	1.75	1.72	1.70	1.69	.10	
2.38	2.31	2.23	2.19	2.15	2.10	2.06	2.01	1.99	1.96	.05	
2.82	2.72	2.62	2.56	2.50	2.44	2.38	2.32	2.28	2.25	.025	
3.46	3.31	3.16	3.08	3.00	2.92	2.83	2.75	2.70	2.65	.01	
3.97	3.79	3.61	3.51	3.41	3.31	3.21	3.10	3.04	2.98	.005	
5.32	5.05	4.78	4.63	4.48	4.33	4.18	4.02	3.93	3.85	.001	
1.40	1.39	1.38	1.37	1.36	1.35	1.34	1.33	1.32	1.32	.25	18
1.93	1.89	1.84	1.81	1.78	1.75	1.72	1.69	1.67	1.66	.10	
2.34	2.27	2.19	2.15	2.11	2.06	2.02	1.97	1.94	1.92	.05	
2.77	2.67	2.56	2.50	2.44	2.38	2.32	2.26	2.22	2.19	.025	
3.37	3.23	3.08	3.00	2.92	2.84	2.75	2.66	2.61	2.57	.01	
3.86	3.68	3.50	3.40	3.30	3.20	3.10	2.99	2.93	2.87	.005	
5.13	4.87	4.59	4.45	4.30	4.15	4.00	3.84	3.75	3.67	.001	

| df$_2$ | α | \multicolumn{10}{c}{df$_1$} |
		1	2	3	4	5	6	7	8	9	10
19	.25	1.41	1.49	1.49	1.47	1.46	1.44	1.43	1.42	1.41	1.41
	.10	2.99	2.61	2.40	2.27	2.18	2.11	2.06	2.02	1.98	1.96
	.05	4.38	3.52	3.13	2.90	2.74	2.63	2.54	2.48	2.42	2.38
	.025	5.92	4.51	3.90	3.56	3.33	3.17	3.05	2.96	2.88	2.82
	.01	8.18	5.93	5.01	4.50	4.17	3.94	3.77	3.63	3.52	3.43
	.005	10.07	7.09	5.92	5.27	4.85	4.56	4.34	4.18	4.04	3.93
	.001	15.08	10.16	8.28	7.27	6.62	6.18	5.85	5.59	5.39	5.22
20	.25	1.40	1.49	1.48	1.47	1.45	1.44	1.43	1.42	1.41	1.40
	.10	2.97	2.59	2.38	2.25	2.16	2.09	2.04	2.00	1.96	1.94
	.05	4.35	3.49	3.10	2.87	2.71	2.60	2.51	2.45	2.39	2.35
	.025	5.87	4.46	3.86	3.51	3.29	3.13	3.01	2.91	2.84	2.77
	.01	8.10	5.85	4.94	4.43	4.10	3.87	3.70	3.56	3.46	3.37
	.005	9.94	6.99	5.82	5.17	4.76	4.47	4.26	4.09	3.96	3.85
	.001	14.82	9.95	8.10	7.10	6.46	6.02	5.69	5.44	5.24	5.08
21	.25	1.40	1.48	1.48	1.46	1.44	1.43	1.42	1.41	1.40	1.39
	.10	2.96	2.57	2.36	2.23	2.14	2.08	2.02	1.98	1.95	1.92
	.05	4.32	3.47	3.07	2.84	2.68	2.57	2.49	2.42	2.37	2.32
	.025	5.83	4.42	3.82	3.48	3.25	3.09	2.97	2.87	2.80	2.73
	.01	8.02	5.78	4.87	4.37	4.04	3.81	3.64	3.51	3.40	3.31
	.005	9.83	6.89	5.73	5.09	4.68	4.39	4.18	4.01	3.88	3.77
	.001	14.59	9.77	7.94	6.95	6.32	5.88	5.56	5.31	5.11	4.95
22	.25	1.40	1.48	1.47	1.45	1.44	1.42	1.41	1.40	1.39	1.39
	.10	2.95	2.56	2.35	2.22	2.13	2.06	2.01	1.97	1.93	1.90
	.05	4.30	3.44	3.05	2.82	2.66	2.55	2.46	2.40	2.34	2.30
	.025	5.79	4.38	3.78	3.44	3.22	3.05	2.93	2.84	2.76	2.70
	.01	7.95	5.72	4.82	4.31	3.99	3.76	3.59	3.45	3.35	3.26
	.005	9.73	6.81	5.65	5.02	4.61	4.32	4.11	3.94	3.81	3.70
	.001	14.38	9.61	7.80	6.81	6.19	5.76	5.44	5.19	4.99	4.83
23	.25	1.39	1.47	1.47	1.45	1.43	1.42	1.41	1.40	1.39	1.38
	.10	2.94	2.55	2.34	2.21	2.11	2.05	1.99	1.95	1.92	1.89
	.05	4.28	3.42	3.03	2.80	2.64	2.53	2.44	2.37	2.32	2.27
	.025	5.75	4.35	3.75	3.41	3.18	3.02	2.90	2.81	2.73	2.67
	.01	7.88	5.66	4.76	4.26	3.94	3.71	3.54	3.41	3.30	3.21
	.005	9.63	6.73	5.58	4.95	4.54	4.26	4.05	3.88	3.75	3.64
	.001	14.20	9.47	7.67	6.70	6.08	5.65	5.33	5.09	4.89	4.73
24	.25	1.39	1.47	1.46	1.44	1.43	1.41	1.40	1.39	1.38	1.38
	.10	2.93	2.54	2.33	2.19	2.10	2.04	1.98	1.94	1.91	1.88
	.05	4.26	3.40	3.01	2.78	2.62	2.51	2.42	2.36	2.30	2.25
	.025	5.72	4.32	3.72	3.38	3.15	2.99	2.87	2.78	2.70	2.64
	.01	7.82	5.61	4.72	4.22	3.90	3.67	3.50	3.36	3.26	3.17
	.005	9.55	6.66	5.52	4.89	4.49	4.20	3.99	3.83	3.69	3.59
	.001	14.03	9.34	7.55	6.59	5.98	5.55	5.23	4.99	4.80	4.64

df$_1$											
12	15	20	24	30	40	60	120	240	inf.	α	df$_2$
1.40	1.38	1.37	1.36	1.35	1.34	1.33	1.32	1.31	1.30	.25	19
1.91	1.86	1.81	1.79	1.76	1.73	1.70	1.67	1.65	1.63	.10	
2.31	2.23	2.16	2.11	2.07	2.03	1.98	1.93	1.90	1.88	.05	
2.72	2.62	2.51	2.45	2.39	2.33	2.27	2.20	2.17	2.13	.025	
3.30	3.15	3.00	2.92	2.84	2.76	2.67	2.58	2.54	2.49	.01	
3.76	3.59	3.40	3.31	3.21	3.11	3.00	2.89	2.83	2.78	.005	
4.97	4.70	4.43	4.29	4.14	3.99	3.84	3.68	3.60	3.51	.001	
1.39	1.37	1.36	1.35	1.34	1.33	1.32	1.31	1.30	1.29	.25	20
1.89	1.84	1.79	1.77	1.74	1.71	1.68	1.64	1.63	1.61	.10	
2.28	2.20	2.12	2.08	2.04	1.99	1.95	1.90	1.87	1.84	.05	
2.68	2.57	2.46	2.41	2.35	2.29	2.22	2.16	2.12	2.09	.025	
3.23	3.09	2.94	2.86	2.78	2.69	2.61	2.52	2.47	2.42	.01	
3.68	3.50	3.32	3.22	3.12	3.02	2.92	2.81	2.75	2.69	.005	
4.82	4.56	4.29	4.15	4.00	3.86	3.70	3.54	3.46	3.38	.001	
1.38	1.37	1.35	1.34	1.33	1.32	1.31	1.30	1.29	1.28	.25	21
1.87	1.83	1.78	1.75	1.72	1.69	1.66	1.62	1.60	1.59	.10	
2.25	2.18	2.10	2.05	2.01	1.96	1.92	1.87	1.84	1.81	.05	
2.64	2.53	2.42	2.37	2.31	2.25	2.18	2.11	2.08	2.04	.025	
3.17	3.03	2.88	2.80	2.72	2.64	2.55	2.46	2.41	2.36	.01	
3.60	3.43	3.24	3.15	3.05	2.95	2.84	2.73	2.67	2.61	.005	
4.70	4.44	4.17	4.03	3.88	3.74	3.58	3.42	3.34	3.26	.001	
1.37	1.36	1.34	1.33	1.32	1.31	1.30	1.29	1.28	1.28	.25	22
1.86	1.81	1.76	1.73	1.70	1.67	1.64	1.60	1.59	1.57	.10	
2.23	2.15	2.07	2.03	1.98	1.94	1.89	1.84	1.81	1.78	.05	
2.60	2.50	2.39	2.33	2.27	2.21	2.14	2.08	2.04	2.00	.025	
3.12	2.98	2.83	2.75	2.67	2.58	2.50	2.40	2.35	2.31	.01	
3.54	3.36	3.18	3.08	2.98	2.88	2.77	2.66	2.60	2.55	.005	
4.58	4.33	4.06	3.92	3.78	3.63	3.48	3.32	3.23	3.15	.001	
1.37	1.35	1.34	1.33	1.32	1.31	1.30	1.28	1.28	1.27	.25	23
1.84	1.80	1.74	1.72	1.69	1.66	1.62	1.59	1.57	1.55	.10	
2.20	2.13	2.05	2.01	1.96	1.91	1.86	1.81	1.79	1.76	.05	
2.57	2.47	2.36	2.30	2.24	2.18	2.11	2.04	2.01	1.97	.025	
3.07	2.93	2.78	2.70	2.62	2.54	2.45	2.35	2.31	2.26	.01	
3.47	3.30	3.12	3.02	2.92	2.82	2.71	2.60	2.54	2.48	.005	
4.48	4.23	3.96	3.82	3.68	3.53	3.38	3.22	3.14	3.05	.001	
1.36	1.35	1.33	1.32	1.31	1.30	1.29	1.28	1.27	1.26	.25	24
1.83	1.78	1.73	1.70	1.67	1.64	1.61	1.57	1.55	1.53	.10	
2.18	2.11	2.03	1.98	1.94	1.89	1.84	1.79	1.76	1.73	.05	
2.54	2.44	2.33	2.27	2.21	2.15	2.08	2.01	1.97	1.94	.025	
3.03	2.89	2.74	2.66	2.58	2.49	2.40	2.31	2.26	2.21	.01	
3.42	3.25	3.06	2.97	2.87	2.77	2.66	2.55	2.49	2.43	.005	
4.39	4.14	3.87	3.74	3.59	3.45	3.29	3.14	3.05	2.97	.001	

df₂	α	1	2	3	4	5	6	7	8	9	10
							df₁				
25	.25	1.39	1.47	1.46	1.44	1.42	1.41	1.40	1.39	1.38	1.37
	.10	2.92	2.53	2.32	2.18	2.09	2.02	1.97	1.93	1.89	1.87
	.05	4.24	3.39	2.99	2.76	2.60	2.49	2.40	2.34	2.28	2.24
	.025	5.69	4.29	3.69	3.35	3.13	2.97	2.85	2.75	2.68	2.61
	.01	7.77	5.57	4.68	4.18	3.85	3.63	3.46	3.32	3.22	3.13
	.005	9.48	6.60	5.46	4.84	4.43	4.15	3.94	3.78	3.64	3.54
	.001	13.88	9.22	7.45	6.49	5.89	5.46	5.15	4.91	4.71	4.56
26	.25	1.38	1.46	1.45	1.44	1.42	1.41	1.39	1.38	1.37	1.37
	.10	2.91	2.52	2.31	2.17	2.08	2.01	1.96	1.92	1.88	1.86
	.05	4.23	3.37	2.98	2.74	2.59	2.47	2.39	2.32	2.27	2.22
	.025	5.66	4.27	3.67	3.33	3.10	2.94	2.82	2.73	2.65	2.59
	.01	7.72	5.53	4.64	4.14	3.82	3.59	3.42	3.29	3.18	3.09
	.005	9.41	6.54	5.41	4.79	4.38	4.10	3.89	3.73	3.60	3.49
	.001	13.74	9.12	7.36	6.41	5.80	5.38	5.07	4.83	4.64	4.48
27	.25	1.38	1.46	1.45	1.43	1.42	1.40	1.39	1.38	1.37	1.36
	.10	2.90	2.51	2.30	2.17	2.07	2.00	1.95	1.91	1.87	1.85
	.05	4.21	3.35	2.96	2.73	2.57	2.46	2.37	2.31	2.25	2.20
	.025	5.63	4.24	3.65	3.31	3.08	2.92	2.80	2.71	2.63	2.57
	.01	7.68	5.49	4.60	4.11	3.78	3.56	3.39	3.26	3.15	3.06
	.005	9.34	6.49	5.36	4.74	4.34	4.06	3.85	3.69	3.56	3.45
	.001	13.61	9.02	7.27	6.33	5.73	5.31	5.00	4.76	4.57	4.41
28	.25	1.38	1.46	1.45	1.43	1.41	1.40	1.39	1.38	1.37	1.36
	.10	2.89	2.50	2.29	2.16	2.06	2.00	1.94	1.90	1.87	1.84
	.05	4.20	3.34	2.95	2.71	2.56	2.45	2.36	2.29	2.24	2.19
	.025	5.61	4.22	3.63	3.29	3.06	2.90	2.78	2.69	2.61	2.55
	.01	7.64	5.45	4.57	4.07	3.75	3.53	3.36	3.23	3.12	3.03
	.005	9.28	6.44	5.32	4.70	4.30	4.02	3.81	3.65	3.52	3.41
	.001	13.50	8.93	7.19	6.25	5.66	5.24	4.93	4.69	4.50	4.35
29	.25	1.38	1.45	1.45	1.43	1.41	1.40	1.38	1.37	1.36	1.35
	.10	2.89	2.50	2.28	2.15	2.06	1.99	1.93	1.89	1.86	1.83
	.05	4.18	3.33	2.93	2.70	2.55	2.43	2.35	2.28	2.22	2.18
	.025	5.59	4.20	3.61	3.27	3.04	2.88	2.76	2.67	2.59	2.53
	.01	7.60	5.42	4.54	4.04	3.73	3.50	3.33	3.20	3.09	3.00
	.005	9.23	6.40	5.28	4.66	4.26	3.98	3.77	3.61	3.48	3.38
	.001	13.39	8.85	7.12	6.19	5.59	5.18	4.87	4.64	4.45	4.29
30	.25	1.38	1.45	1.44	1.42	1.41	1.39	1.38	1.37	1.36	1.35
	.10	2.88	2.49	2.28	2.14	2.05	1.98	1.93	1.88	1.85	1.82
	.05	4.17	3.32	2.92	2.69	2.53	2.42	2.33	2.27	2.21	2.16
	.025	5.57	4.18	3.59	3.25	3.03	2.87	2.75	2.65	2.57	2.51
	.01	7.56	5.39	4.51	4.02	3.70	3.47	3.30	3.17	3.07	2.98
	.005	9.18	6.35	5.24	4.62	4.23	3.95	3.74	3.58	3.45	3.34
	.001	13.29	8.77	7.05	6.12	5.53	5.12	4.82	4.58	4.39	4.24

				df$_1$								
12	15	20	24	30	40	60	120	240	inf.	α	df$_2$
1.36	1.34	1.33	1.32	1.31	1.29	1.28	1.27	1.26	1.25	.25	25
1.82	1.77	1.72	1.69	1.66	1.63	1.59	1.56	1.54	1.52	.10	
2.16	2.09	2.01	1.96	1.92	1.87	1.82	1.77	1.74	1.71	.05	
2.51	2.41	2.30	2.24	2.18	2.12	2.05	1.98	1.94	1.91	.025	
2.99	2.85	2.70	2.62	2.54	2.45	2.36	2.27	2.22	2.17	.01	
3.37	3.20	3.01	2.92	2.82	2.72	2.61	2.50	2.44	2.38	.005	
4.31	4.06	3.79	3.66	3.52	3.37	3.22	3.06	2.98	2.89	.001	
1.35	1.34	1.32	1.31	1.30	1.29	1.28	1.26	1.26	1.25	.25	26
1.81	1.76	1.71	1.68	1.65	1.61	1.58	1.54	1.52	1.50	.10	
2.15	2.07	1.99	1.95	1.90	1.85	1.80	1.75	1.72	1.69	.05	
2.49	2.39	2.28	2.22	2.16	2.09	2.03	1.95	1.92	1.88	.025	
2.96	2.81	2.66	2.58	2.50	2.42	2.33	2.23	2.18	2.13	.01	
3.33	3.15	2.97	2.87	2.77	2.67	2.56	2.45	2.39	2.33	.005	
4.24	3.99	3.72	3.59	3.44	3.30	3.15	2.99	2.90	2.82	.001	
1.35	1.33	1.32	1.31	1.30	1.28	1.27	1.26	1.25	1.24	.25	27
1.80	1.75	1.70	1.67	1.64	1.60	1.57	1.53	1.51	1.49	.10	
2.13	2.06	1.97	1.93	1.88	1.84	1.79	1.73	1.70	1.67	.05	
2.47	2.36	2.25	2.19	2.13	2.07	2.00	1.93	1.89	1.85	.025	
2.93	2.78	2.63	2.55	2.47	2.38	2.29	2.20	2.15	2.10	.01	
3.28	3.11	2.93	2.83	2.73	2.63	2.52	2.41	2.35	2.29	.005	
4.17	3.92	3.66	3.52	3.38	3.23	3.08	2.92	2.84	2.75	.001	
1.34	1.33	1.31	1.30	1.29	1.28	1.27	1.25	1.24	1.24	.25	28
1.79	1.74	1.69	1.66	1.63	1.59	1.56	1.52	1.50	1.48	.10	
2.12	2.04	1.96	1.91	1.87	1.82	1.77	1.71	1.68	1.65	.05	
2.45	2.34	2.23	2.17	2.11	2.05	1.98	1.91	1.87	1.83	.025	
2.90	2.75	2.60	2.52	2.44	2.35	2.26	2.17	2.12	2.06	.01	
3.25	3.07	2.89	2.79	2.69	2.59	2.48	2.37	2.31	2.25	.005	
4.11	3.86	3.60	3.46	3.32	3.18	3.02	2.86	2.78	2.69	.001	
1.34	1.32	1.31	1.30	1.29	1.27	1.26	1.25	1.24	1.23	.25	29
1.78	1.73	1.68	1.65	1.62	1.58	1.55	1.51	1.49	1.47	.10	
2.10	2.03	1.94	1.90	1.85	1.81	1.75	1.70	1.67	1.64	.05	
2.43	2.32	2.21	2.15	2.09	2.03	1.96	1.89	1.85	1.81	.025	
2.87	2.73	2.57	2.49	2.41	2.33	2.23	2.14	2.09	2.03	.01	
3.21	3.04	2.86	2.76	2.66	2.56	2.45	2.33	2.27	2.21	.005	
4.05	3.80	3.54	3.41	3.27	3.12	2.97	2.81	2.73	2.64	.001	
1.34	1.32	1.30	1.29	1.28	1.27	1.26	1.24	1.23	1.23	.25	30
1.77	1.72	1.67	1.64	1.61	1.57	1.54	1.50	1.48	1.46	.10	
2.09	2.01	1.93	1.89	1.84	1.79	1.74	1.68	1.65	1.62	.05	
2.41	2.31	2.20	2.14	2.07	2.01	1.94	1.87	1.83	1.79	.025	
2.84	2.70	2.55	2.47	2.39	2.30	2.21	2.11	2.06	2.01	.01	
3.18	3.01	2.82	2.73	2.63	2.52	2.42	2.30	2.24	2.18	.005	
4.00	3.75	3.49	3.36	3.22	3.07	2.92	2.76	2.68	2.59	.001	

df₂	α	df₁									
		1	2	3	4	5	6	7	8	9	10
40	.25	1.36	1.44	1.42	1.40	1.39	1.37	1.36	1.35	1.34	1.33
	.10	2.84	2.44	2.23	2.09	2.00	1.93	1.87	1.83	1.79	1.76
	.05	4.08	3.23	2.84	2.61	2.45	2.34	2.25	2.18	2.12	2.08
	.025	5.42	4.05	3.46	3.13	2.90	2.74	2.62	2.53	2.45	2.39
	.01	7.31	5.18	4.31	3.83	3.51	3.29	3.12	2.99	2.89	2.80
	.005	8.83	6.07	4.98	4.37	3.99	3.71	3.51	3.35	3.22	3.12
	.001	12.61	8.25	6.59	5.70	5.13	4.73	4.44	4.21	4.02	3.87
60	.25	1.35	1.42	1.41	1.38	1.37	1.35	1.33	1.32	1.31	1.30
	.10	2.79	2.39	2.18	2.04	1.95	1.87	1.82	1.77	1.74	1.71
	.05	4.00	3.15	2.76	2.53	2.37	2.25	2.17	2.10	2.04	1.99
	.025	5.29	3.93	3.34	3.01	2.79	2.63	2.51	2.41	2.33	2.27
	.01	7.08	4.98	4.13	3.65	3.34	3.12	2.95	2.82	2.72	2.63
	.005	8.49	5.79	4.73	4.14	3.76	3.49	3.29	3.13	3.01	2.90
	.001	11.97	7.77	6.17	5.31	4.76	4.37	4.09	3.86	3.69	3.54
90	.25	1.34	1.41	1.39	1.37	1.35	1.33	1.32	1.31	1.30	1.29
	.10	2.76	2.36	2.15	2.01	1.91	1.84	1.78	1.74	1.70	1.67
	.05	3.95	3.10	2.71	2.47	2.32	2.20	2.11	2.04	1.99	1.94
	.025	5.20	3.84	3.26	2.93	2.71	2.55	2.43	2.34	2.26	2.19
	.01	6.93	4.85	4.01	3.53	3.23	3.01	2.84	2.72	2.61	2.52
	.005	8.28	5.62	4.57	3.99	3.62	3.35	3.15	3.00	2.87	2.77
	.001	11.57	7.47	5.91	5.06	4.53	4.15	3.87	3.65	3.48	3.34
120	.25	1.34	1.40	1.39	1.37	1.35	1.33	1.31	1.30	1.29	1.28
	.10	2.75	2.35	2.13	1.99	1.90	1.82	1.77	1.72	1.68	1.65
	.05	3.92	3.07	2.68	2.45	2.29	2.18	2.09	2.02	1.96	1.91
	.025	5.15	3.80	3.23	2.89	2.67	2.52	2.39	2.30	2.22	2.16
	.01	6.85	4.79	3.95	3.48	3.17	2.96	2.79	2.66	2.56	2.47
	.005	8.18	5.54	4.50	3.92	3.55	3.28	3.09	2.93	2.81	2.71
	.001	11.38	7.32	5.78	4.95	4.42	4.04	3.77	3.55	3.38	3.24
240	.25	1.33	1.39	1.38	1.36	1.34	1.32	1.30	1.29	1.27	1.27
	.10	2.73	2.32	2.10	1.97	1.87	1.80	1.74	1.70	1.65	1.63
	.05	3.88	3.03	2.64	2.41	2.25	2.14	2.04	1.98	1.92	1.87
	.025	5.09	3.75	3.17	2.84	2.62	2.46	2.34	2.25	2.17	2.10
	.01	6.74	4.69	3.86	3.40	3.09	2.88	2.71	2.59	2.48	2.40
	.005	8.03	5.42	4.38	3.82	3.45	3.19	2.99	2.84	2.71	2.61
	.001	11.10	7.11	5.60	4.78	4.25	3.89	3.62	3.41	3.24	3.09
inf.	.25	1.32	1.39	1.37	1.35	1.33	1.31	1.29	1.28	1.27	1.25
	.10	2.71	2.30	2.08	1.94	1.85	1.77	1.72	1.67	1.63	1.60
	.05	3.84	3.00	2.60	2.37	2.21	2.10	2.01	1.94	1.88	1.83
	.025	5.02	3.69	3.12	2.79	2.57	2.41	2.29	2.19	2.11	2.05
	.01	6.63	4.61	3.78	3.32	3.02	2.80	2.64	2.51	2.41	2.32
	.005	7.88	5.30	4.28	3.72	3.35	3.09	2.90	2.74	2.62	2.52
	.001	10.83	6.91	5.42	4.62	4.10	3.74	3.47	3.27	3.10	2.96

				df₁							
12	15	20	24	30	40	60	120	240	inf.	α	df₂
1.31	1.30	1.28	1.26	1.25	1.24	1.22	1.21	1.20	1.19	.25	40
1.71	1.66	1.61	1.57	1.54	1.51	1.47	1.42	1.40	1.38	.10	
2.00	1.92	1.84	1.79	1.74	1.69	1.64	1.58	1.54	1.51	.05	
2.29	2.18	2.07	2.01	1.94	1.88	1.80	1.72	1.68	1.64	.025	
2.66	2.52	2.37	2.29	2.20	2.11	2.02	1.92	1.86	1.80	.01	
2.95	2.78	2.60	2.50	2.40	2.30	2.18	2.06	2.00	1.93	.005	
3.64	3.40	3.14	3.01	2.87	2.73	2.57	2.41	2.32	2.23	.001	
1.29	1.27	1.25	1.24	1.22	1.21	1.19	1.17	1.16	1.15	.25	60
1.66	1.60	1.54	1.51	1.48	1.44	1.40	1.35	1.32	1.29	.10	
1.92	1.84	1.75	1.70	1.65	1.59	1.53	1.47	1.43	1.39	.05	
2.17	2.06	1.94	1.88	1.82	1.74	1.67	1.58	1.53	1.48	.025	
2.50	2.35	2.20	2.12	2.03	1.94	1.84	1.73	1.67	1.60	.01	
2.74	2.57	2.39	2.29	2.19	2.08	1.96	1.83	1.76	1.69	.005	
3.32	3.08	2.83	2.69	2.55	2.41	2.25	2.08	1.99	1.89	.001	
1.27	1.25	1.23	1.22	1.20	1.19	1.17	1.15	1.13	1.12	.25	90
1.62	1.56	1.50	1.47	1.43	1.39	1.35	1.29	1.26	1.23	.10	
1.86	1.78	1.69	1.64	1.59	1.53	1.46	1.39	1.35	1.30	.05	
2.09	1.98	1.86	1.80	1.73	1.66	1.58	1.48	1.43	1.37	.025	
2.39	2.24	2.09	2.00	1.92	1.82	1.72	1.60	1.53	1.46	.01	
2.61	2.44	2.25	2.15	2.05	1.94	1.82	1.68	1.61	1.52	.005	
3.11	2.88	2.63	2.50	2.36	2.21	2.05	1.87	1.77	1.66	.001	
1.26	1.24	1.22	1.21	1.19	1.18	1.16	1.13	1.12	1.10	.25	120
1.60	1.55	1.48	1.45	1.41	1.37	1.32	1.26	1.23	1.19	10	
1.83	1.75	1.66	1.61	1.55	1.50	1.43	1.35	1.31	1.25	.05	
2.05	1.94	1.82	1.76	1.69	1.61	1.53	1.43	1.38	1.31	.025	
2.34	2.19	2.03	1.95	1.86	1.76	1.66	1.53	1.46	1.38	.01	
2.54	2.37	2.19	2.09	1.98	1.87	1.75	1.61	1.52	1.43	.005	
3.02	2.78	2.53	2.40	2.26	2.11	1.95	1.77	1.66	1.54	.001	
1.25	1.23	1.21	1.19	1.18	1.16	1.14	1.11	1.09	1.07	.25	240
1.57	1.52	1.45	1.42	1.38	1.33	1.28	1.22	1.18	1.13	10	
1.79	1.71	1.61	1.56	1.51	1.44	1.37	1.29	1.24	1.17	.05	
2.00	1.89	1.77	1.70	1.63	1.55	1.46	1.35	1.29	1.21	.025	
2.26	2.11	1.96	1.87	1.78	1.68	1.57	1.43	1.35	1.25	.01	
2.45	2.28	2.09	1.99	1.89	1.77	1.64	1.49	1.40	1.28	.005	
2.88	2.65	2.40	2.26	2.12	1.97	1.80	1.61	1.49	1.35	.001	
1.24	1.22	1.19	1.18	1.16	1.14	1.12	1.08	1.06	1.00	.25	inf.
1.55	1.49	1.42	1.38	1.34	1.30	1.24	1.17	1.12	1.00	10	
1.75	1.67	1.57	1.52	1.46	1.39	1.32	1.22	1.15	1.00	.05	
1.94	1.83	1.71	1.64	1.57	1.48	1.39	1.27	1.19	1.00	.025	
2.18	2.04	1.88	1.79	1.70	1.59	1.47	1.32	1.22	1.00	.01	
2.36	2.19	2.00	1.90	1.79	1.67	1.53	1.36	1.25	1.00	.005	
2.74	2.51	2.27	2.13	1.99	1.84	1.66	1.45	1.31	1.00	.001	

Source: Computed by P. J. Hildebrand.

참고문헌

1. 김동욱 외 4인 저, 통계학 개론, 박영사, 2003.8

2. 김영주 외 4명 옮김, 확률 및 통계학 개론, 범우사, 2011.8

3. 안승철 저, 이공계생을 위한 확률과 통계, 한빛아카데미, 2014.7

4. 이재원 저, 확률과 통계 입문, 한빛아카데미, 2017.7

5. 임종태 외 5인 옮김, 확률과 통계, 한티미디어, 2014.2

6. 전도홍 외 2인저, 데이터분석을 중심으로 한 빅데이터 입문, 정익사, 2015.6

7. Jay L, Devore, Probability and Statistics for Engineering and the Sciences, 7th Edition, 범우사, 2008

8. Scheaffer, Mulekar, and McClave, Probability and Statistics for Engineers, 5th Edition, 범우사, 2011

9. E.S.Pearson and H.O.Hartley, Biometrika Tables for Statistics, Vol.1, 3rd Edition, Cambridge University Press, 1966 (Reproduced by permission of the Biometrika Trustrees)

10. http://users.stat.ufl.edu/~athienit/Tables/tables